职业教育国家在线精品课程
高等职业教育计算机系列教材

U0641318

大学生信息技术基础

（基础模块）

（微课版）

主　编　李顺琴　何　娇　董引娣

副主编　蒋丽华　彭茂玲　杨　越

主　审　陈　继

参　编　邓长春　黄曦涟

电子工业出版社
Publishing House of Electronics Industry
北京·BEIJING

内 容 简 介

本书根据当前信息技术教育的形势和任务，结合《中华人民共和国国民经济和社会发展第十四个五年规划和 2035 年远景目标纲要》中关于加强创新型、应用型、技能型人才培养的要求，按照《高等职业教育专科信息技术课程标准（2021 年版）》编写而成。本书充分考虑大学生的知识结构和学习特点，注重对信息技术基础知识的讲解和学生动手能力的培养，同时结合"1+X"证书——WPS 办公应用职业技能等级证书的要求，将岗位技能要求、职业技能等级证书标准有关内容融入教材。本书分为 6 个项目，分别介绍文档处理、电子表格处理、演示文稿制作、信息检索、新一代信息技术、信息素养与社会责任。

本书采用"任务驱动、案例教学"编写形式，覆盖了最新版信息技术课程标准及 WPS 办公应用职业技能等级证书（中级）要求的所有知识点，让学生带着目标去学习，同时为其考取职业技能等级证书打下坚实的基础。

本书可作为高等职业教育公共基础课程教材，也可作为办公技能培训、全国计算机等级考试或 WPS 办公应用职业技能等级证书考试等用书。

图书在版编目（CIP）数据

大学生信息技术基础：基础模块：微课版 / 李顺琴，何娇，董引娣主编. —北京：电子工业出版社，2023.1
ISBN 978-7-121-44722-8

Ⅰ. ①大… Ⅱ. ①李… ②何… ③董… Ⅲ. ①电子计算机－高等学校－教材 Ⅳ. ①TP3

中国版本图书馆CIP数据核字（2022）第241102号

责任编辑：徐建军　　文字编辑：徐云鹏
印　　刷：三河市鑫金马印装有限公司
装　　订：三河市鑫金马印装有限公司
出版发行：电子工业出版社
　　　　　北京市海淀区万寿路 173 信箱　邮编 100036
开　　本：787×1 092　1/16　印张：16.75　字数：428.8 千字
版　　次：2023 年 1 月第 1 版
印　　次：2025 年 8 月第 5 次印刷
定　　价：49.80 元

凡所购买电子工业出版社图书有缺损问题，请向购买书店调换。若书店售缺，请与本社发行部联系，联系及邮购电话：（010）88254888，88258888。

质量投诉请发邮件至 zlts@phei.com.cn，盗版侵权举报请发邮件至 dbqq@phei.com.cn。

本书咨询联系方式：（010）88254570，xujj@phei.com.cn。

前 言
Preface

教育部办公厅印发的《高等职业教育专科信息技术课程标准（2021 年版）》强调，信息技术涵盖信息的获取、表示、传输、存储、加工、应用等各种技术。信息技术已成为经济社会转型发展的主要驱动力，是建设创新型国家、制造强国、网络强国、数字中国、智慧社会的基础支撑。提升国民信息素养，增强个体在信息社会的适应力与创造力，对个人的生活、学习和工作，对全面建设社会主义现代化国家具有重大意义。

本书为深入实施科教兴国战略、人才强国战略、创新驱动发展战略提供服务支撑。本书中的案例，主要围绕信息技术领域的新技术新产业，案例内容积极向上，让学生在学习过程中，充分认识到我国发展独立性、自主性、安全性的重要性，激发爱国情怀。

高等职业教育专科信息技术课程是各专业学生必修或限定选修的公共基础课程。本书采用"任务驱动、案例教学"编写形式，覆盖了最新版信息技术课程标准及 WPS 办公应用职业技能等级证书（中级）要求的所有知识点，学生学习本书，能够增强信息意识、提升计算思维、培养数字化创新与发展能力、树立正确的信息社会价值观和责任感，为其职业发展、终身学习和服务社会奠定基础。

全书分为 6 个项目，各项目的主要内容安排如下：

项目 1：文档处理

项目 2：电子表格处理

项目 3：演示文稿制作

项目 4：信息检索

项目 5：新一代信息技术

项目 6：信息素养与社会责任

本书为校企合作开发的教材，充分结合企业和社会实际需要，根据教育部最新的信息技术课程标准，采用融媒体形式，为培养校企合作应用创新型人才而编写。本书由重庆城市管理职业学院具有丰富教学经验的教师团队编写，并得到重庆海王星网络有限公司技术人员的指导。各项目编写分工如下：项目 1 由董引娣、彭茂玲编写，项目 2 由何娇、蒋丽华编写，项目 3 由李顺琴编写，项目 4 由蒋丽华、李顺琴编写，项目 5 由李顺琴、邓长春、杨越编写，项目 6 由李顺琴、黄曦涟编写。重庆海王星网络有限公司总经理陈继对全书进行了审核，在此表示衷心的感谢。

为了方便教师教学，本书配有电子教学课件及相关资源，请有此需要的教师登录华信教育资源网（www.hxedu.com.cn）注册后免费下载，如有问题可在网站留言板留言或与电子工业出版社联系（E-mail:hxedu@phei.com.cn）。

教材建设是一项系统工程，需要在实践中不断加以完善和改进。由于编者水平有限，书中难免有疏漏和不足之处，敬请同行专家和广大读者给予批评和指正。

编　者

目 录
Contents

项目 1

文档处理

项目介绍

文档处理是信息化办公的重要组成部分，广泛应用于人们日常生活、学习和工作的方方面面。本项目包含文档的基本编辑、图片的插入和编辑、表格的插入和编辑、样式与模板的创建和使用、多人协同编辑文档等内容。

任务安排

1.1　文档的基本操作

1.2　文档的基本排版

1.3　图文混排

1.4　表格的制作

1.5　长文档排版

1.6　邮件合并

学习目标

● 掌握文档的基本操作，如打开、复制、保存等。

● 熟悉文档自动保存、联机文档、保护文档、检查文档，以及将文档发布为 PDF 格式、加密发布为 PDF 格式等操作。

● 掌握文本编辑、文本查找和替换、段落的格式设置等操作。

● 掌握图片、图形、艺术字等对象的插入、编辑和美化等操作。

● 掌握在文档中插入和编辑表格、对表格进行美化、灵活应用公式对表格中的数据进行处理等操作。

- 掌握分页符和分节符的插入，以及页眉、页脚、页码的插入和编辑等操作。
- 掌握样式与模板的创建和使用，以及目录的制作和编辑操作。
- 熟悉文档不同视图和导航任务窗格的使用，掌握页面设置操作。
- 掌握打印预览和打印操作的相关设置。
- 掌握多人协同编辑文档的方法和技巧。

1.1 文档的基本操作

任务描述

在平时的学习和工作中离不开文档处理软件，掌握文档处理软件的各种基本操作，可以极大地提高工作效率。WPS 是一款由金山公司推出的办公处理软件，也称 WPS Office，它包含三款软件，即 WPS 文字、WPS 表格、WPS 演示。

下面主要介绍 WPS 文字处理软件的基本操作和使用技巧，包括操作界面介绍、启动与退出、创建新文档、保存文档、关闭文档、打开及加密文档等操作。

思路解析

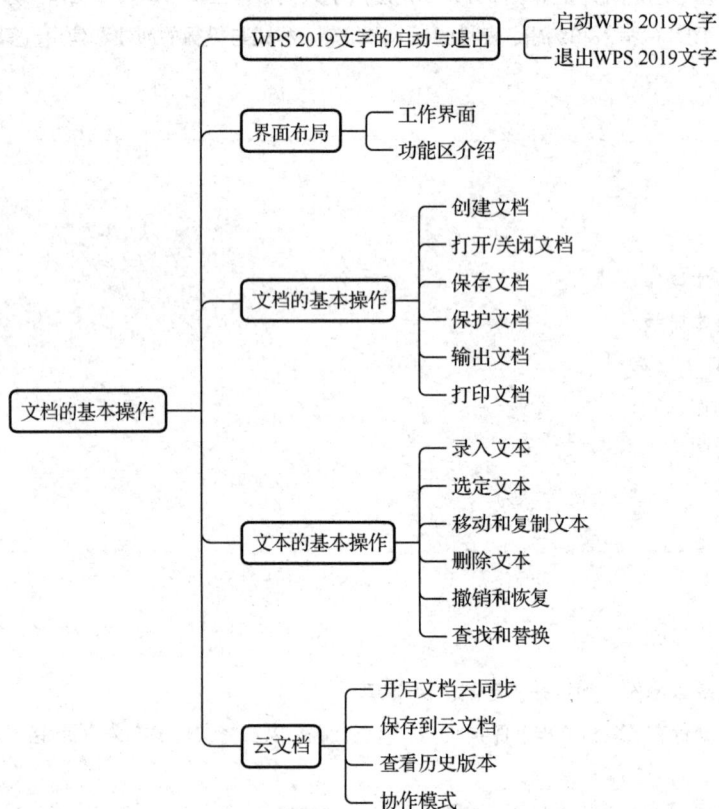

🡒 任务实施

1.1.1　WPS 2019 文字的启动与退出

1. 启动 WPS 2019 文字

启动 WPS 2019 文字有以下四种方法。

方法一：选择【开始】菜单中的【WPS Office】。

方法二：双击桌面上【WPS Office】应用程序的快捷方式图标。

方法三：在空白处右击，在弹出的快捷菜单中选择【新建】命令，然后选择【DOCX】文档，双击该文档。

方法四：直接双击需要打开的 WPS 文档。

2. 退出 WPS 2019 文字

退出 WPS 2019 文字的方法有很多，常用的方法有以下三种。

方法一：选择【文件】菜单中的【退出】命令。

方法二：单击标题栏最右端的【关闭】按钮。

方法三：使用快捷键【Alt+F4】。

当 WPS 文档退出时，若文档改动后没有保存，系统会询问在退出之前是否要保存这些文档。单击【是】按钮，保存修改后的当前文档并退出；单击【否】按钮，不保存本次修改并退出；单击【取消】按钮或按【Esc】键，则取消本次退出操作。

1.1.2　界面布局

1. 工作界面

（1）工作界面。

WPS 2019 文字的工作界面主要包括标签栏、功能区、导航窗格、编辑区、任务窗格、状态栏等，如图 1-1 所示。

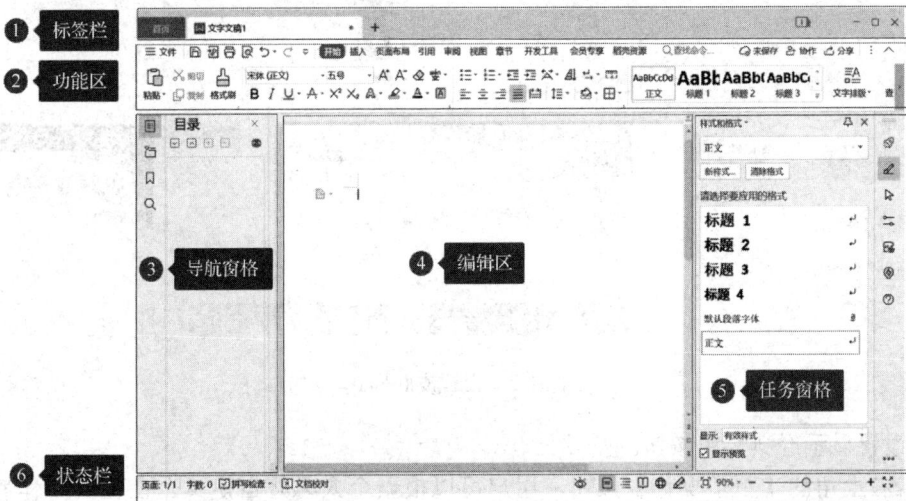

图 1-1　WPS 2019 文字的工作界面布局

标签栏：用于标签切换和窗口控制，包括标签区（访问/切换/新建文档、网页、服务）、窗口控制区（切换/缩放/关闭工作窗口、登录/切换/管理账号）。

功能区：承载各类功能入口，包括功能区选项卡、文件菜单、快速访问工具栏（默认置于功能区内）、快捷搜索框、协作状态区等。用灰色线条分割为各个组，单击后面的倒三角按钮，可弹出相关功能选项。

导航窗格：是一种可容纳许多重要标题的导航控件，是既节省界面空间又利于用户轻松编辑长文档的一种显示模式。通过导航窗格，可快速查看各级标题的层次结构，易于厘清当前文档的整体结构。

编辑区：是文本内容编辑和呈现的主要区域，是 WPS 2019 文字最重要的组成部分，包括文档页面、标尺、滚动条等，该区域中闪烁的短竖线是文本插入点。

任务窗格：是应用程序中提供常用命令的窗口。它的位置适宜，尺寸小，用户可以在使用这些命令的同时继续处理文件。

状态栏：位于窗口的下方，左侧显示当前文档的页数/总页数、字数、拼写检查等；中间可开起护眼模式和设置视图方式；右侧滑块用于调整显示比例。

（2）界面设置。

① 设置皮肤样式。

WPS 2019 文字的工作界面支持更灵活的设置，提供了很多美观的皮肤样式，可以让用户的 WPS 更美观，如图 1-2 所示。

图 1-2　设置皮肤样式

② 设置显示经典菜单按钮。

单击右上角的【更多操作】按钮，用户可以根据个人喜好自定义个性化的工作界面，如图 1-3 所示。

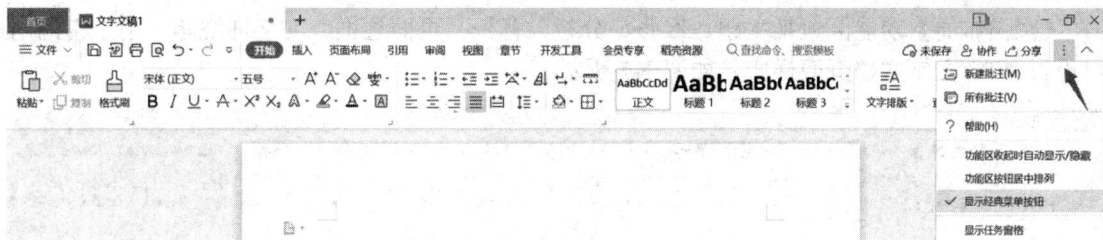

图 1-3　设置显示经典菜单按钮

③ 设置自定义快速访问工具栏。

单击【自定义快速访问工具栏】按钮，可以设置显示的内容和放置的位置，如图 1-4 所示。

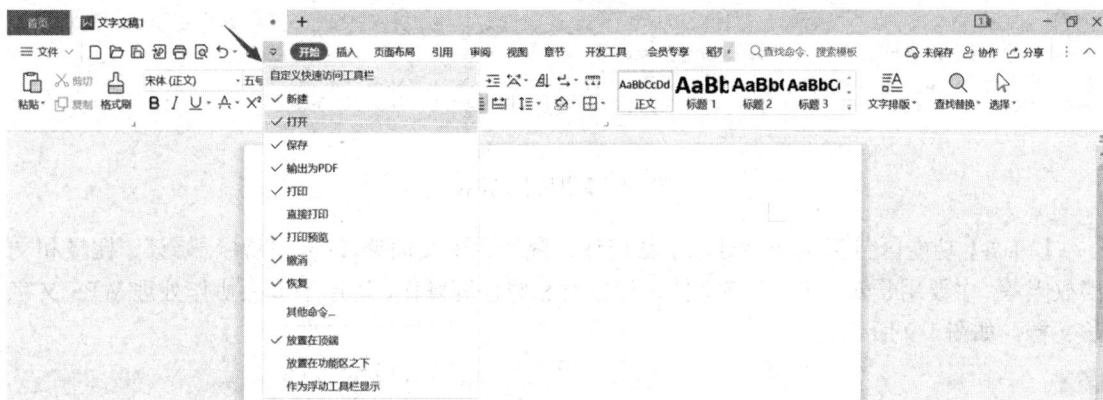

图 1-4　设置自定义快速访问工具栏

2．功能区介绍

每个功能区根据功能的不同分为若干组，中间用灰色线条隔开，通常组的右下角会有一个按钮，单击它就会弹出相应的对话框或者窗口。下面介绍几种常用的功能区。

（1）默认功能区。

【开始】功能区中包括字体、段落、样式等几个组，该功能区主要用于帮助用户对 WPS 文字文档进行文字编辑和格式设置，是用户常用的功能区，如图 1-5 所示。

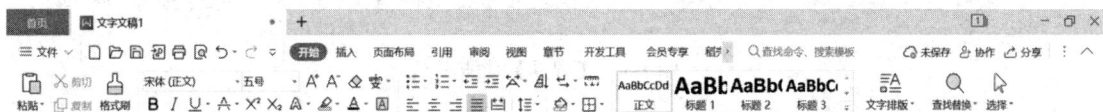

图 1-5　【开始】功能区

【插入】功能区可以进行插入表格、图片、形状、图标、智能图形、文本框等元素的操作，也可以进行页眉页脚、页码、水印、分隔符等设置，如图 1-6 所示。

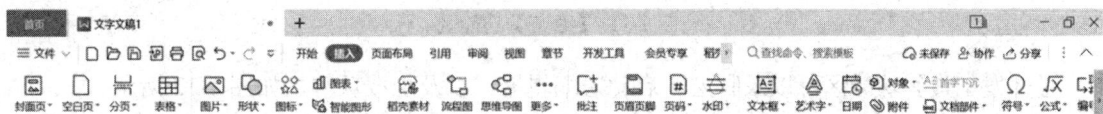

图 1-6　【插入】功能区

【页面布局】功能区包括主题、纸张、分栏、背景、页面边框、文字环绕等，用于帮助用户设置 WPS 文字文档页面样式，如图 1-7 所示。

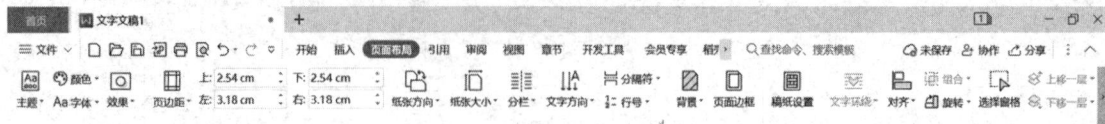

图 1-7 【页面布局】功能区

【引用】功能区包括目录、脚注、题注、尾注、交叉引用、邮件等，用于实现在 WPS 文字文档中插入目录、邮件合并等比较高级的功能，如图 1-8 所示。

图 1-8 【引用】功能区

【审阅】功能区包括文档校对、字数统计、翻译、中文简繁转换、批注、修订、比较和文档权限等，主要用于对 WPS 文字文档进行校对和修订等操作，适用于多人协作处理 WPS 文字长文档，如图 1-9 所示。

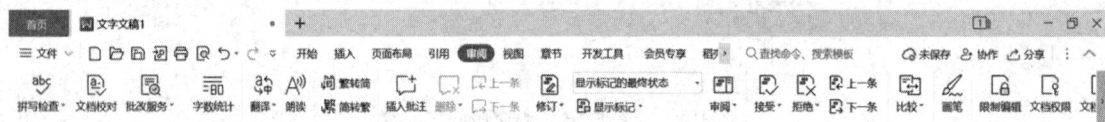

图 1-9 【审阅】功能区

【视图】功能区主要用于帮助用户设置 WPS 文字操作窗口的视图类型，以方便操作，如图 1-10 所示。

图 1-10 【视图】功能区

【章节】功能区可以查看及调整文档结构，以及快速修改文档部分内容，如图 1-11 所示。

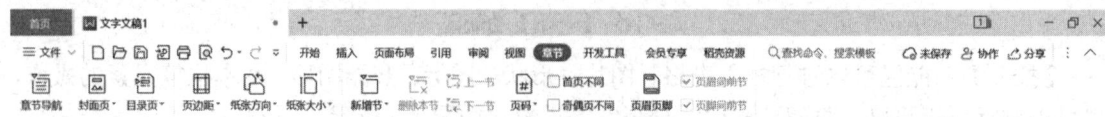

图 1-11 【章节】功能区

【开发工具】功能区可以录制宏、启动宏编辑器，以及加载项等，如图 1-12 所示。

上面介绍的系统默认的功能区，是用户对文档进行编辑的主要工具，单击功能区右上角的【显示/隐藏功能区】按钮，可以显示或隐藏功能区。

图 1-12 【开发工具】功能区

（2）自定义功能区。

用户可以根据需要使用自定义设置对功能区进行个性化设置。

① 选择【文件】菜单中的【选项】命令，在弹出的对话框中选择【自定义功能区】，如图 1-13 所示。

图 1-13 选择【自定义功能区】

② 单击【新建选项卡】按钮，在自定义功能区会新增【新建选项卡（自定义）】，将其选中后单击【重命名】按钮，在弹出的对话框中输入自定义名称"我的选项卡"，单击【确定】按钮，完成选项卡的新建和改名，如图 1-14 所示。同理，选中功能区新增加的【新建组（自定义）】，单击【重命名】按钮，在弹出的对话框中输入"我的组"，单击【确定】按钮，完成对组的重命名。

③ 选中【我的组（自定义）】，在自定义功能区的常用命令中选择一个命令，单击【添加】按钮，即可将该命令添加进去。如果不需要某个命令了，则选中它并单击【删除】按钮即可。勾选需要显示的选项卡名称前的复选框，单击【确定】按钮，可以把需要的功能区选项卡显示出来，如图 1-15 所示。

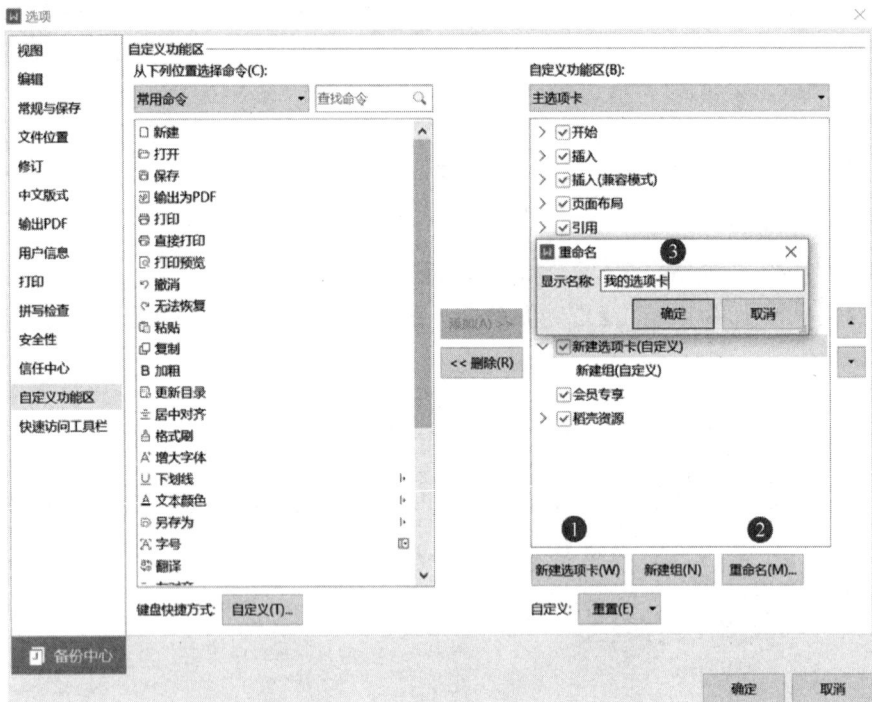

图 1-14　选项卡的新建和改名

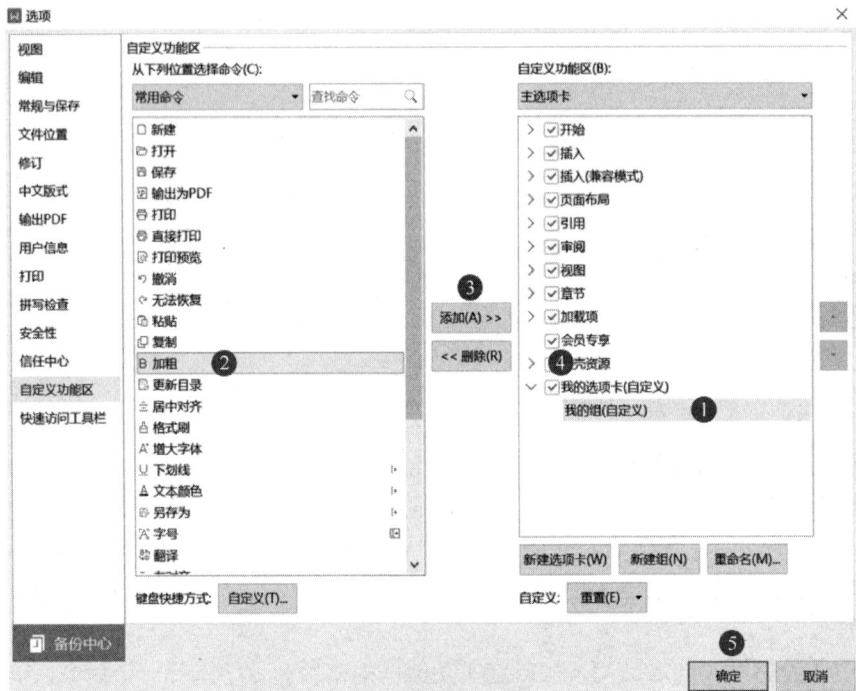

图 1-15　添加命令到选项卡

1.1.3 文档的基本操作

1. 创建文档

方法一：通过【快速访问工具栏】创建文档。

单击【快速访问工具栏】中的【新建】按钮□，可以快速新建空白文档。

方法二：通过快捷键创建文档。

按【Ctrl+N】组合键可以快速创建空白文档。

方法三：通过【首页】标签创建文档。

单击左侧的【首页】标签→【新建】命令，在【新建】界面选择所需类型文件进行新建即可。可以新建空白文档进行编辑操作，也可以选择合适的模板进行编辑操作，如图1-16所示。

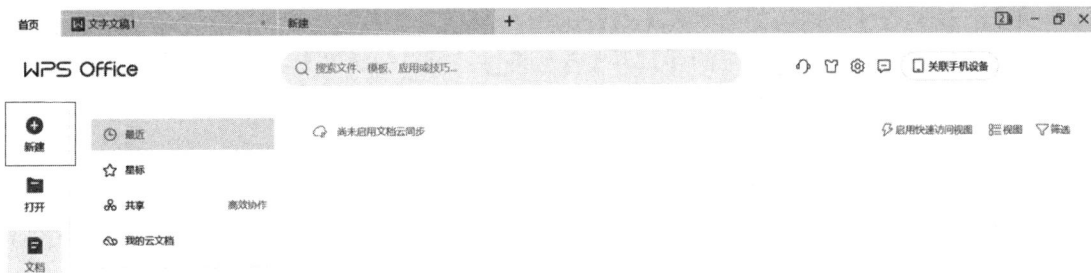

图1-16 通过【首页】标签创建文档

方法四：通过【文件】菜单创建文档。

单击【文件】菜单，将鼠标指针指向【新建】命令，在出现的【从这里新建文档】列表中根据需要进行选择，如图1-17所示。

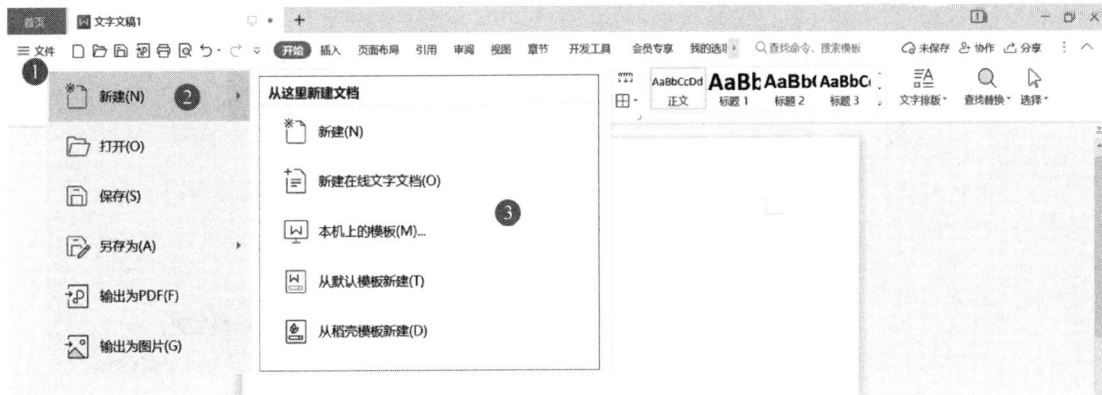

图1-17 通过【文件】菜单创建文档

方法五：通过标签栏中的【+】按钮创建文档。

单击标签栏中的【+】按钮，在出现的窗口中根据需要进行选择，如图1-18所示。

2. 打开/关闭文档

（1）打开文档。

打开文档有以下四种方法。

图 1-18 通过标签栏中的【+】按钮创建文档

方法一：通过【快速访问工具栏】打开文档。

单击【快速访问工具栏】中的【打开】按钮 ，可以快速打开文档。

方法二：通过快捷键打开文档。

启动 WPS 软件，按【Ctrl+O】组合键可以快速打开文档。

方法三：通过【首页】标签打开文档。

单击左侧的【首页】标签→【打开】命令，在弹出的【打开文件】对话框中选择文件位置和文件名称，单击【打开】按钮即可，如图 1-19 所示。

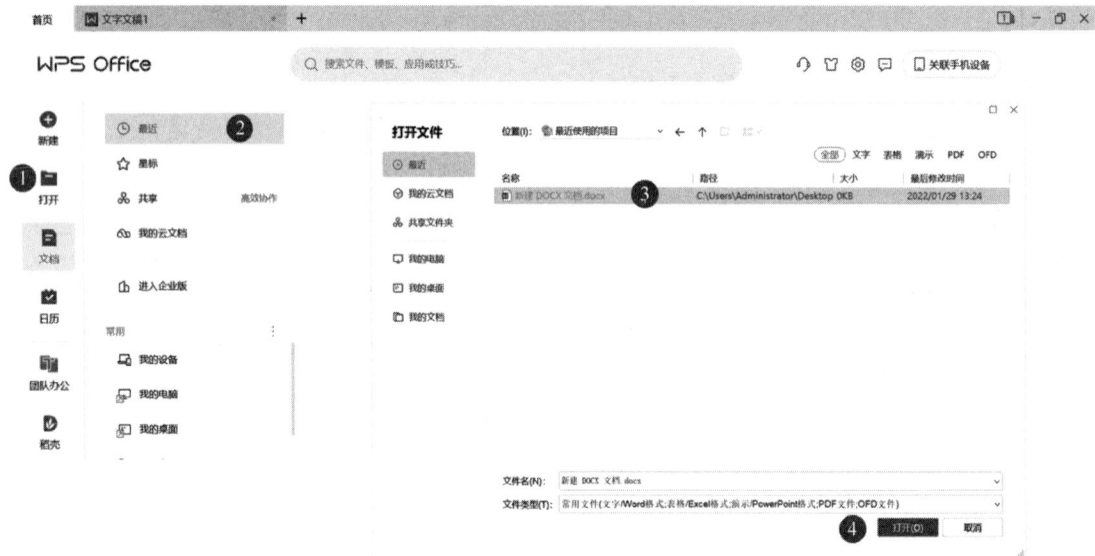

图 1-19 通过【首页】标签打开文档

方法四：通过【文件】菜单打开文档。

选择【文件】菜单中的【打开】命令，在弹出的【打开文件】对话框中选择文件位置和文件名称，单击【打开】按钮即可。

（2）关闭文档。

关闭文档有以下五种方法。

方法一：选择【文件】菜单中的【退出】命令。

方法二：单击标题栏右侧的 ✕ 按钮。

方法三：按【Alt+F4】组合键可以快速关闭文档。

方法四：在标题栏中右击，在弹出的快捷菜单中选择【关闭】命令。

方法五：在【快速访问工具栏】左侧单击，在下拉列表中选择【文件】→【关闭】命令，或者在该位置双击，均可关闭文档。

3. 保存文档

（1）保存新建文档。

第一次保存新建文档时，需要设置文档的文件名、保存位置、格式等。

选择【文件】菜单中的【保存】命令，或者按【Ctrl+S】组合键，或者单击【快速访问工具栏】中的【保存】按钮 🖫，都可以弹出【另存文件】对话框。在【另存文件】对话框中选择保存位置，输入文件名，设置保存类型，一般将其保存为默认类型*.docx，这样在各类办公软件中都能进行编辑。然后单击【保存】按钮，即可完成文件保存，如图1-20所示。

图1-20　【另存文件】对话框

（2）保存已保存的文档。

对于已保存的文档，对其进行修改后，可以通过【文件】菜单中的【保存】命令，或者按【Ctrl+S】组合键，或者单击【快速访问工具栏】中的【保存】按钮，直接保存，且文件名、文件存放路径及格式保持不变。

（3）另存为文档。

如果对已保存的文档进行修改后，要更改文件名称、文件格式、存放路径等，则可以使用【另存为】命令，对其进行保存。例如，要将文档保存为PDF格式的文档。

选择【文件】菜单中的【另存为】命令，或者按【Ctrl+Shift+S】组合键，在弹出的【另存文件】对话框中，输入要更改的文件名，选择保存位置，在【保存类型】下拉列表中选择【PDF文件格式（*.pdf）】选项，单击【保存】按钮，即可将文档保存为PDF格式的文档，如图1-21所示。

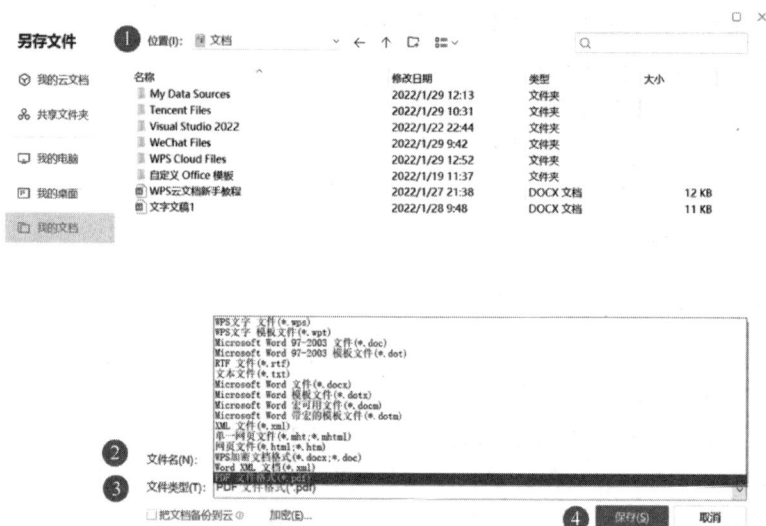

图 1-21 【另存文件】对话框

（4）自动备份保存文档。

在使用 WPS 时，偶尔会遇到计算机死机或其他意外情况，导致编辑好的文档未能及时保存。怎么办呢？WPS 有自动保存备份功能，可以在备份的文件夹里找到 WPS 自动备份的文件。

选择【文件】菜单中的【备份与恢复】→【备份中心】命令，在弹出的【备份中心】对话框中单击【本地备份设置】，可以进行备份模式、本地备份存放位置等设置，如图 1-22 所示。

图 1-22 自动备份保存文档

【智能模式】会根据用户使用 WPS 的时间进行智能备份；【定时备份】通过设置规定的时间间隔来进行自动备份，一般设置 5～10 分钟自动备份一次即可。当 WPS 异常退出时，系统会自动定时更新文件，进入【备份中心】对话框，单击【本地备份】就可以看到备份的文件，文件名与原始文件名相同。

4. 保护文档

为提高文档的安全性，WPS 2019 文字提供了密码保护功能。在其他用户打开此文档时，系统会提示输入密码，密码不正确将无法打开文档。保护文档的操作步骤如下：

选择【文件】菜单中的【文档加密】→【密码加密】命令，在弹出的【密码加密】对话框中输入密码，设置【打开权限】或【编辑权限】，单击【应用】按钮，如图1-23所示。

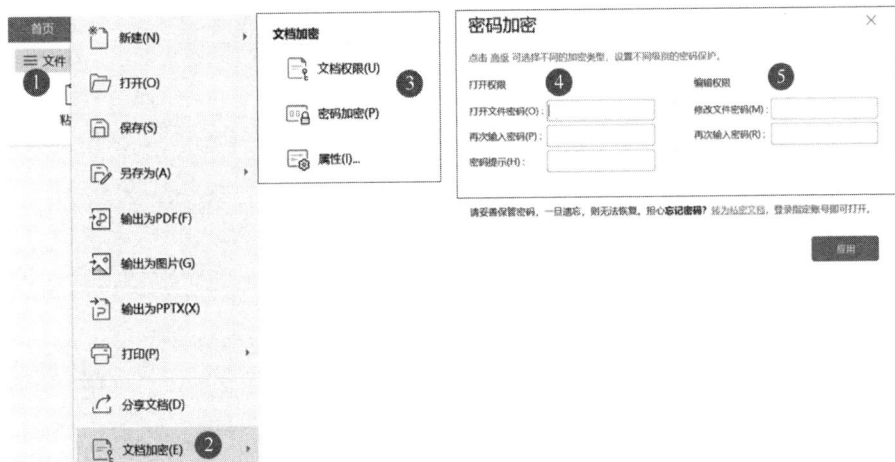

图 1-23　设置文档加密

关闭【密码加密】对话框后，再次打开文档，此时的文档已经处于保护状态，需要输入密码才能打开。

5. 输出文档

（1）将文档输出为 PDF 格式的文档。

PDF 格式的文档在工作和生活中经常用到，那么如何将编辑好的文档转换成 PDF 格式的呢？

选择【文件】菜单中的【输出为 PDF】命令，在弹出的对话框中，设置【输出范围】等参数，单击【开始输出】按钮即可，如图 1-24 所示。

图 1-24　将文档输出为 PDF 格式的文档

（2）将文档输出为图片。

选择【文件】菜单中的【输出为图片】命令，在弹出的对话框中，根据需要设置相关参数，单击【输出】按钮即可，如图 1-25 所示。

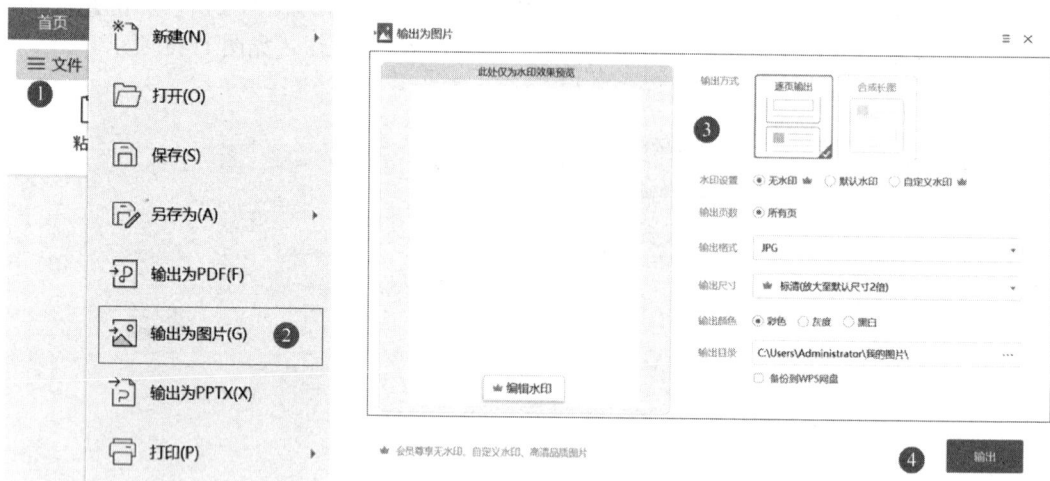

图 1-25　将文档输出为图片

（3）将文档输出为 PPTX 格式的文档。

选择【文件】菜单中的【输出为 PPTX】命令，在弹出的对话框中，设置输出位置，单击【开始转换】按钮即可，如图 1-26 所示。

图 1-26　将文档输出为 PPTX 格式的文档

6. 打印文档

文档编辑好后，为了更好地阅览常常需要打印。WPS 2019 文字中的打印功能有很多，对于不同的需求，可以使用不同的打印方式。下面介绍常用的打印设置。

（1）常规打印。

① 选择【文件】菜单中的【打印】命令（快捷键【Ctrl+P】），如图 1-27 所示。

② 弹出【打印】对话框，这里将该对话框分为四部分进行介绍，包括打印机、页码范围、副本、并打和缩放，如图 1-28 所示。

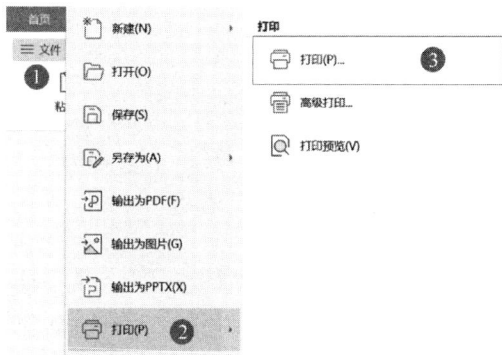

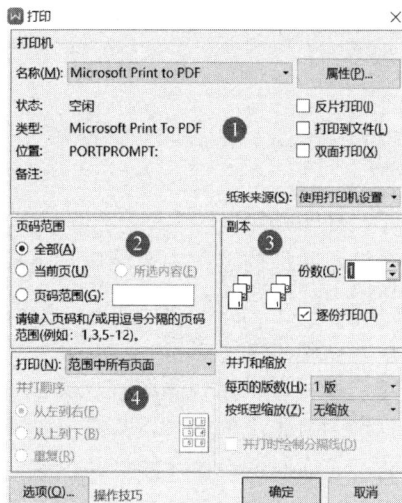

图 1-27 启动【打印】对话框 　　　　图 1-28 【打印】对话框

● 打印机

可根据需要选择计算机所连接的打印机。在下方的状态栏中可查看此打印机的状态、类型、位置等。

反片打印：适用于文字处理文档的打印，以"镜像"显示文档，可满足特殊排版印刷的需求。通常应用在印刷行业。

打印到文件：主要针对文件不需要纸质文档，以计算机文件形式保存的情况，具有一定的防篡改作用。

双面打印：将文档打印成双面，可以节省资源、降低消耗。

● 页码范围

全部：若打印全部文档，可选中该单选按钮。

当前页：若打印文档当前页，可选中该单选按钮。

页码范围：若想指定打印某几页，可选中该单选按钮并输入页码范围。例如，输入 1,3,5，或 4-6，这样可以实现跨页打印。

在下方可以选择打印范围中所有页，也可以实现非自动双面打印和打印奇数页或偶数页。

● 副本

可选择份数和逐份打印。调整份数，在此处可以进行多份打印。若打印文档需要按份输出，可以勾选"逐份打印"复选框，保证文档输出的连续性。

● 并打和缩放

系统默认每页版数是 1 版，在此处可以根据需求进行修改。如选择 4 版，意思为每页显示 4 页的内容。在左侧并打顺序处可以对顺序进行调整。

按纸型缩放：可以选择将其他纸型上的文件打印到指定纸型上，选择想要缩放的纸型即可。

（2）高级打印。

选择【文件】菜单中的【打印】→【高级打印】命令，进入【高级打印】界面，可以根据需要进行个性化打印设置，如图 1-29 所示。

图 1-29　设置高级打印

（3）打印预览。

在打印文件的过程中可能出现打印不全或者打印出来的效果与意图不符的情况。可以在打印之前进行打印预览。选择【文件】菜单中的【打印】→【打印预览】命令，进入【打印预览】界面，可以预览打印效果。

（4）打印背景色和图像。

打印到纸张上的内容，背景色没有打印出来，这是为什么呢？在默认情况下，是不打印背景色的，必须通过设置才能打印出来。单击【打印】对话框左下角的【选项】按钮，在弹出的对话框中勾选【打印背景色和图像】复选框即可，如图 1-30 所示。

图 1-30　打印背景色和图像

1.1.4　文本的基本操作

1. 录入文本

录入文本，是指在 WPS 文字编辑区的文本插入点处输入所需的内容。文本插入点在文档编辑区中不停闪烁的光标处，当用户在文档中输入内容时，文本插入点会自动后移，输入的内容也会显示在屏幕上。

在文档中输入文本，要先定位文本插入点，通常通过单击鼠标进行定位。定位插入点后，切换到自己惯用的输入法，即可输入相应的文本内容。在输入的文本满一行后，插入点会自动转入下一行。在没有输满一行文字的情况下，若要开始新的段落，可按【Enter】键换行。

2. 选定文本

对文本进行复制、移动或设置格式等操作，要先将其选定，从而确定编辑的对象。文本的选定可以通过鼠标和键盘实现。

（1）使用鼠标选定文本。

① 选定一个词。

双击待选定的词语。

② 选定一行。

将鼠标指针指向待选行的左侧，即选中栏，当鼠标指针变为向右倾斜的箭头时单击即可选定该行。

③ 选定某段落。

方法一：将鼠标指针指向某段落左边的空白处，即选中栏，双击即可选中该段落。

方法二：按住【Ctrl】键不放，在需要选中的段落的任意位置单击，即可选中该段落。

方法三：将鼠标指针指向段落的任意位置，连续单击三次即可选定该段落。

④ 选定任意连续文本。

方法一：将鼠标指针指向待选文本的起始位置，按住鼠标左键拖到待选文本的结束位置，松开鼠标左键即可完成对鼠标拖动轨迹中文本的选定。

方法二：在待选文本开始处单击，然后按住【Shift】键的同时在待选文本结尾处单击，即可将两次单击处之间的文本选定。

⑤ 选定不连续文本。

先拖动鼠标选中第一个文本区域，再按住【Ctrl】键不放，拖动鼠标选择其他不相邻的文本，选择完成后松开【Ctrl】键即可选定不连续的文本。

⑥ 选定矩形块文本。

按住【Alt】不放的同时按住鼠标左键拖动，可选定以开始处和结束处为对角线的矩形区域内的文本。

⑦ 选定整个文档。

将鼠标指针指向编辑区左侧的空白处，即选中栏，连续单击三次即可选定整篇文档。

（2）使用键盘选定文本的方法如表 1-1 所示。

表 1-1 使用键盘选定文本的方法

组 合 键	选 定 范 围
【Shift+→】	选定插入点右边的一个字符
【Shift+←】	选定插入点左边的一个字符
【Shift+↑】	选定到上一行对应位置之间的所有字符
【Shift+↓】	选定到下一行对应位置之间的所有字符
【Shift+Home】	选定到当前行行首的所有字符
【Shift+End】	选定到当前行行尾的所有字符
【Ctrl+Shift+Home】	选定到文档开始处的所有字符
【Ctrl+Shift+End】	选定到文档结尾处的所有字符
【Ctrl+A】	选定整个文档

3. 移动和复制文本

在编辑文档时，复制、移动文本是常用的操作，熟练掌握这几个操作，可以加快文档的编辑速度。

（1）移动文本。

如果要修改文本的位置，可以通过移动文本来完成，操作步骤如下：

① 选中要移动的文本内容，右击，在弹出的快捷菜单中选择【剪切】命令，或按【Ctrl+X】组合键。

② 将光标置于要粘贴的位置，右击，在弹出的快捷菜单中选择【粘贴】命令，或按【Ctrl+V】组合键，即可把选中的文字移动到目标位置，如图 1-31 所示。

（2）复制文本。

当要多次输入同样的文本时，可以通过复制文本提高效率，操作步骤如下：

① 选中要移动的文本内容，右击，在弹出的快捷菜单中选择【复制】命令，或按【Ctrl+C】组合键。

② 将光标置于要粘贴的位置，右击，在弹出的快捷菜单中选择【粘贴】命令，或按【Ctrl+V】组合键，即可把选中的文字移动到目标位置，如图 1-32 所示。

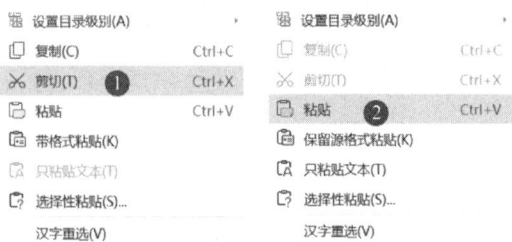

图 1-31　移动文本　　　　图 1-32　复制文本

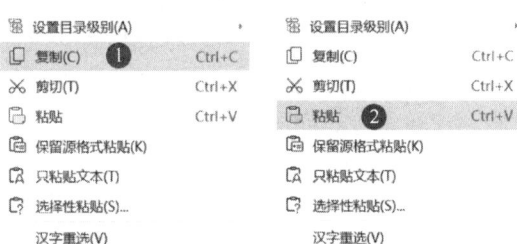

4. 删除文本

在输入文本的过程中，如果有误可以进行修改。

（1）删除单个字符。

按【Backspace】键可以删除插入点之前的文本。

按【Delete】键可以删除插入点之后的文本。

（2）删除多个字符。

选中要删除的词、句、行、自然段、任意连续的文本或者整个文本，按【Backspace】或【Delete】键可以删除选中的内容。

5. 撤销和恢复

在录入或编辑文档时，如果操作失误，可以使用撤销与恢复功能，返回之前的文本。

（1）撤销。

单击快速访问工具栏中的【撤销】按钮，在弹出的下拉列表中选择需要撤销的位置即可。

（2）恢复。

如果在撤销后觉得撤销的操作步骤过多，可以单击【快速访问工具栏】中的【恢复】按钮进行恢复。

6. 查找和替换

（1）查找文本。

使用查找功能可以在文档中查找任意字符，包括中文、英文、数字、标点符号等，查找指定的内容是否出现在文档中并定位到该内容的具体位置。具体操作如图 1-33 所示。

图 1-33 查找文本

（2）替换文本。

如果文档有多处相同的错误，可以使用替换功能查找并替换为其他文本。具体操作如图 1-34 所示。

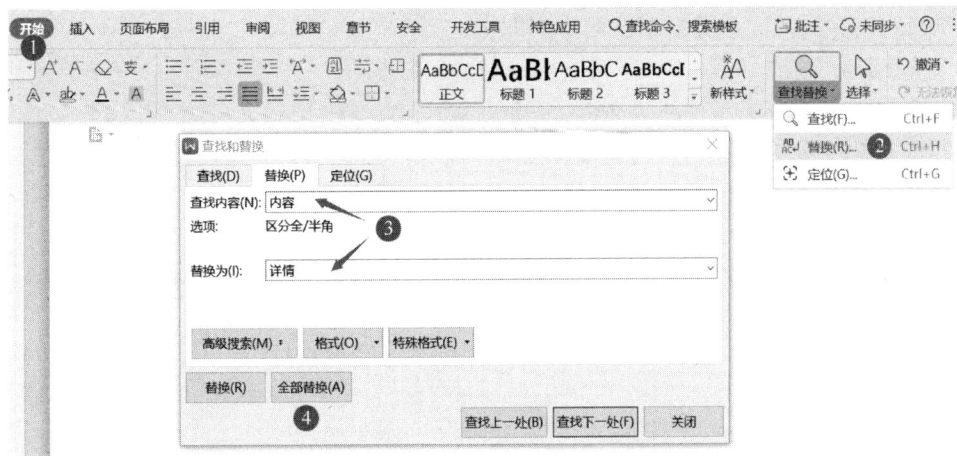

图 1-34 替换文本

1.1.5 云文档

随着 WPS 功能越来越丰富，给我们的工作和生活带来了极大便利。WPS Office 2019 版本已实现与云存储的集成，登录 WPS 账号后，文件可直接保存或上传到云端，支持团队协作同时编辑一个文档，并且可以通过任意计算机、手机（或 Pad）随时随地打开、编辑、保存、分享在云端的文档，也可以通过历史版本还原，摆脱对设备和地点的限制。

1. 开启文档云同步

开启文档云同步，保存文件时会自动保存到云文档，还可以多台设备同步修改文件，使办公更便捷。

方法一：在计算机端开启。在计算机端打开 WPS，登录账号后，单击左侧的【首页】标签→【设置】按钮，在弹出的对话框中开启【文档云同步】，将文件保存到本地时即可同步到云端，如图 1-35 所示。

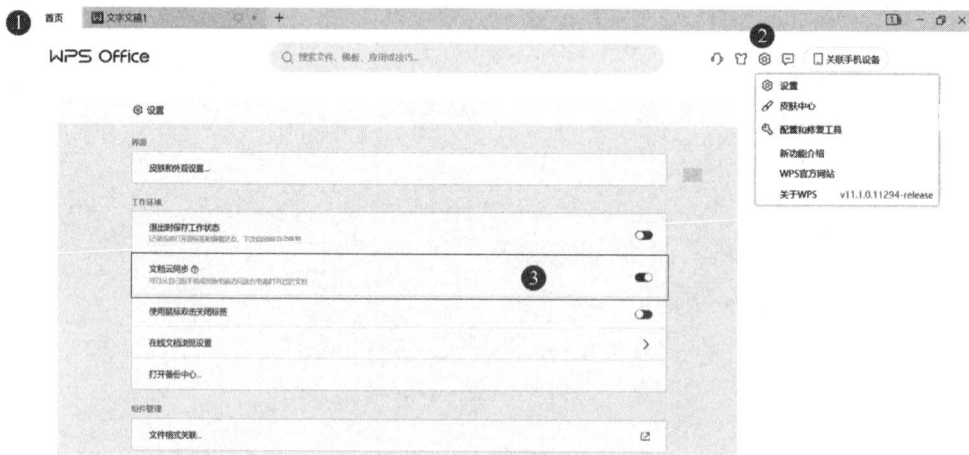

图 1-35　开启文档云同步

方法二：在手机端开启。打开手机上的 WPS，登录账号后，单击底部导航栏中的【我】，选择【WPS 云服务】，开启【文档云同步】即可。

2. 保存到云文档

（1）通过上传的方式保存到云文档。

单击左侧的【首页】标签，选择【文档】→【我的云文档】命令，再单击【新建】按钮，选择【上传文件】或【上传文件夹】，找到并选中要上传的文件或文件夹，单击【上传】按钮即可，如图 1-36 所示。

图 1-36　通过上传的方式保存到云文档

（2）通过另存为的方式保存到云文档。

选择【文件】菜单中的【另存为】命令，在弹出的对话框中选择【我的云文档】命令，然后选择相应的保存位置，单击【保存】按钮即可，如图1-37所示。

图1-37　通过另存为的方式保存到云文档

3. 查看历史版本

本地文件上传云端后，因为计算机损坏而丢失的本地文件，可以在其他设备登录WPS账号轻松找回；因为编辑失误而丢失的原始文件，也可以在历史版本中一键还原。

方法一：打开WPS，登录账号后，单击【同步】按钮 ☁️，选中【历史版本】即可。

方法二：打开WPS，登录账号后，单击左侧的【首页】标签，选中需要查看的文件，在【历史版本】处右击，可以看见按照时间排列的文档修改版本，还可以选择时间预览或直接恢复所需要的版本，如图1-38所示。

图1-38　查看历史版本

4．协作模式

WPS 在线协作支持多人同时对文档进行编辑和评论，协作痕迹全程记录，历史版本任意恢复，修改完毕自动保存，告别反复传文件的烦恼，让团队轻松完成协作撰稿、方案讨论、会议记录和资料共享等工作。

方法一：单击 协作 按钮，选择【发送至共享文件夹】。协作文档需要上传至云端才可被其他成员访问、编辑。单击 分享 按钮，在出现的窗口中可以设置分享权限，选择【复制链接】，将链接分享给其他成员即可邀请其参与协作，如图 1- 39 所示。

图 1-39　通过【分享】按钮实现协作

方法二：单击左侧的【首页】标签，选择【我的云文档】→【共享文件夹_协作文档】，找到需要协作的文档，选择【进入多人编辑】命令，在弹出的窗口中设置分享权限，单击右上方的【分享】按钮，将链接分享给其他成员即可邀请其参与协作，如图 1- 40 所示。

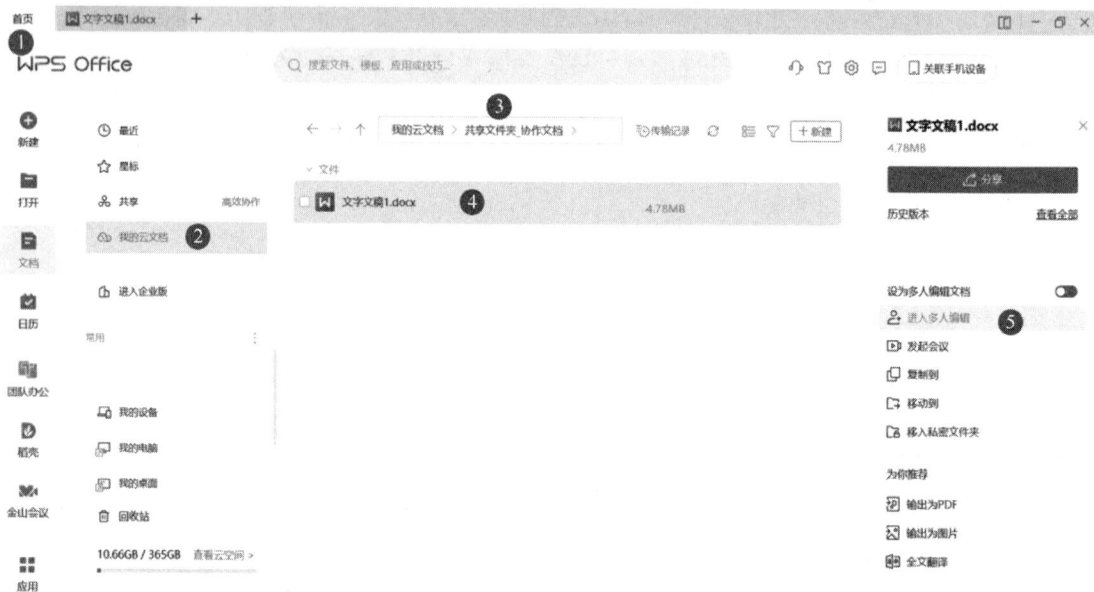

图 1-40　通过【首页】标签实现协作

1.2　文档的基本排版

任务描述

　　小张毕业之前，在一家互联网科技公司实习。实习结束后，他针对自己实习期间的情况准备撰写学习报告。使用文字处理软件可以很方便地记录文本内容，对学习报告进行基本编辑与排版，主要包括设置文字格式、段落格式、文本查找与替换、项目符号及编号、打印预览和打印设置等，让该报告看上去美观且条理清晰。还可以使用文字处理软件进行个人简介、调研报告等文档的编辑排版。

　　无论我们是在学校还是在工作单位，都会涉及学习报告或者工作报告的撰写。学习报告或工作报告是对我们一定时期内的学习或者工作情况的总结、分析和研究，肯定成绩，找出问题，进行反思，有利于提高学习效率或者工作能力。

思路解析

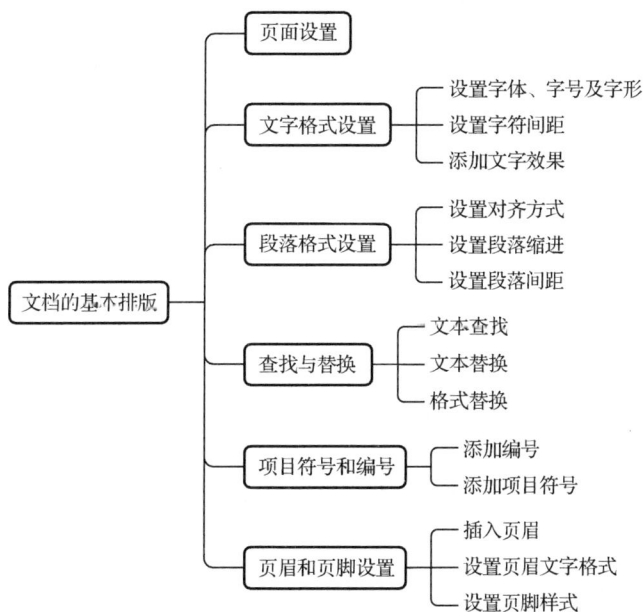

任务实施

1.2.1　页面设置

　　打开给定的素材文档"学习报告.docx"，单击【页面布局】选项卡，可以在【页边距】及【纸张大小】选项中按照要求进行设置，如图1-41所示。或者单击【页面设置对话框启动器】按钮，弹出【页面设置】对话框，在【页边距】选项卡中设置上下边距为"2厘米"，左右边距为"2.5厘米"；切换到【纸张】选项卡，设置【纸张大小】为"A4"；切换到【版式】选项卡，设置页眉、页脚距边界为"1.5厘米"。设置完成后，单击【确定】按钮，如图1-42所示。

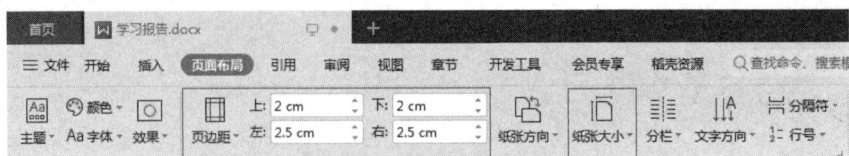

图 1-41 【页面布局】选项卡

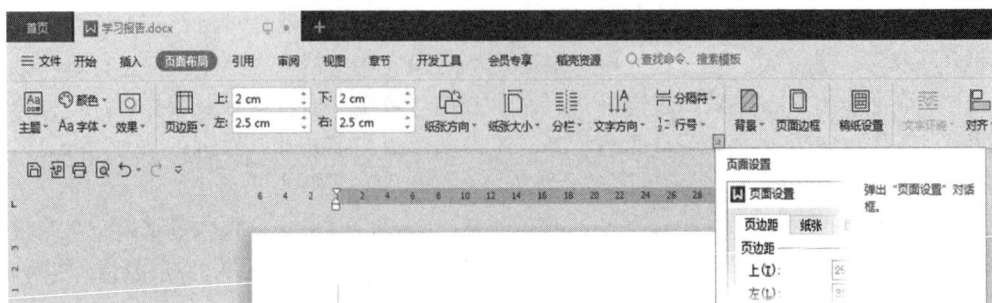

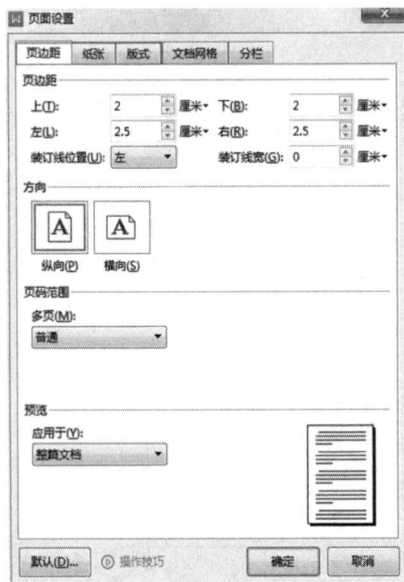

图 1-42 页面设置

1.2.2 文字格式设置

1. 设置字体、字号及字形

（1）选中第一行标题文本，在【开始】选项卡中，单击【字体对话框启动器】按钮，弹出【字体】对话框，设置【中文字体】为"黑体"，【字形】为"加粗"，【字号】为"二号"，单击【确定】按钮，如图 1-43 所示。也可以直接在【开始】选项卡中对文字进行设置。

（2）选中正文的所有文字，按照步骤（1）的方法，设置【中文字体】为"楷体"，【西文字体】为"Times New Roman"，【字形】为"常规"，【字号】为"四号"，单击【确定】按钮。

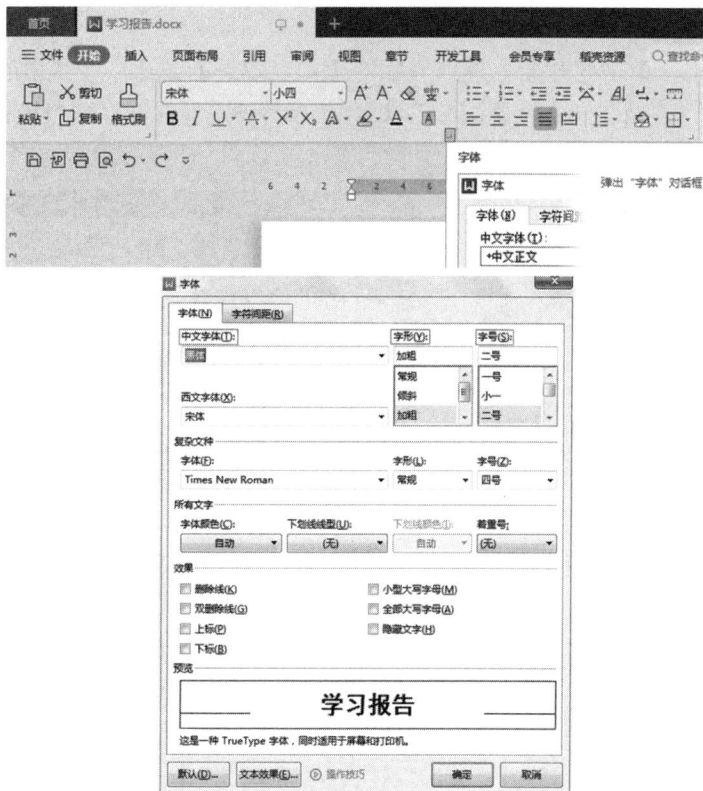

图 1-43 设置字体

2. 设置字符间距

选中标题文字，右击，在弹出的快捷菜单中选择【字体】命令，或者按【Ctrl+D】组合键，弹出【字体】对话框，选择【字符间距】选项卡，设置【缩放】为"110%"，【间距】为"加宽"，【值】为"3"，默认的值的单位为"厘米"，单击右侧的下拉按钮，选择单位为"磅"，【位置】为"标准"。设置完成后单击【确定】按钮，如图 1-44 所示。

图 1-44 设置字符间距

3．添加文字效果

选中标题文字，单击【开始】选项卡中的【文字效果】按钮，在弹出的下拉列表中选择【艺术字】命令，也可以选择【阴影】【倒影】【发光】等命令，对文字效果进行设置，如图 1-45 所示。

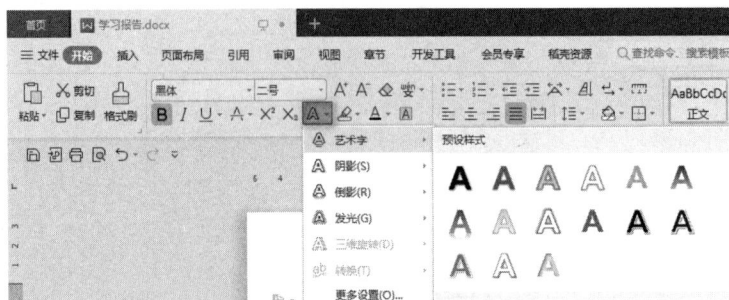

图 1-45　设置文字效果

1.2.3　段落格式设置

段落缩进是指段落到左右页边界的距离。根据中文的书写习惯，一般情况下，正文中的每个段落都要首行缩进两个字符。

1．设置对齐方式

（1）选中标题文字，或者将光标置于标题文字段落的任意位置，在【开始】选项卡中单击【居中对齐】按钮；或者按【Ctrl+E】组合键，即可将标题居中对齐。也可以单击【段落对话框启动器】按钮，在弹出的【段落】对话框中进行居中对齐设置，如图 1-46 所示。

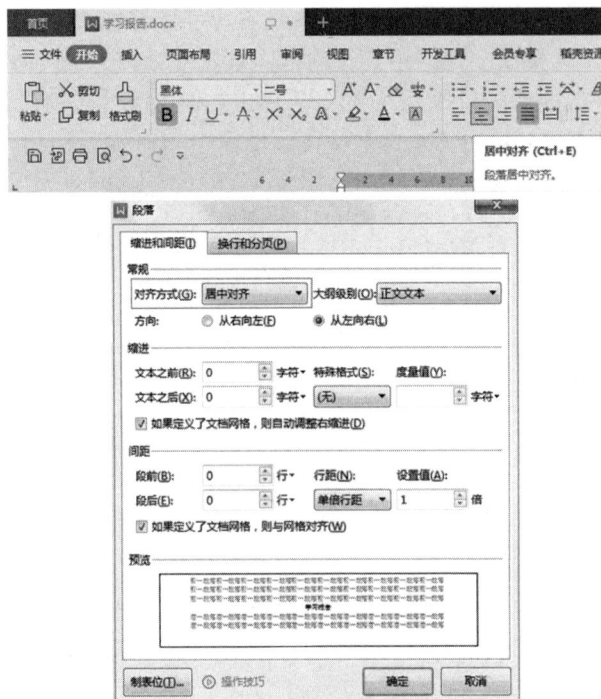

图 1-46　设置标题居中对齐

（2）选中文档末尾的报告人和日期，直接单击【右对齐】按钮，或者按【Ctrl+R】组合键，即可将选中的文字右对齐。

2. 设置段落缩进

选中正文段落（除标题和文档末尾处的报告人、日期），单击【段落对话框启动器】按钮，弹出【段落】对话框；或者右击，在弹出的快捷菜单中选择【段落】命令，也可以弹出【段落】对话框。在该对话框中，在【特殊格式】下拉列表中选择【首行缩进】选项，并设置【度量值】为"2 字符"，可以单击其后的微调按钮进行设置，也可以直接输入数值。设置完成后单击【确定】按钮，即可看到所选段落设置首行缩进后的效果，如图 1-47 所示。还可以在【开始】选项卡中单击【文字排版】按钮，在下拉列表中选择【段落首行缩进 2 字符】来进行设置，如图 1-48 所示。

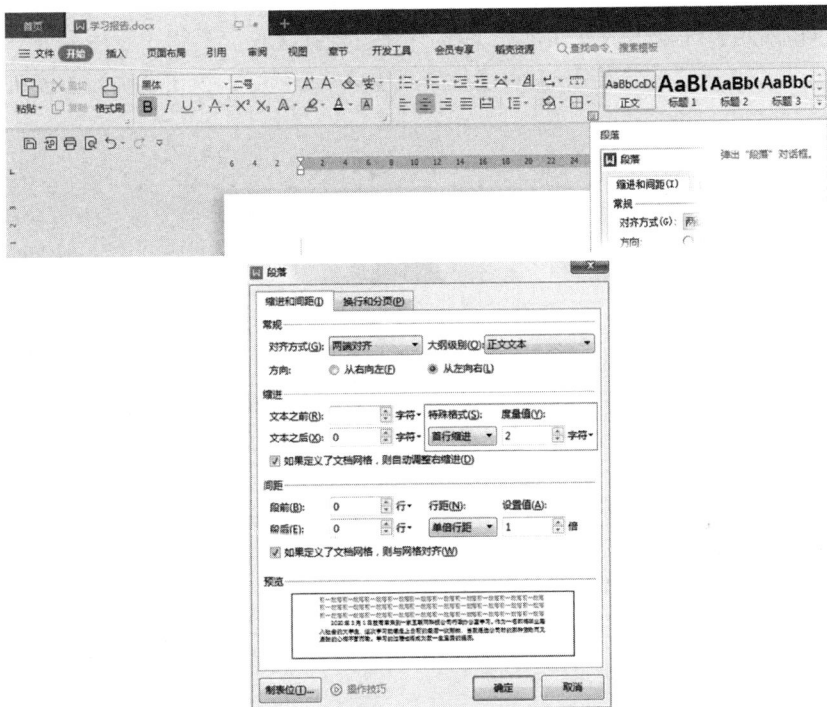

图 1-47　通过【段落】对话框设置首行缩进

图 1-48　通过【文字排版】按钮设置首行缩进

【小贴士】在【段落】对话框中除了设置首行缩进，还可以设置文本的悬挂缩进、左缩进、右缩进等。通过【文字排版】按钮，可以很方便地删除文档中的空段、空格、换行符等。

3. 设置段落间距

（1）设置标题段落间距。

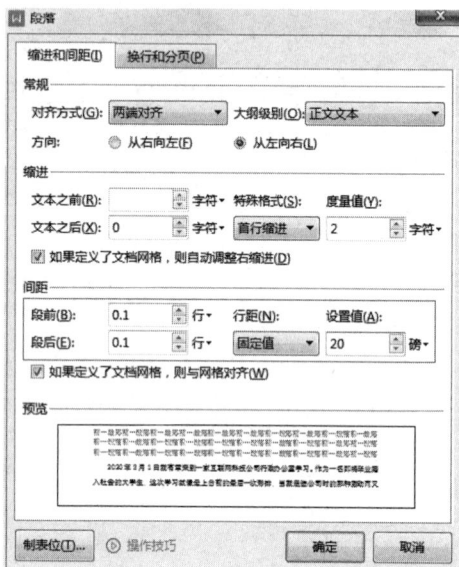

选中标题文字，右击，在弹出的快捷菜单中选择【段落】命令，在弹出的【段落】对话框中选择【缩进和间距】选项卡，在【间距】组中分别设置【段前】和【段后】为"0.5 行"，如图 1-49 所示。

（2）设置正文段落间距。

选中正文段落，右击，在弹出的快捷菜单中选择【段落】命令，在弹出的【段落】对话框中选择【缩进和间距】选项卡，在【间距】组中分别设置【段前】和【段后】为"0.1 行"，在【行距】下拉列表中选择【固定值】选项，【设置值】为"20 磅"，单击【确定】按钮，如图 1-50 所示。

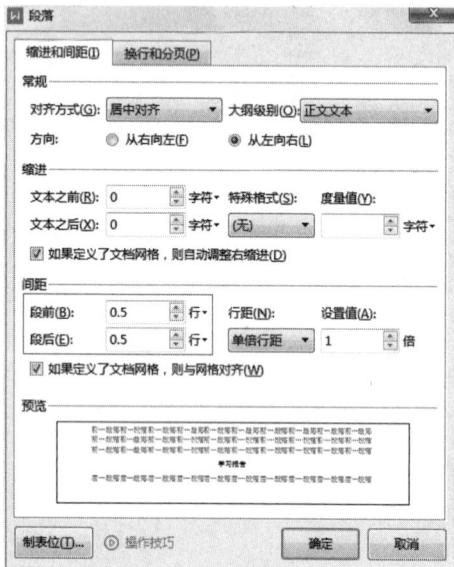

图 1-49　设置标题段落间距　　　　图 1-50　设置正文段落间距

1.2.4　查找与替换

用 WPS 文字编辑文档时，经常会用到查找和替换功能，不仅可以查找内容、替换为指定内容，还能对格式进行替换。查找的快捷键是【Ctrl+F】，替换的快捷键是【Ctrl+H】。

1. 文本查找

选中正文中的一处"学习"，单击【开始】选项卡中的【查找替换】按钮，在下拉列表中选择【查找】命令，弹出【查找和替换】对话框。可以单击【在以下范围中查找】按钮，选择查找范围；也可以单击【突出显示查找内容】按钮，从文章中查找出来的指定文本会加亮显示，并统计查找的文本个数，如图 1-51 所示。

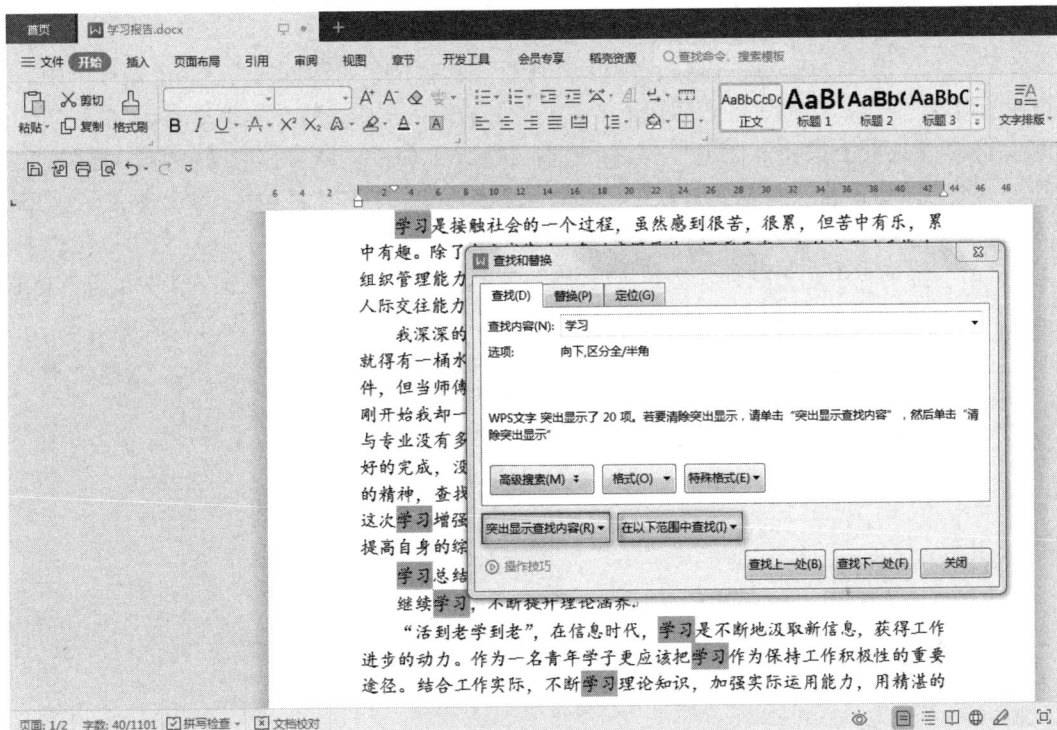

图 1-51　文本查找

2．文本替换

单击【开始】选项卡中的【查找替换】按钮，在下拉列表中选择【替换】命令，弹出【查找和替换】对话框，选择【替换】选项卡，在【查找内容】输入框中输入"学习"，在【替换为】输入框中输入"实习"，然后单击【全部替换】按钮即可将文档中所有的"学习"替换成"实习"，如图 1-52 所示。

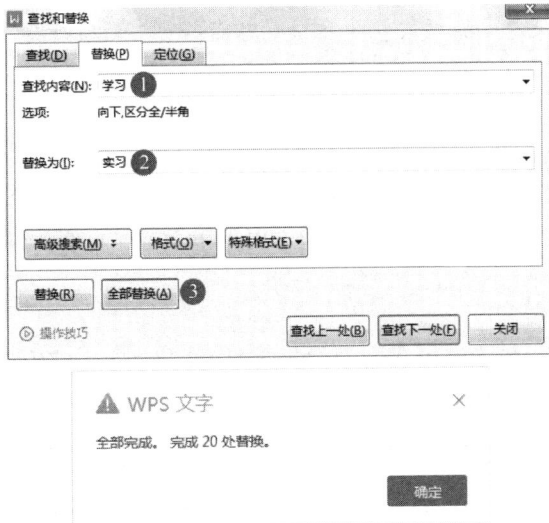

图 1-52　文本替换

3. 格式替换

除了文本替换，还可以进行格式替换。在【查找和替换】对话框的【替换】选项卡中，如果查找的内容是"实习"，则将光标置于【替换为】的输入框中（该输入框中有无文字"实习"均可），单击【格式】按钮，在下拉列表中选择【字体】命令，即可弹出【字体】对话框，设置要替换的字体格式等，如【字形】为"加粗"，【字体颜色】为"红色"，单击【确定】按钮，返回【查找和替换】对话框，单击【全部替换】按钮即可，如图 1-53 所示。也可以根据需要在【格式】下拉列表中选择其他命令，进行相应的设置。如果想删除【替换为】中设置的格式，可以在【查找和替换】对话框中选择【格式】下拉列表中的【清除格式设置】命令。

图 1-53 格式替换

【小贴士】使用替换功能不仅可以进行文本替换和格式替换，还可以进行特殊格式替换。

特殊格式一般定义为文档中的段落标记、任意字符、任意数字、手动换行符等内容。使用特殊格式替换功能，可以快速删除长文档中多余的回车符、手动换行符、多余的空格、分节符，或者将图片快速居中对齐等。

1.2.5 项目符号和编号

在文档中使用项目符号和编号，可以使文档内容条理清晰，便于阅读，同时可以突出显示重点内容。

1. 添加编号

按住【Ctrl】键不放，依次选中正文中的"实习内容""实习感受""实习总结"这三个不连续的段落，单击【开始】选项卡中的【编号】按钮，在下拉列表中选择一种编号样式，如"一、二、三、"，即可看到为所选段落添加编号后的效果，如图 1-54 所示。

【小贴士】如果想重新设置编号样式，可以单击【编号】按钮，在下拉列表中选择【自定义编号】命令，在【项目符号和编号】对话框中单击【自定义】按钮，在弹出的【自定义编号列表】对话框中进行相应的设置，如图 1-55 所示。

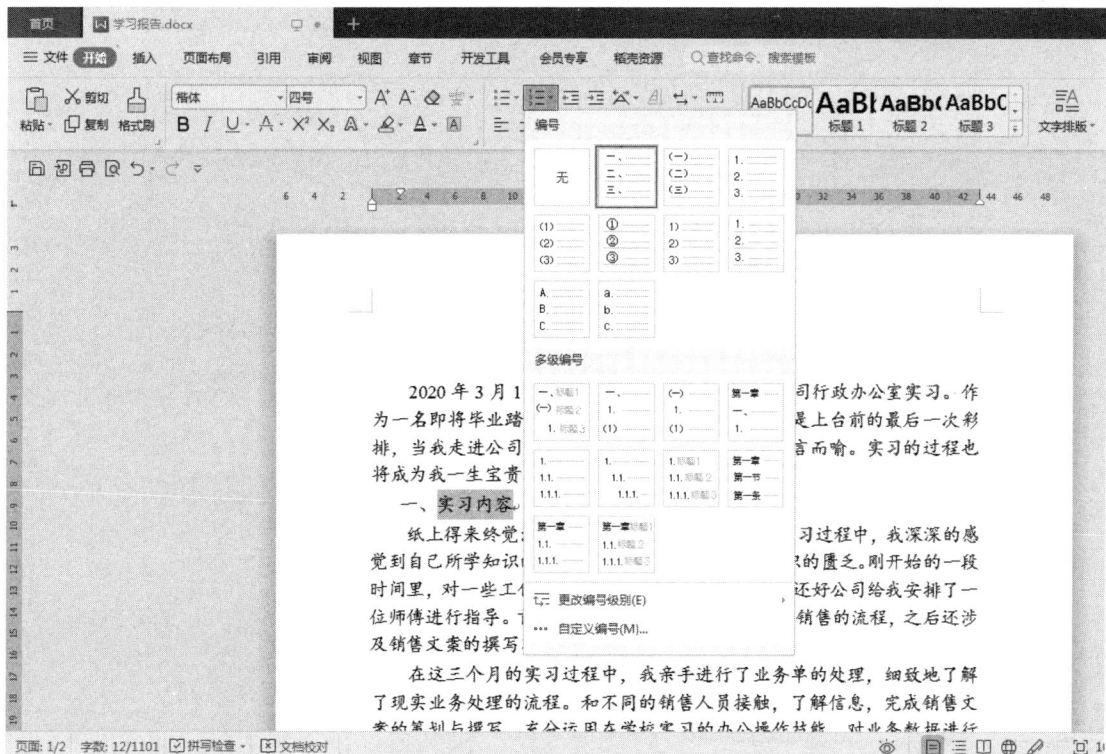

图 1-54　添加编号

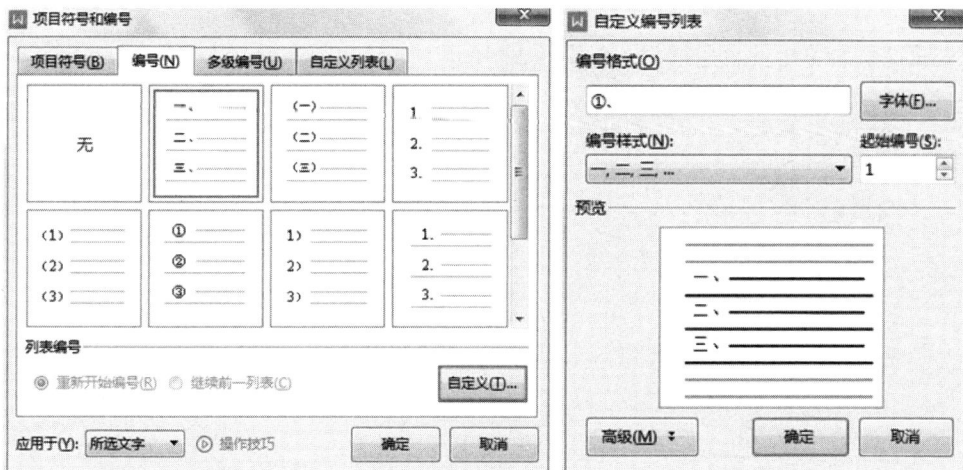

图 1-55　自定义编号

2. 添加项目符号

按住【Ctrl】键不放，依次选中正文"实习总结"中的"继续实习，不断提升理论涵养""努力实践，自觉进行角色转换""提高工作积极性和主动性"这三个不连续的段落，单击【开始】选项卡中的【插入项目符号】按钮，在下拉列表中选择一种项目符号样式，如图 1-56 所示，即可看到为所选段落添加项目符号后的效果。

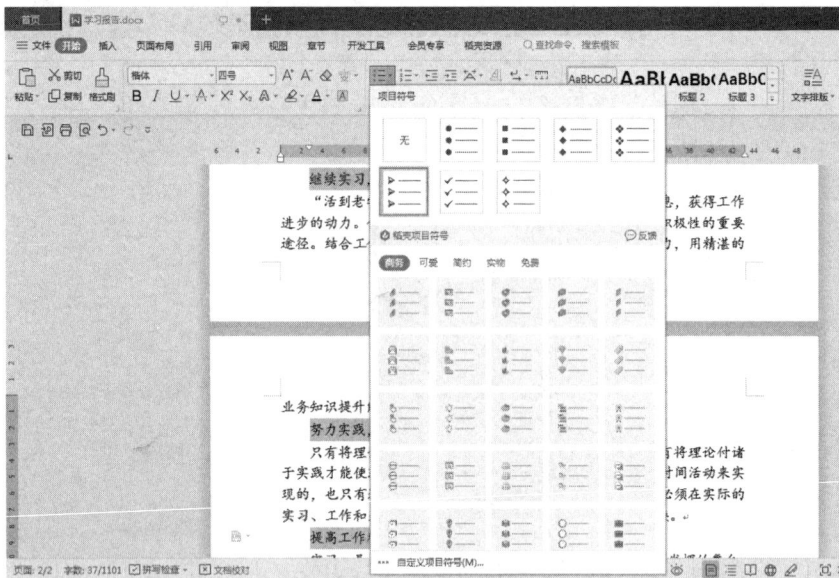

图 1-56　添加项目符号

1.2.6　页眉和页脚设置

1. 插入页眉

选择【插入】选项卡，单击【页眉页脚】按钮，进入页眉页脚编辑状态，在页眉处输入要设置的页眉文字"实习报告"。也可以在打开的【页眉页脚】选项卡中单击【页眉】按钮，选择【稻壳页眉页脚】中的页眉样式，如图 1-57 所示。

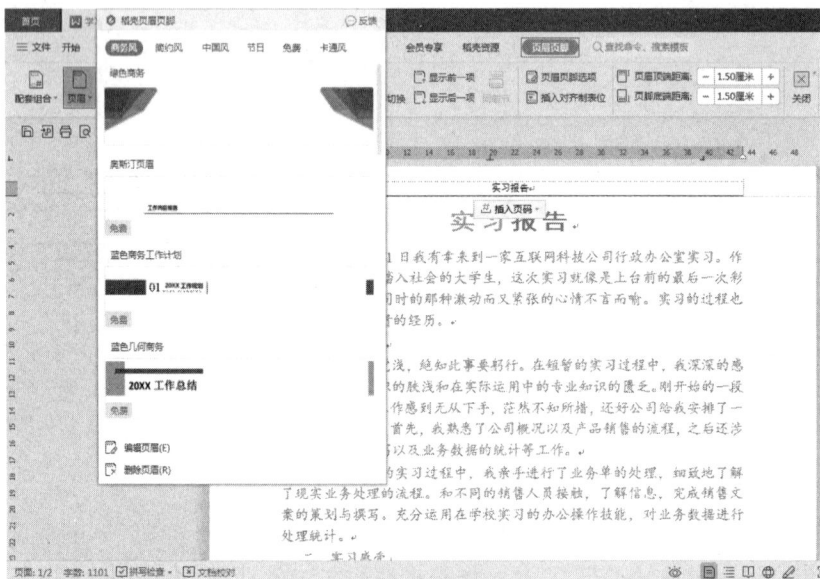

图 1-57　插入页眉

2. 设置页眉文字格式

选中页眉文字，在【开始】选项卡中设置页眉文字格式，如"宋体、五号、居中"。在【页眉页脚】选项卡中，单击【关闭】按钮，即可退出页眉页脚编辑状态；或者在正文处双击，也可以退出页眉页脚编辑状态，如图1-58所示。

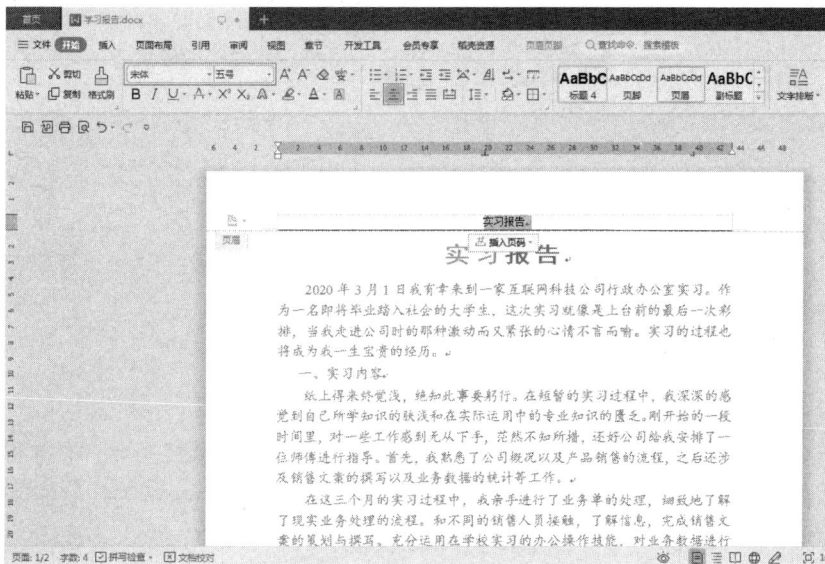

图1-58　设置页眉文字格式

如果不要页眉文字下面的横线，可以在【页眉页脚】选项卡中单击【页眉横线】按钮，在下拉列表中选择【无线型】，如图1-59所示。如果想设置其他类型的页眉横线，也可以在该下拉列表中进行选择。

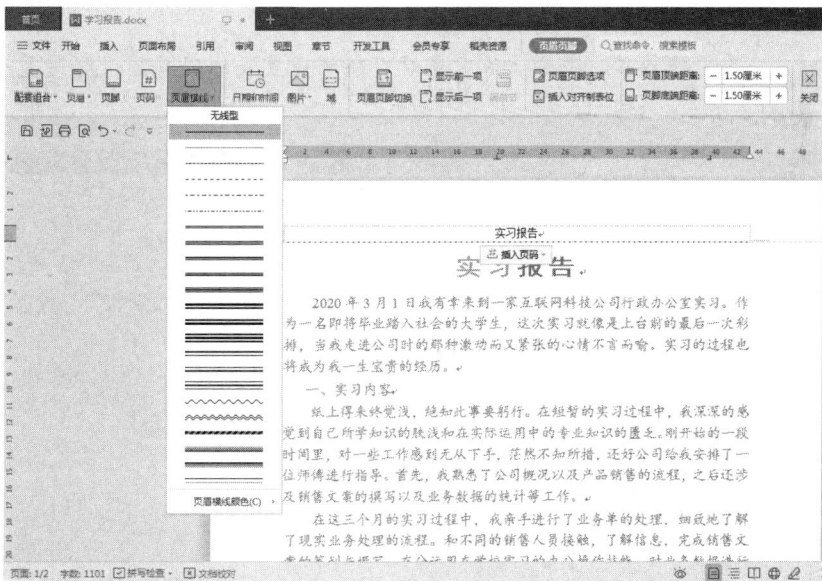

图1-59　设置页眉横线

3．设置页脚样式

设置页脚与设置页眉方法相同，在【页眉页脚】选项卡中单击【页眉页脚切换】按钮，直接由页眉转到页脚。可以单击【页脚】按钮，选择【稻壳页眉页脚】中的页脚样式；也可以单击【页码】按钮，选择一种预设样式，如图1-60所示。

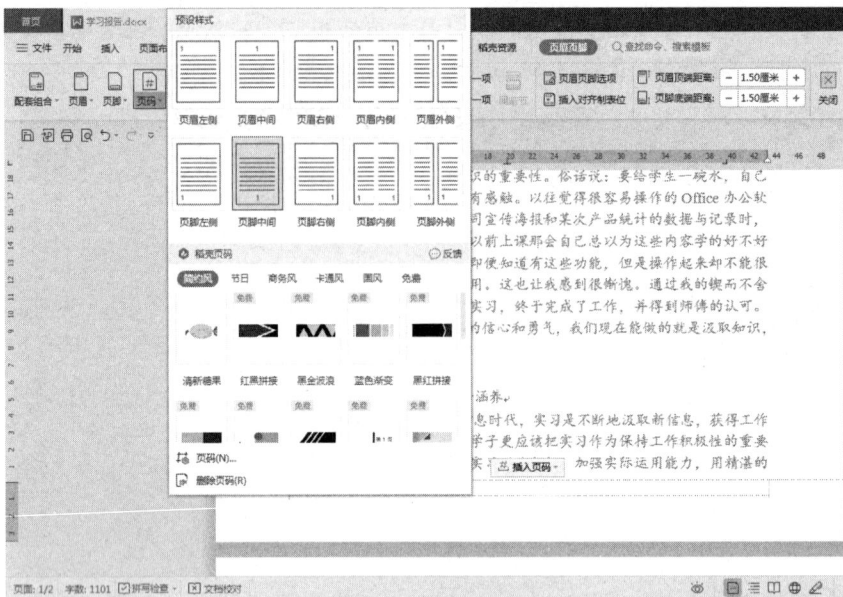

图 1-60　设置页脚样式

编辑后的文档以"实习报告.docx"为名进行保存。如果要将实习报告打印出来，则先通过打印设置和打印预览等操作进行文档打印前的预览。也可以按照之前的方法将其存储为 PDF 格式。

【小贴士】如果要修改页眉页脚，则双击页眉或页脚处，进入页眉页脚编辑状态重新进行设置。例如，在页脚处，可以很方便地重新对页码的样式及应用范围进行设置，或者删除页码等，如图 1-61 所示。

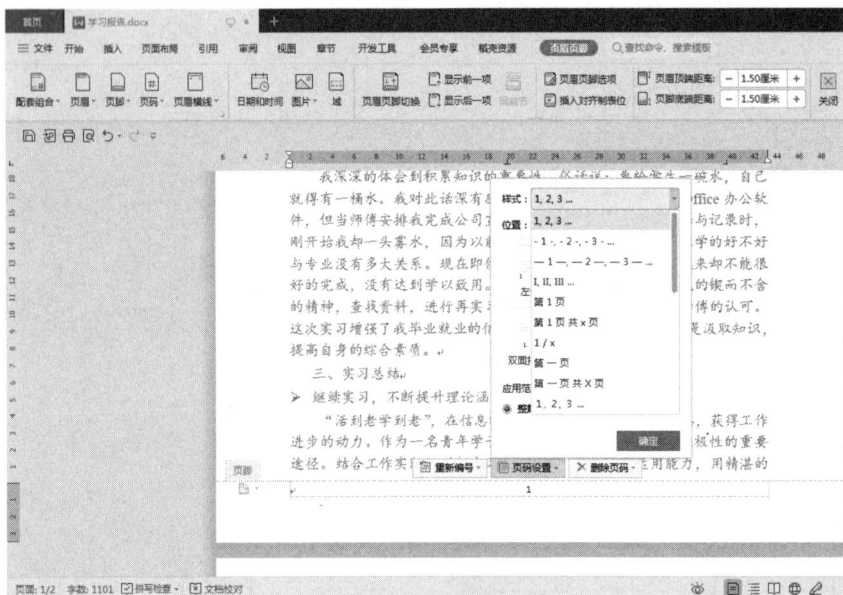

图 1-61　设置页码

1.3 图文混排

任务描述

图文混排

小张在互联网科技公司实习期间，领导让他制作一份公司的宣传海报，便于进行公司业务推广。利用文字处理软件的图文混排操作可以很轻松地完成海报制作。在 WPS 2019 文字中可以通过插入艺术字、图片、智能图形等展示文本或数据内容。除了制作公司宣传海报，还可以根据需要设计出图文并茂的产品说明书、企业规划书等。

海报是公司进行自我宣传的重要手段之一，因此，宣传海报在公司的运营中能发挥重要作用。一个好的宣传海报对企业形象和品牌建设往往能够达到很好的宣传效果。

思路解析

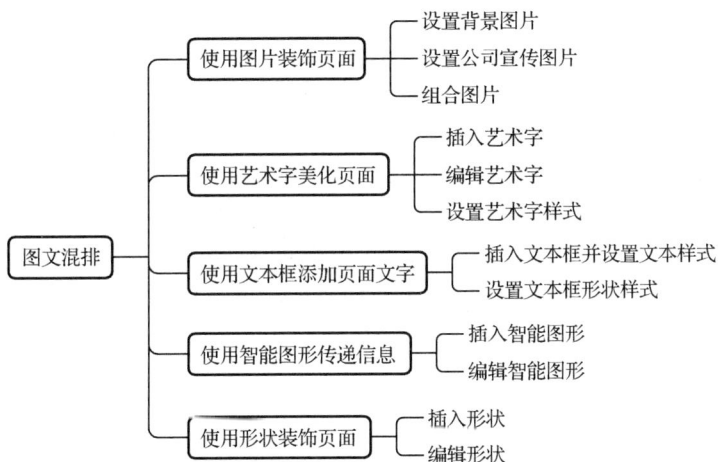

任务实施

1.3.1 使用图片装饰页面

在 WPS 文字中支持更多的图片来源，不仅可以插入本地图片，还可以插入来自扫描仪的图片、手机传图、资源夹图片等。在文档中添加符合公司文化的图片元素，可以让公司宣传海报看起来更加生动形象，传递更多的公司理念。

1. 设置背景图片

（1）新建一个 WPS 空白文字，命名为"公司宣传海报.docx"，并进行保存。

（2）将光标置于文档中，单击【插入】选项卡中的【图片】按钮，在下拉列表中选择【本地图片】，找到给定的素材"背景图.jpg"，单击【打开】按钮。

（3）选中背景图片，单击图片右侧的【布局选项】按钮，选择【环绕文字】中的【衬于文字下方】选项。

（4）可以根据需要进行图片裁剪。选中背景图片，在【图片工具】选项卡中单击【裁剪】按钮，可以将背景图片右侧的光环部分裁剪掉，还可以选择【按形状裁剪】或者【按比例裁剪】。

（5）将图片移动到页面的左上角，然后将光标置于图片的右下角，通过拖曳图片四周的控制柄来调整图片的大小，使其布满整个页面。调整页面状态栏右侧的缩放级别，可以查看总体效果，如图1-62所示。

图1-62　设置背景图片

2. 设置公司宣传图片

（1）将光标置于文档中，单击【插入】选项卡中的【形状】按钮，在下拉列表中选择【矩形】，用鼠标拖动绘制一个矩形。选中该矩形，右击，在弹出的快捷菜单中选择【填充图片】→【本地图片】命令，找到给定的素材"公司大楼.png"，单击【打开】按钮，即可将图片填充到矩形中。此时，便将图片设置成了图形。

（2）选中图形，在【绘图工具】选项卡中单击【轮廓】按钮，在下拉列表中选择【无边框颜色】。

（3）将图形移动到页面的左下角，可以适当调整图形的大小。选中图形，右击，在弹出的快捷菜单中选择【设置对象格式】命令，页面右侧会出现【属性】面板，在【填充与线条】中，将透明度设置为"80%"，使其融入背景图中，如图1-63所示。

3. 组合图片

编辑完插入的图片后，可以对图片进行组合，防止其移动、变形。

按住【Ctrl】键不放，选中需要组合的背景图和公司大楼图片，在【绘图工具】选项卡中单击【组合】按钮，在下拉列表中选择【组合】命令，如图1-64所示。或者右击，在弹出的快捷菜单中选择【组合】→【组合】命令。

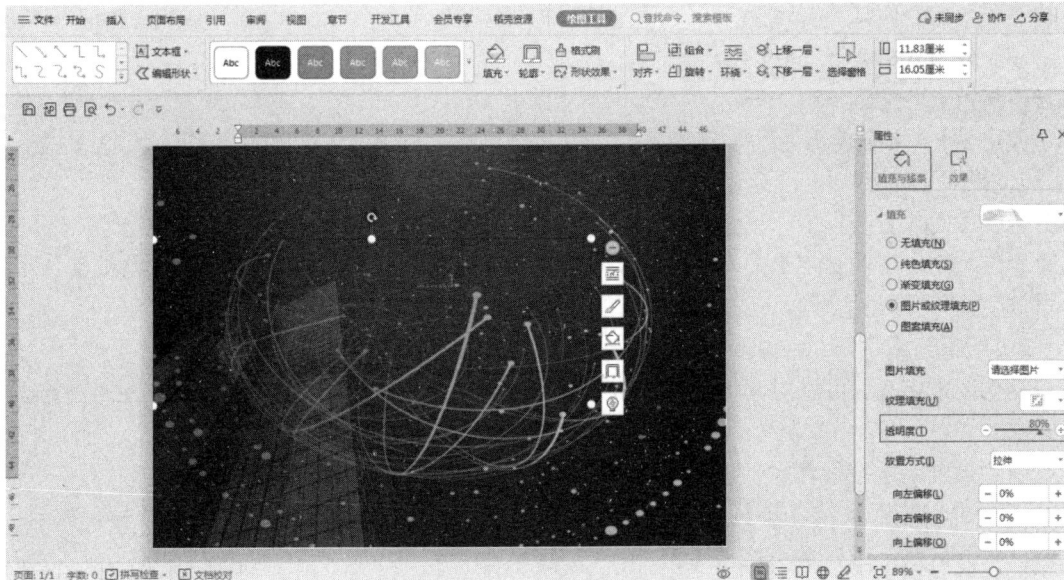

图 1-63　设置对象的透明度

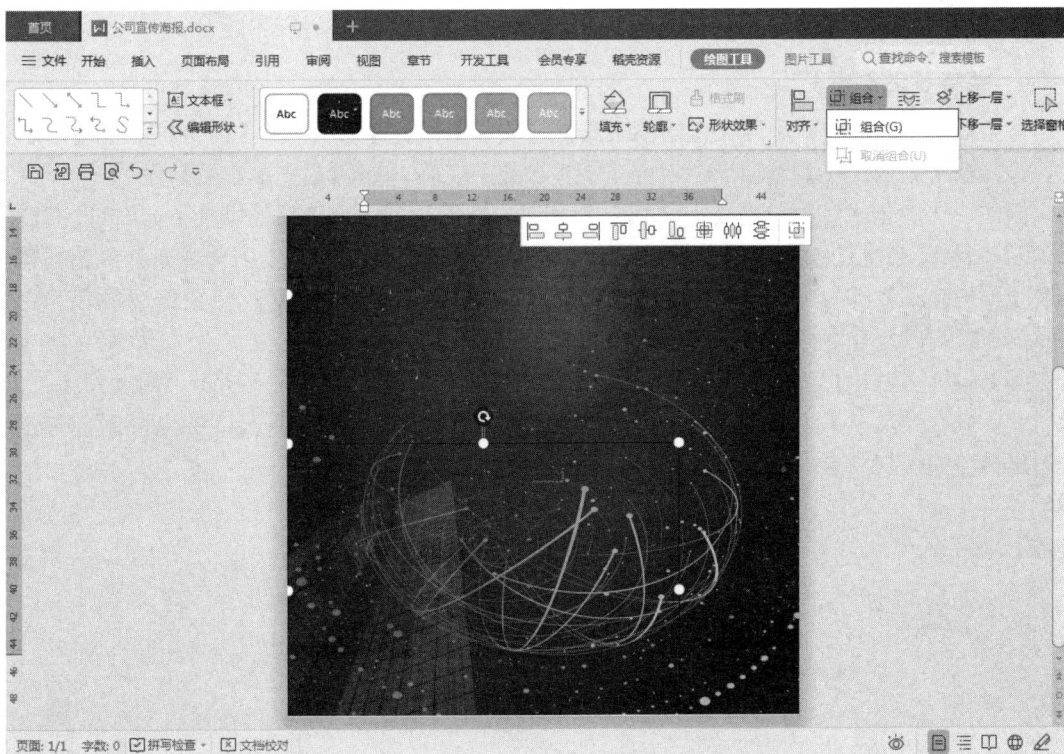

图 1-64　组合图片

【小贴士】在【图片工具】选项卡中，还可以设置图片大小、图片色彩、亮度、对比度、图片旋转、对齐、图片边框等。

1.3.2 使用艺术字美化页面

使用 WPS 文字提供的艺术字样式，可以制作出精美的艺术字，美化公司宣传海报。

1. 插入艺术字

选择【插入】选项卡，单击【艺术字】按钮，在下拉列表中选择一种艺术字样式。在弹出的【请在此放置您的文字】文本框中删除默认出现的文字，输入公司宣传海报标题文字"互联网科技企业"，即可完成插入艺术字标题的操作。

2. 编辑艺术字

插入艺术字后，可以对其进行编辑，如设置艺术字的大小、颜色、位置，以及艺术字样式、形状样式等。

（1）设置艺术字字体。

选中插入的艺术字，在【文本工具】选项卡中，设置文字为"华文行楷、60 号、加粗"。也可以根据需要下载安装一些适合的海报字体。

（2）调整艺术字位置。

将鼠标指针置于艺术字的文本框上，当鼠标指针发生变化时，按住鼠标左键拖动，便可调整艺术字的位置。将鼠标指针置于艺术字文本框四周的控制柄上，按住鼠标左键拖动，便可调整艺术字文本框的大小。

3. 设置艺术字样式

选中插入的艺术字，可以在【绘图工具】选项卡中设置【形状填充】【形状轮廓】【形状效果】等，在【文本工具】选项卡中设置【文本填充】【文本轮廓】【文本效果】等。

例如，选中艺术字，单击【文本填充】按钮，在下拉列表中选择【渐变】，在页面右侧的【属性】面板【文本选项】选项卡的【填充与轮廓】选项卡中，选中【渐变填充】单选按钮，设置【渐变样式】，停止点 1 颜色为"标准颜色-浅蓝"，位置为"0%"；停止点 2 颜色为"标准颜色-紫色"，位置为"73%"；停止点 3 颜色为"标准颜色-紫色"，位置为"100%"。将【文本轮廓】设置为"1 磅，单实线""主题颜色-白色，背景 1"，如图 1-65 所示。切换到【效果】选项卡，设置【发光】为"钢蓝，11pt 发光，着色 5"；设置【转换】为"双波形 2"，可以通过调整橙色的控制点来调整文字的波形、幅度等，如图 1-66 所示。

图 1-65　设置艺术字的填充与轮廓　　　　图 1-66　设置艺术字样式

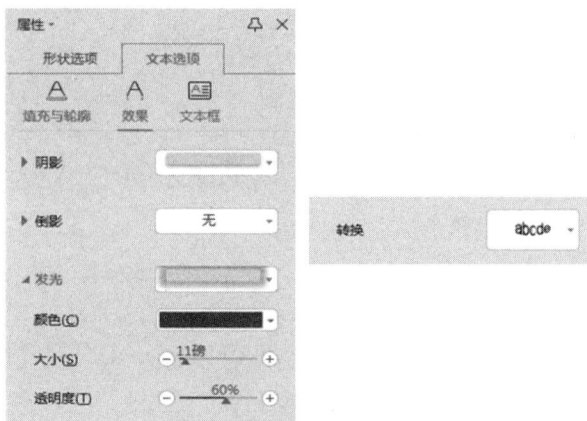

1.3.3　使用文本框添加页面文字

在公司宣传海报中可以使用文本框来添加文字内容，这样便于显示宣传文字及调整文字位置。

1. 插入文本框并设置文本样式

选择【插入】选项卡，单击【文本框】按钮，在下拉列表中选择【横向】。将光标置于文档中，按住鼠标左键拖曳，即可完成文本框的插入。在文本框中输入如图 1-67 所示的文本内容，根据需要设置文本框中文本的样式，可以按照之前艺术字文本框调整的方法来调整该文本框的大小和位置。

2. 设置文本框形状样式

选中文本框，选择【绘图工具】选项卡，单击【填充】按钮，选择【无填充颜色】；单击【轮廓】按钮，选择【无边框颜色】。选择【文本工具】选项卡，设置文字为"微软雅黑、18 号、白色背景 1"，单击【文本填充】按钮，选择"白色，背景 1"。完成后的效果如图 1-67 所示。

图 1-67　设置文本框内容

1.3.4　使用智能图形传递信息

在企业宣传海报中，可以使用智能图形直观形象地展示重要的文本信息，以引起用户的关注。WPS 中提供了很多智能图形供用户选择，如列表、流程、循环、层次结构等。

1. 插入智能图形

选择【插入】选项卡，单击【智能图形】按钮，在弹出的【智能图形】对话框中，选择【循环】选项卡中的一种免费的智能图形，如图 1-68 所示。

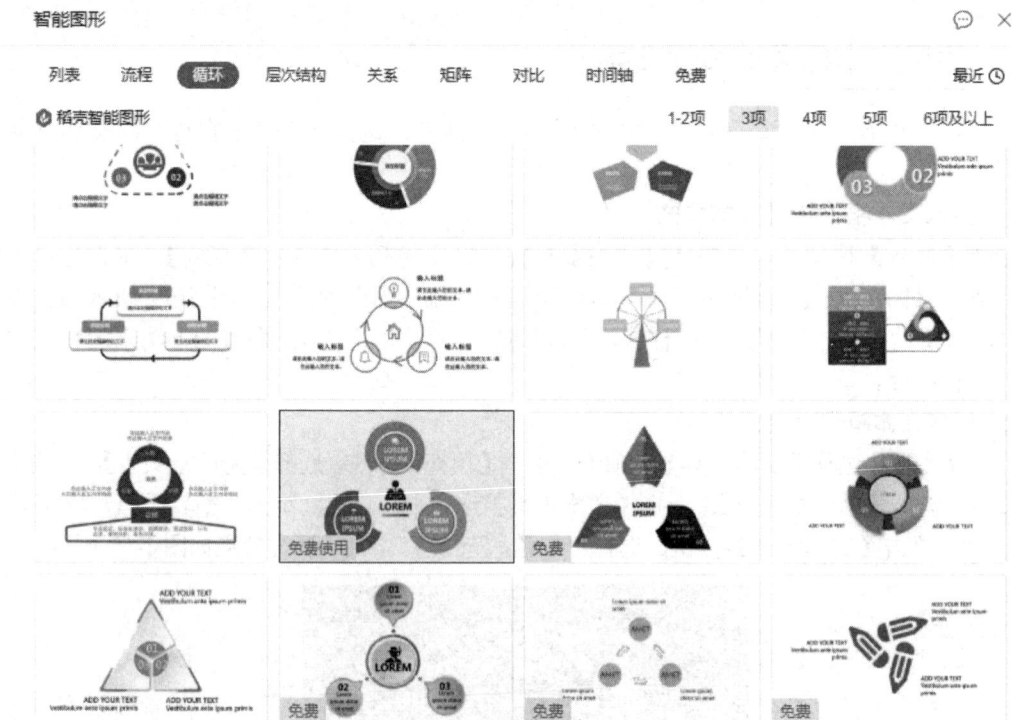

图 1-68 【智能图形】对话框

2. 编辑智能图形

（1）设置智能图形的文字。

图 1-69 设置智能图形的文字

更改智能图形中默认的文字，如图 1-69 所示，单击【文本工具】选项卡，设置智能图形中的文字为"微软雅黑、16 号、加粗"。

（2）调整智能图形的大小。

选中智能图形，拖曳图形周围的控制点，可以同比例放大或缩小智能图形。

（3）处理智能图形。

选中智能图形，其右上角会出现【智能图形处理】按钮，单击该按钮即可看到【项目个数】和【更改颜色】选项，可以选择周围有四个形状的智能图形，在新增加的图形中输入文字"项目实施"，使用【开始】选项卡中的【格式刷】工具，快速将图形中的文字格式设置为与其他文字格式相同，如图 1-70 所示。

【小贴士】格式刷可以让文档的格式更加整齐一致。选中要应用格式的内容，选择【开始】选项卡，单击【格式刷】按钮。出现格式刷图标后，在要应用格式的文本中单击并拖动鼠标。如果要连续使用格式刷，则双击【格式刷】按钮，即可应用到多个位置的内容中。

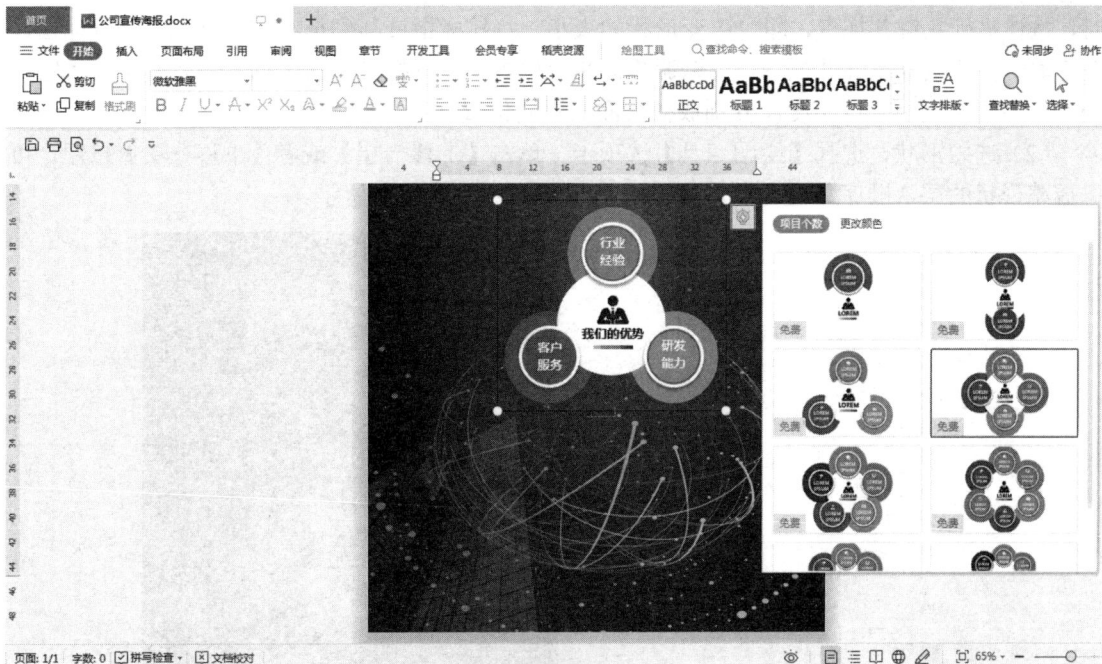

图 1-70　处理智能图形

1.3.5　使用形状装饰页面

在 WPS 2019 文字中提供了多种形状，如线条、矩形、基本形状、流程图等，可以根据需要选择合适的形状装饰页面。

1. 插入形状

选择【插入】选项卡，单击【形状】按钮，在下拉列表中选择"五角星"形状，按住鼠标左键将其拖曳至合适大小。选中该形状，右击，在弹出的快捷菜单中选择【设置对象格式】命令，在页面右侧的【属性】面板的【填充与线条】选项卡中，选中【填充】中的【纯色填充】单选按钮，颜色为"标准颜色-橙色"，将透明度设置为"50%"，在【线条】中选中【无线条】单选按钮。使用同样的方法，可以插入其他自选形状装饰页面，如图 1-71 所示。

2. 编辑形状

（1）选中刚插入的形状，将鼠标指针移到形状边框的四个圆形控制点上，当鼠标指针改变时，按住鼠标左键并拖曳，即可改变形状的大小。将鼠标指针移到形状的边框上，当鼠标指针改变时，按住鼠标左键并拖动，可以调整形状的位置。设置好的形状可以多复制几个，将它们调整为不同的大小及透明度，分别放在页面的不同位置。

（2）选中形状，选择【绘图工具】选项卡，单击【上移一层】或者【下移一层】按钮，可以调整形状的层次顺序。公司宣传海报的最终效果图如图 1-72 所示。

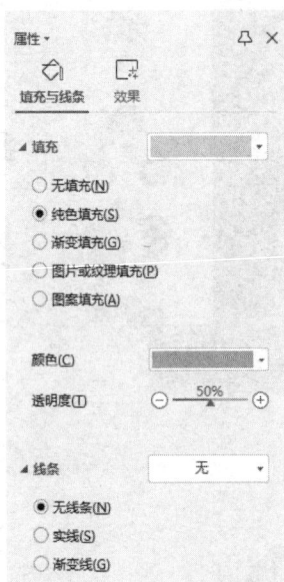

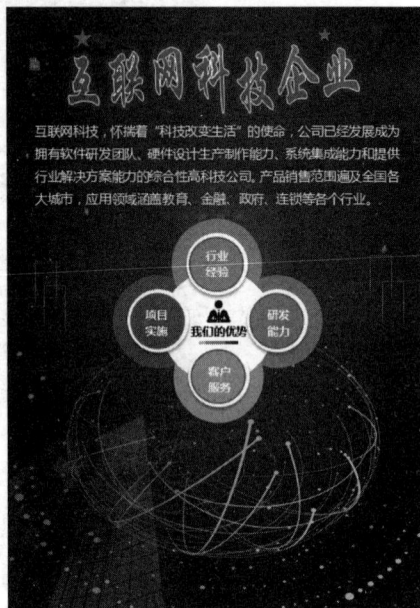

图 1-71　设置形状格式　　　　　　　图 1-72　公司宣传海报的最终效果图

1.4　表格的制作

表格的制作

🔘 任务描述

小张在互联网科技公司实习，他现在需要使用文字处理软件，通过在文档中插入和编辑表格、对表格进行美化、应用公式对表格中的数据进行处理等操作来制作公司的产品销售业绩表。通过对表格功能的掌握，还可以制作个人简历、毕业生推荐表、产品订购单等。

🔘 思路解析

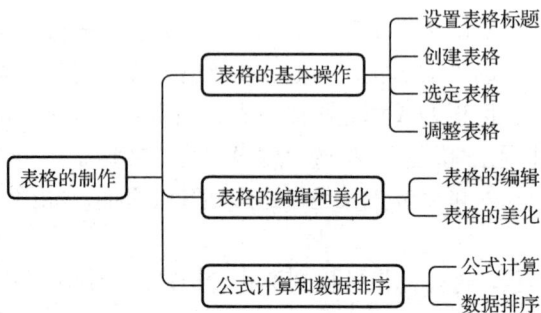

任务实施

1.4.1 表格的基本操作

1. 设置表格标题

（1）启动 WPS 文字，新建空白文档，单击快速访问工具栏中的【保存】按钮，将文档以"产品销售业绩表.docx"为文件名进行保存。

（2）在文档的第一行输入标题文字"产品销售业绩表"，选中该文字，在【开始】选项卡的【字体】组中将文字设置为"黑体、三号、居中"。

（3）在第二行输入"制表日期： 年 月 日"，将文字设置为"宋体、五号、右对齐"。段落格式中段后间距设置为"0.5 行"，行距设置为"单倍行距"。

2. 创建表格

表格是由行和列组成的，横向为行，纵向为列，行和列组成的方格叫作单元格。如果表格中每行的列数及每列的行数都相同，则是规则表格，否则就是不规则表格。

（1）通过【插入表格】对话框创建表格。

选择【插入】选项卡，单击【表格】下拉按钮，在展开的选项中选择【插入表格】命令，在弹出的【插入表格】对话框的【列数】文本框中输入"6"，在【行数】文本框中输入"7"，单击【确定】按钮即可创建表格，如图 1-73 所示。

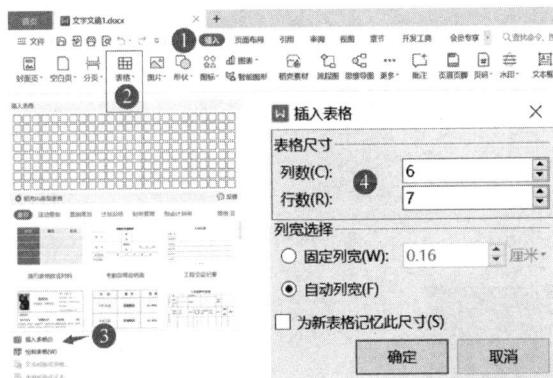

图 1-73 通过【插入表格】对话框创建表格

（2）通过拖动行列数创建表格。

选择【插入】选项卡，单击【表格】下拉按钮，在展开的选项顶部通过拖动选择需要插入表格的行数和列数，即可插入表格，如图 1-74 所示。

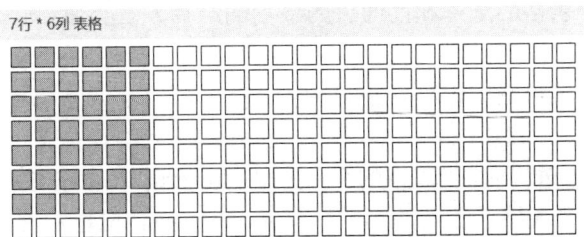

图 1-74 通过拖动行列数创建表格

（3）通过【文本转换为表格】命令创建表格。

选中要转换为表格的文档，在分列处按【Enter】键换行或者按【Tab】键添加制表位，单击【表格】下拉按钮，在展开的选项中选择【文本转换成表格】命令，在弹出的对话框中，设置【表格尺寸】【文字分隔位置】相关数据，单击【确定】按钮即可创建表格，如图1-75所示。

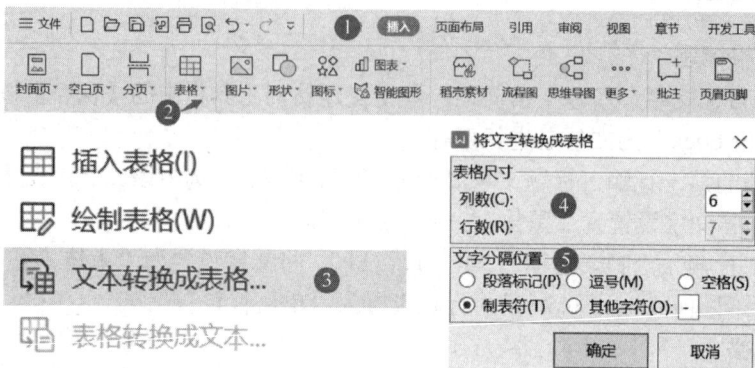

图1-75　通过【文本转换成表格】命令创建表格

（4）通过【稻壳内容型表格】创建表格。

选择【插入】选项卡，单击【表格】下拉按钮，在展开的选项中选择【稻壳内容型表格】，根据需要选择表格类型即可插入相应的表格，如图1-76所示。

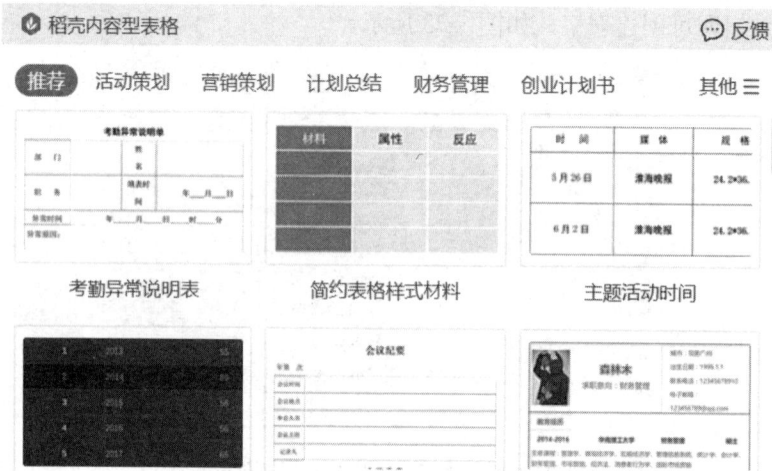

图1-76　通过【稻壳内容型表格】创建表格

3. 选定表格

对表格进行编辑之前，要先选择编辑对象，表格的选择包括对整个表格的选择、行/列的选择和单元格的选择。表格的选择和前面讲的文本的选择方法类似。

（1）选定单元格。

在单元格内单击，即可选定该单元格。

（2）选定整个表格。

方法一：将光标置于表格内，当表格的左上方出现 ⊞ 标记时，单击该标记即可选定整个表格。

方法二：将光标置于表格左上角的第一个单元格内，按住鼠标左键拖动到表格右下角的单元格内，松开鼠标左键，即可选定整个表格。

（3）选定表格中的一行或一列。

方法一：将光标置于要选定行的左侧空白区域，当鼠标指针变成空心箭头形状时，单击即可选定箭头所指向的表格中的一行。

方法二：将光标置于要选定行的第一个单元格内，按住鼠标左键拖动到所选行的最后一个单元格内，松开鼠标左键，即可选定表格中的一行。

选定表格中的一列与选定一行的方法类似。

（4）选定连续单元格。

方法一：在起始单元格内单击，按住鼠标左键拖动到结束单元格内，松开鼠标左键即可选定连续单元格。

方法二：在起始单元格内单击，然后按住【Shift】键不放，再在结尾单元格内单击，即可选定连续单元格。

（5）选定不连续单元格。

先拖动鼠标选中第一个单元格，然后按住【Ctrl】键不放，再拖动鼠标选择其他不相邻的单元格，松开【Ctrl】键即可选定不连续单元格。

4．调整表格

要制作出不同形式的表格，在制作表格的过程中可以通过【表格工具】中的功能进行增加、删除、合并与拆分等操作，如图1-77所示。

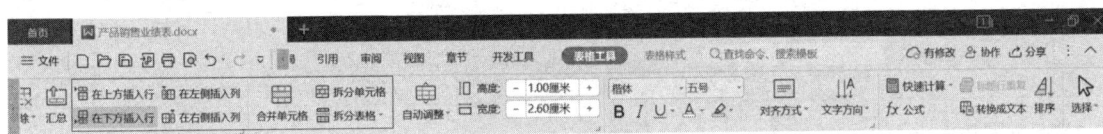

图1-77　调整表格

（1）插入。

将光标置于要调整的位置，右击，在弹出的快捷菜单中选择【插入】命令，或者在【表格工具】选项卡中根据需要选择插入行、列或者单元格。

（2）删除。

将光标置于要调整的位置，右击，在弹出的快捷菜单中选择【删除单元格】命令，或者在【表格工具】选项卡中单击【删除】下拉按钮，在下拉列表中选择相应的命令，如图1-78所示。

图1-78　【删除】下拉列表

（3）合并单元格。

合并单元格是指在不改变表格大小的情况下，将两个或两个以上的单元格合并为一个单元格。

选择要合并的单元格，右击，在弹出的快捷菜单中选择【合并单元格】命令，或者在【表格工具】选项卡中单击【合并单元格】按钮。

（4）拆分单元格。

将光标置于要拆分的单元格内，右击，在弹出的快捷菜单中选择【拆分单元格】命令，或者在【表格工具】选项卡中单击【拆分单元格】按钮，在打开的【拆分单元格】对话框中完成相关设置即可。

（5）拆分表格。

如果要将一个表格拆分成多个表格，则将光标置于要拆分的单元格内，右击，在弹出的快捷菜单中选择【拆分表格】命令，或者在【表格工具】选项卡中单击【拆分表格】按钮，选择【按行拆分】或【按列拆分】即可。

1.4.2　表格的编辑和美化

1. 表格的编辑

（1）设置行高、列宽和对齐方式。

选中整个表格，在【表格工具】选项卡中设置高度为"1 厘米"，宽度为"2.6 厘米"，对齐方式为"水平居中"，如图 1-79 所示。

图 1-79　设置表格高度、宽度和对齐方式

【小贴士】还可以通过【自动调整】下拉列表、【表格属性】对话框、鼠标拖动等方式调整表格的高度与宽度。将光标置于要调整行高的表格相应位置的横线处，当鼠标指针变成╪形状时，按住鼠标左键向上下方向拖动，可改变行高。同理，将光标置于要调整列宽的表格相应位置的竖线处，当鼠标指针变成╫形状时，按住鼠标左键向左右方向拖动，可改变列宽。除此之外，将光标置于表格的右下角框线外，当鼠标指针变成↘形状时，向不同方向拖动，即可改变表格中所有单元格的行高和列宽。

（2）设置文本格式。

在产品销售业绩表中输入相应的文本内容后，可以设置文本的格式等。

在【开始】选项卡中设置文字为"楷体、五号"，效果如图 1-80 所示。

产品销售业绩表

制表日期：年　月　日

产品	第一季度	第二季度	第三季度	第四季度	合计
产品 1	15	20	19	22	
产品 2	42	39	38	40	
产品 3	35	29	31	38	
产品 4	28	29	30	44	
产品 5	37	41	46	39	
产品 6	20	32	43	36	

图 1-80　产品销售业绩表

2. 表格的美化

WPS 2019 文字内置了多种表格样式，可以根据需要进行选择。将光标置于表格中的任意单元格内，在【表格样式】选项卡中套用一种表格样式。也可以通过设置指定单元格的【边框】和【底纹】等，来对表格进行美化操作，如图1-81所示。

图1-81 设置表格样式

设置表格样式后的效果如图1-82所示。

产品销售业绩表

制表日期：年 月 日

产品	第一季度	第二季度	第三季度	第四季度	合计
产品1	15	20	19	22	
产品2	42	39	38	40	
产品3	35	29	31	38	
产品4	28	29	30	44	
产品5	37	41	46	39	
产品6	20	32	43	36	

图1-82 设置表格样式后的效果

1.4.3 公式计算和数据排序

1. 公式计算

应用产品销售业绩表中提供的表格计算功能，可以对表格中的数据进行简单的运算。将光标置于要显示计算结果的单元格中，在【表格工具】选项卡中单击【公式】按钮，在弹出的【公式】对话框的【公式】文本框中输入"=SUM(LEFT)"，如图1-83所示，单击【确定】按钮即可计算出结果。

【公式】文本框中输入的公式"=SUM(LEFT)"，表示对表格中所选单元格左侧的数据求和。【数字格式】下拉列表用于设置计算结果的数字格式。在【粘贴函数】下拉列表中可以根据需要选择函数类型。【表格范围】用于设置公式计算的范围。

图1-83 【公式】对话框

2. 数据排序

在产品销售业绩表中，可以以升序或降序将表格中的内容按照笔画、数字、拼音及日期等进行排序。对表格中的数据进行排序时，表格中不能有合并过的单元格。

（1）将光标置于【合计】列的任意单元格内，单击【表格工具】选项卡中的【排序】按钮，如图 1-84 所示。

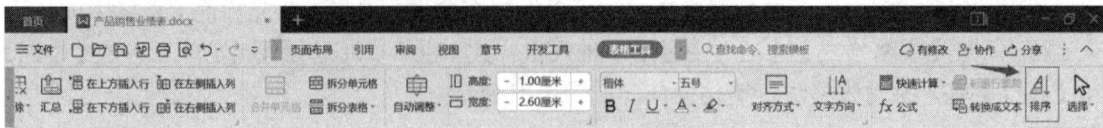

图 1-84　单击【排序】按钮

（2）在打开的【排序】对话框中选中【有标题行】单选按钮，先设置【主要关键字】为"合计"，【类型】为"数字"，选中【升序】单选按钮；再设置【次要关键字】为"产品"，【类型】为"拼音"，选中【升序】单选按钮，单击【确定】按钮即可完成排序，如图 1-85 所示。

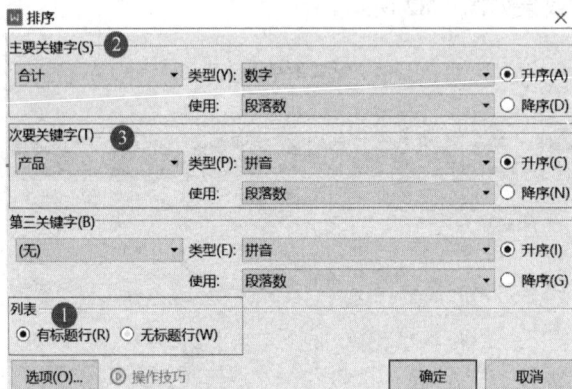

图 1-85　【排序】对话框

若想对表格进行进一步完善，可以继续调整表格，利用公式计算销售总额。

将光标置于表格最后一行的任意单元格内，在【表格工具】选项卡中选择【在下方插入行】。选择新插入行的所有单元格，右击，在弹出的快捷菜单中选择【合并单元格】命令。然后输入文本"销售总额（大写）:""小写:　（元）"，用空格键将两部分文本适当留出间隔。使用前面进行表格计算的方法，计算出销售总额，并输入相应的大写。产品销售业绩表的最终效果图如图 1-86 所示。

产品销售业绩表

制表日期：年　月　日

产品	第一季度	第二季度	第三季度	第四季度	合计
产品 1	15	20	19	22	76
产品 2	42	39	38	40	159
产品 3	35	29	31	38	133
产品 4	28	29	30	44	131
产品 5	37	41	46	39	163
产品 6	20	32	43	36	131
销售总额（大写）：	柒佰玖拾叁元整			小写：793（元）	

图 1-86　产品销售业绩表的最终效果图

1.5　长文档排版

长文档排版（上）

长文档排版（下）

任务描述

小王就要大学毕业了，他要完成的最后一项任务就是撰写毕业论文并对其进行排版。毕业论文不仅文档长，而且学校对毕业论文有严格的格式要求，处理起来比普通文档复杂得多。为增加毕业论文的"颜值"，给指导教师留下良好的印象，小王认真学习了长文档排版用到的各个功能，轻松解决了论文的排版。

对于长文档的排版，可以将自定义样式应用到文档中，使用大纲级别的标题自动生成目录，利用域灵活插入页眉页脚，等等。综合运用上述方法即可对毕业论文进行排版。利用科学的思维方式，掌握高效的操作方法，将复杂问题简单化，可以节约自身时间，提高工作效率。

思路解析

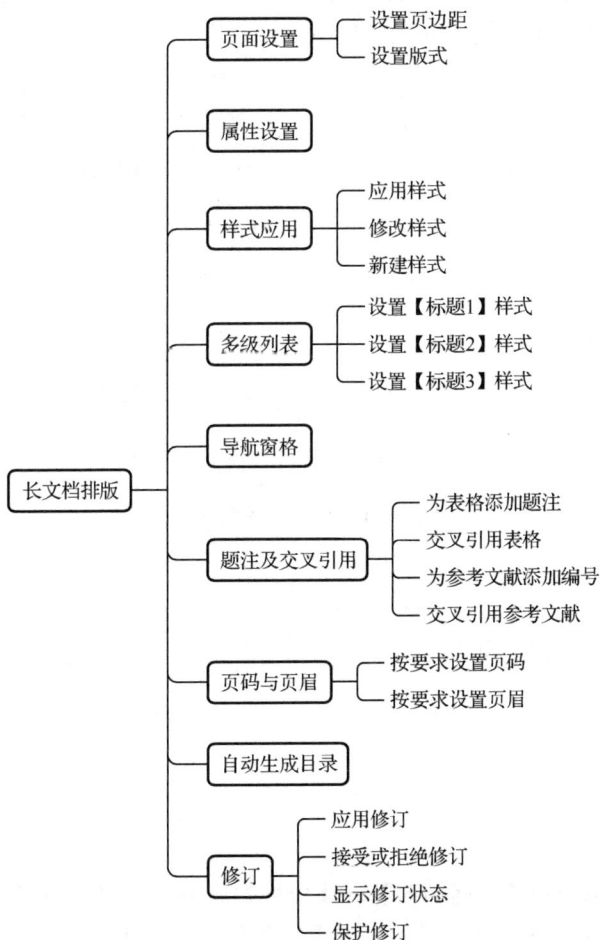

任务实施

1.5.1 页面设置

1. 设置页边距

设置上下页边距为 2 厘米，左右页边距为 2.5 厘米，装订线位置在左侧，装订线宽为 0.5 厘米。

打开给定的素材文档"长文档论文排版案例.docx"，单击【页面布局】选项卡，再单击【页面设置对话框启动器】按钮，弹出【页面设置】对话框，在【页边距】选项卡中设置上下页边距为"2 厘米"，左右页边距为"2.5 厘米"，【装订线位置】为"左"，【装订线宽】为"0.5 厘米"。设置完成后，单击【确定】按钮，如图 1-87 所示。

2. 设置版式

设置页眉页脚距边界为"2 厘米"。

在【页面设置】对话框中选择【版式】选项卡，设置【距边界】的【页眉】和【页脚】均为"2 厘米"，单击【确定】按钮，如图 1-88 所示。

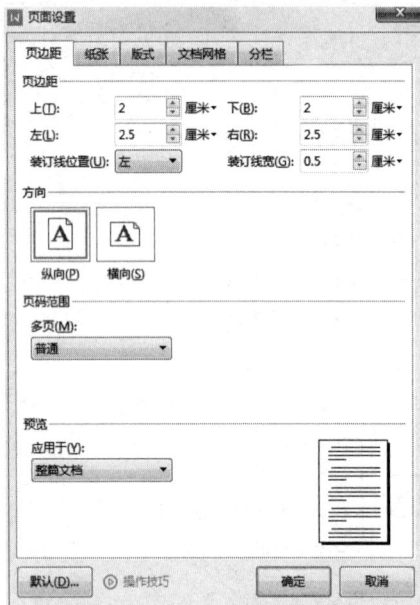

图 1-87　页边距设置　　　　图 1-88　页面版式设置

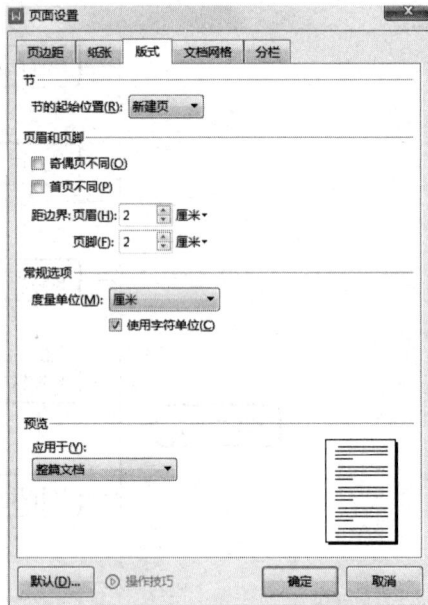

1.5.2 属性设置

选择【文件】菜单中的【文档加密】→【属性】命令，弹出文档属性对话框，在【摘要】选项卡的【标题】文本框中输入论文名称，在【作者】文本框中输入自己的学号和姓名，在【单位】文本框中输入自己所在的班级，如图 1-89 所示。

图1-89 文档属性对话框

1.5.3 样式应用

1. 应用样式

在文章中，设置红色文字的章名为【标题1】样式，设置蓝色文字的节名为【标题2】样式，设置绿色文字的节名为【标题3】样式。

（1）选中文章中的一处红色文字，选择【开始】选项卡，单击【选择】按钮，在下拉列表中选择【选择格式相似的文本】，此时会选中所有的红色文字，如图1-90所示。在【开始】选项卡中单击【标题1】样式；或者单击页面右侧的【样式和格式】按钮，打开【样式和格式】面板，在【请选择要应用的格式】中选择【标题1】样式，如图1-91所示。

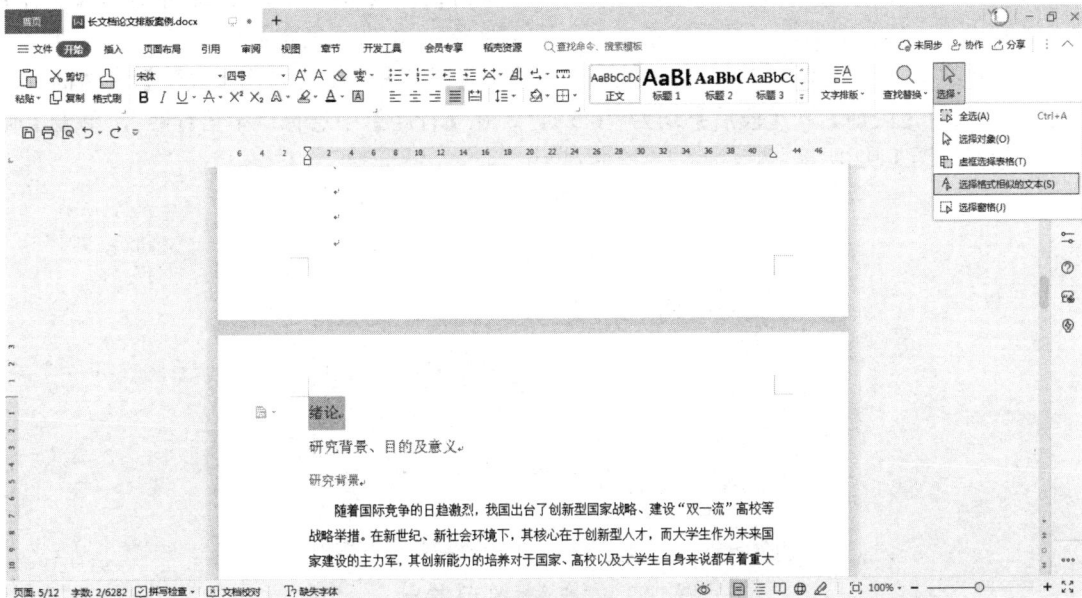

图1-90 选择格式相似的文本

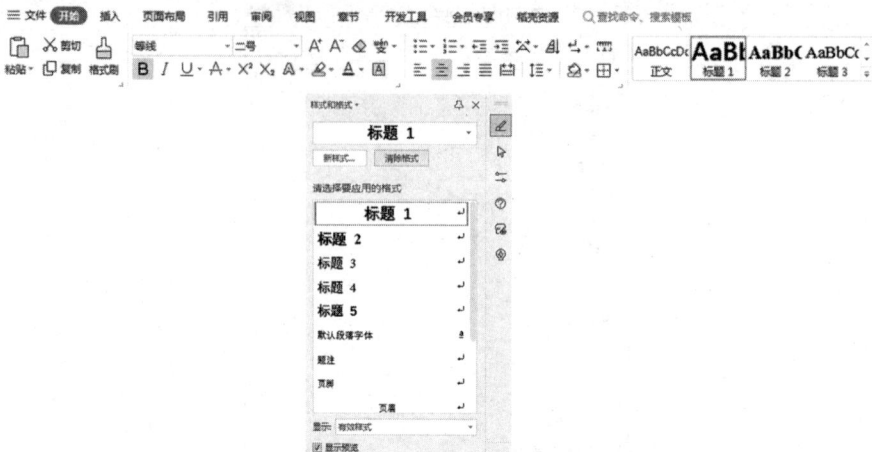

图 1-91　选择【标题 1】样式

（2）按照同样的操作，同时选中所有蓝色的文字，将其设置为【标题 2】样式。同时选中所有绿色的文字，将其设置为【标题 3】样式。

2. 修改样式

将【标题 1】样式修改为"黑体，四号，段前、段后设置为 0.5 行，单倍行距"；

将【标题 2】样式修改为"宋体，小四号，不加粗，段前、段后为 0.5 行，单倍行距"；

将【标题 3】样式修改为"宋体，小四号，不加粗，首行缩进 2 个字符，段前、段后为 0.5 行，单倍行距"。

（1）选择【开始】选项卡，将光标停留在【标题 1】样式上，右击，在弹出的快捷菜单中选择【修改样式】命令，弹出【修改样式】对话框。或者在页面右侧的【样式和格式】面板中，单击【标题 1】右侧的下拉按钮，在下拉列表中选择【修改样式】命令，也可以弹出【修改样式】对话框。

（2）在【修改样式】对话框中，单击左下角的【格式】按钮，在下拉列表中选择【字体】命令，弹出【字体】对话框，设置文字为"黑体，四号"，单击【确定】按钮。

（3）再次单击【格式】按钮，在下拉列表中选择【段落】命令，弹出【段落】对话框，在【间距】中设置【段前】和【段后】均为"0.5 行"，在【行距】中选择"单倍行距"，单击【确定】按钮，如图 1-92 所示。

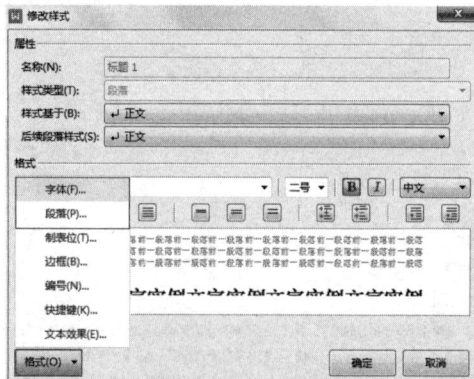

图 1-92　修改【标题 1】样式

（4）按照同样的操作，设置【标题 2】样式。在【字体】对话框中，设置文字为"宋体，四号，不加粗"；在【段落】对话框中，设置【段前】和【段后】均为"0.5 行"，【行距】为"单倍行距"。设置【标题3】样式，在【字体】对话框中，设置文字为"宋体，小四号，不加粗"；在【段落】对话框中，设置【首行缩进】为"2 字符"，【段前】和【段后】均为"0.5"，【行距】为"单倍行距"。

3. 新建样式

新建一个名称为"论文正文"的样式，格式要求为"宋体，小四号，行距为固定值 20 磅，首行缩进 2 个字符"，并将"论文正文"样式应用于正文文本中。

（1）打开页面右侧的【样式和格式】面板，选择【新样式】；也可以单击【开始】选项卡中的【样式】功能扩展按钮，均可弹出【新建样式】对话框。在【新建样式】对话框的【名称】文本框中输入"论文正文"，在左下角的【格式】下拉列表中分别选择【字体】和【段落】，按照要求进行设置。在【字体】对话框中，设置文字为"宋体，小四号"。在【段落】对话框中，设置【首行缩进】为"2 个字符"，【行距】为固定值"20 磅"，如图 1-93 所示。

（2）选中论文中的一段正文，选择【开始】选项卡，单击【选择】按钮，在下拉列表中选择【选择格式相似的文本】，此时会选中所有与正文格式相似的文字。在【样式和格式】面板中选择【论文正文】，即可应用样式，如图 1-94 所示。

图 1-93　为"论文正文"新建样式　　图 1-94　为"论文正文"应用样式

此时，可以在【视图】选项卡中单击【导航窗格】按钮，选择导航窗格出现的位置，即可查看设置样式后的章节结构；也可以在【章节】选项卡中单击【章节导航】按钮，查看章节结构。

【小贴士】样式是提前设置好的一组已经命名的字符和段落格式集合，它是文字处理软件中强有力的工具之一，使用它可以快速统一文档格式。样式实际上是一种模板，该模板已经将字体大小、字体颜色、缩进、间距等格式预设固定值。使用样式可将选中的文字一次设置成各种格式，避免逐项设置或重复设置。在样式的应用中，可以使用【格式刷】复制已有的文字或将段落中的样式应用到新的文字或段落上；也可以应用系统提供的样式；还可以编辑或新建样式以满足需求。应用样式可以自动完成该样式中所包含的对所有格式的设置，从而大大提高文档的排版效率。

1.5.4　多级列表

1. 设置【标题 1】样式

设置【标题 1】样式的多级编号为"一，二，三，…"，编号位置为"左对齐，0 厘米"。

将光标置于正文起始位置的"绪论"文字处，在【开始】选项卡中单击【编号】按钮，在下拉列表中选择【自定义编号】命令，弹出【项目符号和编号】对话框，选择【多级编号】选项卡，可以从中选择一种多级编号样式，也可以根据需要选择其他多级列表编号样式。这里我们选择第一种（与题目中要求的编号样式一致），如图 1-95 所示。在该对话框中单击【自定义】按钮，弹出【自定义多级编号列表】对话框，可以看到【级别】为"1"、【编号格式】为"①、"、【编号样式】为"一，二，三，…"，单击下方的【高级】按钮，【编号位置】为"左对齐，0 厘米"、【将级别链接到样式】为"标题 1"，单击"确定"按钮，如图 1-96 所示。

图 1-95　【项目符号和编号】对话框 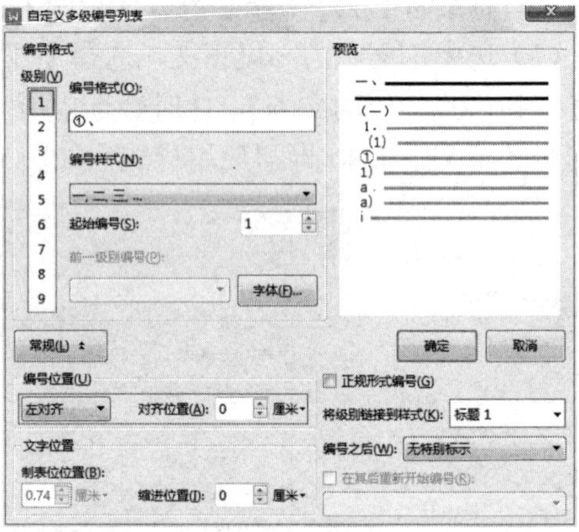　　　图 1-96　【自定义多级编号列表】对话框（标题 1）

2. 设置【标题 2】样式

参照【标题 1】样式，设置【标题 2】样式的多级编号为"（一），（二），（三），…"，编号位置为"左对齐，0 厘米"，如图 1-97 所示。

3. 设置【标题 3】样式

设置【标题 3】样式的多级编号为"1, 2, 3, …"，编号位置为"左对齐，1 厘米"，如图 1-98 所示。

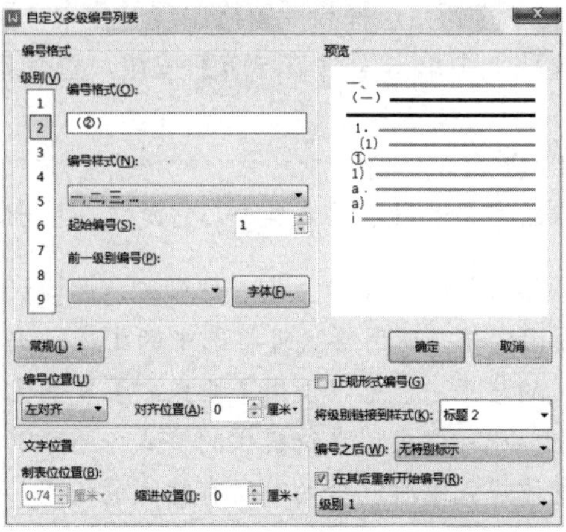

图 1-97　【自定义多级编号列表】对话框（标题 2） 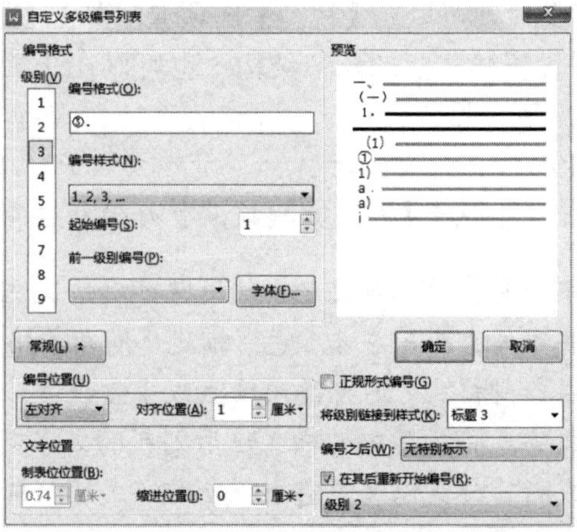　　图 1-98　【自定义多级编号列表】对话框（标题 3）

【小贴士】如果选择的多级编号列表样式的后面没有"标题1、标题2、标题3"等字样，则需要用户在【自定义多级编号列表】对话框中，将级别与【将级别链接到样式】中的标题进行对应。

1.5.5 导航窗格

WPS 2019 文字中，将常用的"文档结构图"和具有 WPS 特色的"章节导航"整合到全新的"导航窗格"中，将"目录、章节、书签"整合在一起，方便操作。"目录标签页"可以更加直观地查看整个文档结构框架，自由跳转查看相关内容。"章节标签页"可以使文档分节情况一览无余，快速进行分节操作。"书签标签页"记录了文档中的所有书签，单击即可跳转到书签位置。

单击【视图】选项卡中的【导航窗格】按钮，或者单击【章节】选项卡中的【章节导航】按钮，即可看到"目录、章节、书签"，如图 1-99 所示。

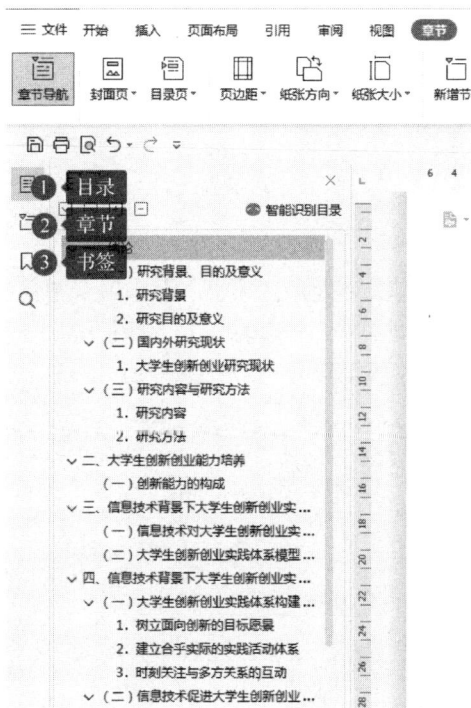

图 1-99　章节导航

1.5.6 题注及交叉引用

在编辑文档的过程中经常要插入图片、表格等对象，这时就会用到题注和交叉引用。题注是为图片、表格、公式等对象建立的带有编号的说明；而交叉引用具有为图像编号后，使正文中的引用文字和图片编号相互关联的功能。

1. 为表格添加题注

选中表格，在【引用】选项卡中单击【题注】按钮，弹出【题注】对话框，单击【新建标签】按钮，新建一个标签为【表 2.】，【位置】为【所选项目上方】，单击【编号】按钮，弹出【题注编号】对话框，选择【格式】为"1,2,3,…"。在表格中输入【题注】文字"表 2.1 创新能力构成要素"，单击【确定】按钮，如图 1-100 所示。最后将题注文字设置为"宋体、五号、居中对齐"。

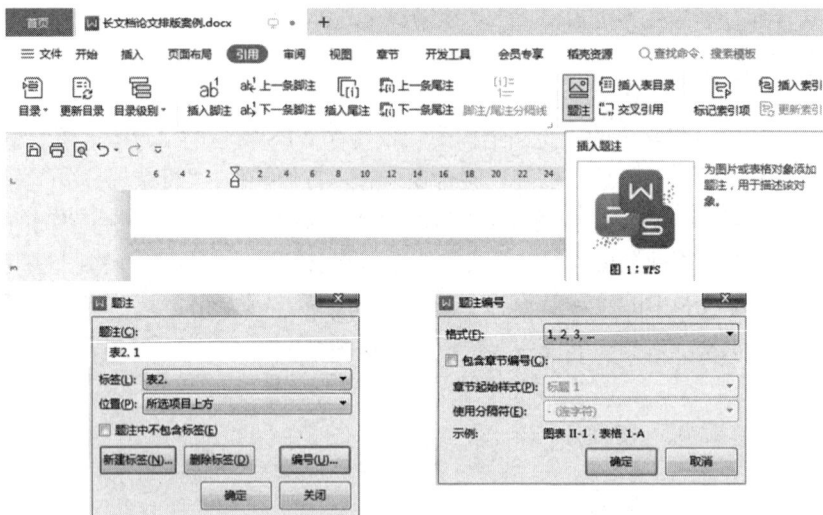

图 1-100　添加题注

2. 交叉引用表格

将光标置于表格中要插入引用文字处，在【引用】选项卡中单击【交叉引用】按钮，弹出【交叉引用】对话框，在【引用类型】中选择【表 2.】，引用"表 2.1 创新能力构成要素"题注，在【引用内容】处选择【只有标签和编号】，单击【插入】按钮，如图 1-101 所示。

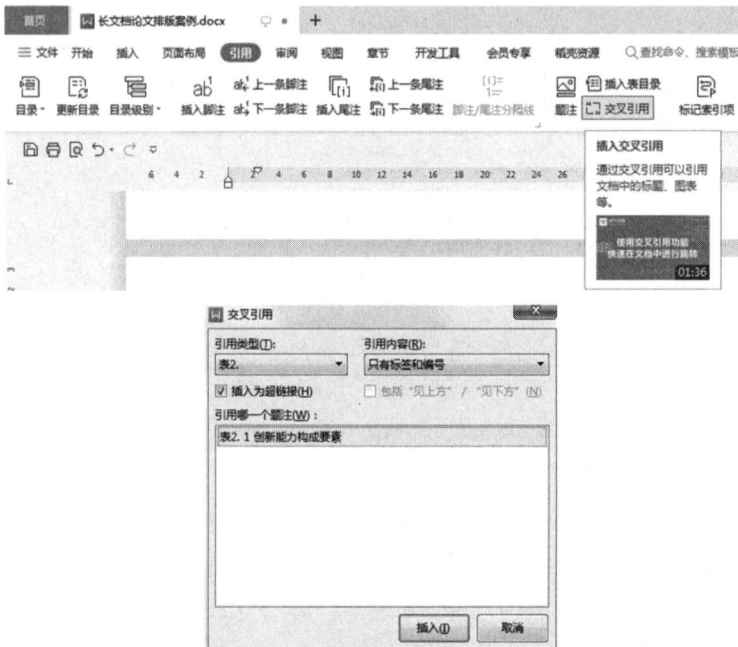

图 1-101　设置表格的交叉引用

3. 为参考文献添加编号

选中参考文献，在【开始】选项卡中单击【编号】按钮，在下拉列表中选择【自定义编号】命令，弹出【项目符号和编号】对话框，在【编号】选项卡中选择一种编号样式。单击【自定义】按钮，弹出【自定义编号列表】对话框，在【编号样式】中选择"1,2,3,…"，在【编号格式】文本框中输入"[①]"，单击【确定】按钮，即可为参考文献添加编号，如图1-102所示。

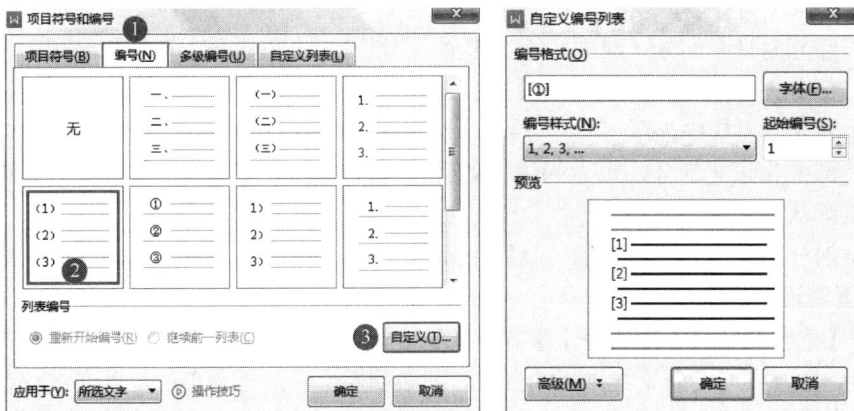

图1-102　为参考文献添加编号

4. 交叉引用参考文献

在正文引用位置建立交叉引用。在论文中找到橙色带圈的数字编号，将光标置于①处，在【引用】选项卡中单击【交叉引用】按钮，弹出【交叉引用】对话框中，在【引用类型】中选择【编号项】，在【引用内容】中选择【段落编号】，在【引用哪一个编号项】中选择相应的内容，单击【插入】按钮。选中设置好的引用的编号，在【开始】选项卡中单击【上标】按钮，可以将编号改成上标。按照同样的操作，在文中其他参考文献编号处添加交叉引用，如图1-103所示。

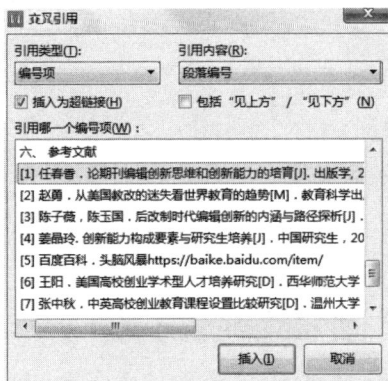

图1-103　设置参考文献的交叉引用

> 【小贴士】也可以用查找替换的方法，快速将参考文献引用的编号改成上标。如果要插入脚注，则可以将光标置于要插入脚注的内容处，单击【引用】选项卡中的【插入脚注】按钮，此时页面会跳转到当前页面的底端，输入注解内容，即可为内容添加脚注。如果要插入尾注，则将光标置于要插入尾注的内容处，单击【引用】选项卡中的【插入尾注】按钮，此时页面会跳转到整个文档的末尾，输入注解内容，即可为内容添加尾注。

1.5.7　页码与页眉

要求：毕业论文封面页不设置页眉和页码，目录页设置罗马数字页码，正文设置页眉（内容为论文题目）和阿拉伯数字页码。

思路如下：

● 第一部分为封面部分（封面、论文声明、摘要），不需要插入页眉和页码；

● 第二部分为目录部分，不需要页眉，页码编码格式用罗马数字，页码编号的起始页码从Ⅰ开始，且居中显示；

● 第三部分为正文部分，页眉为论文题目，页码编码格式用阿拉伯数字，页码编号的起始页码从1开始；

● 正文部分所有章节连续编码，且居中显示。

1. 按要求设置页码

（1）在【章节】选项卡中单击【章节导航】按钮，可以查看文章的所有章节页，此时文章只有一节。如果要实现上面论文排版的要求，就必须对文章进行分节。可以通过章节导航进行分节，也可以使用【页面布局】选项卡中的【分隔符】来实现。将光标置于目录页内，单击【插入下一页分节符】，即可将目录页分节。同理，将正文页通过章节导航进行分节。分节后可以对各节按照要求进行命名，效果如图1-104所示。

图1-104　使用章节导航进行分节

（2）双击目录页的页脚处，可以看到目录页为第2节，正文页开始为第3节，如图1-105所示。将光标置于目录页的页脚处，单击【插入页码】按钮，可以设置页码样式为罗马数字，【位置】为"居中"，在【应用范围】中选中【本节】单选按钮。此时，如果页码不从1开始，则可以选择【重新编号】下的【页码编号设为】中的"1"。

（3）同理，设置正文页使用阿拉伯数字，从1开始。将光标置于正文第1页的页脚处，单击【插入页码】按钮，设置样式为阿拉伯数字，【位置】为"居中"，在【应用范围】中选中【本页及之后】单选按钮，如图1-106所示。

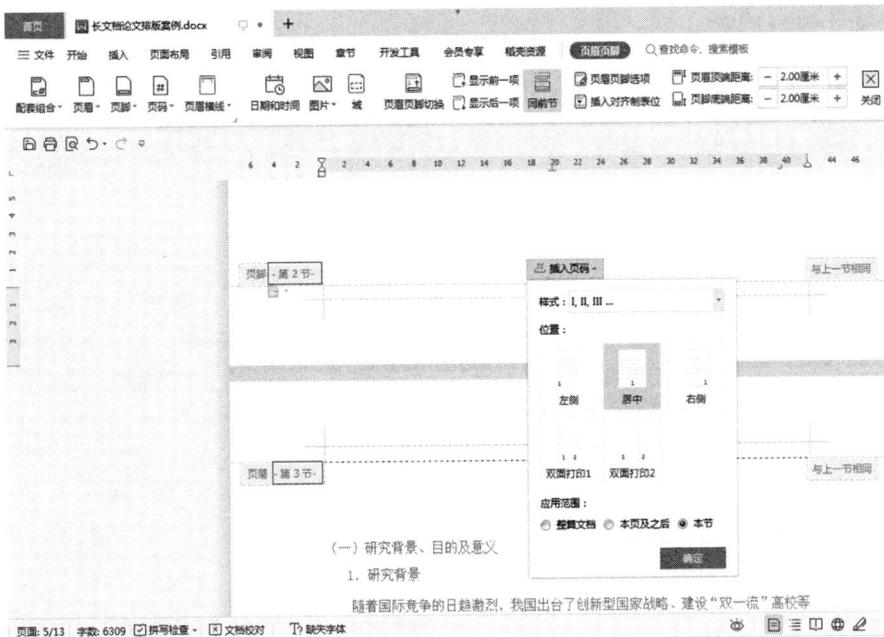

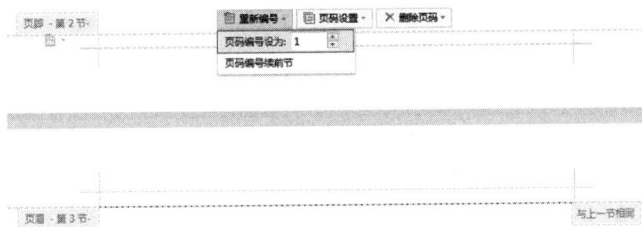

图 1-105 设置目录页的页码为罗马数字

图 1-106 设置正文页的页码从 1 开始

2. 按要求设置页眉

将光标置于正文第 1 页的页眉处，在【页眉页脚】选项卡中单击【同前节】按钮，取消节与节之间的链接，这样可以实现只有正文页有页眉。在正文第 1 页的页眉处输入论文的题目，并将页眉内容的文字设置为"楷体，五号，不加粗"。此时，所有正文页均有页眉，如图 1-107 所示。

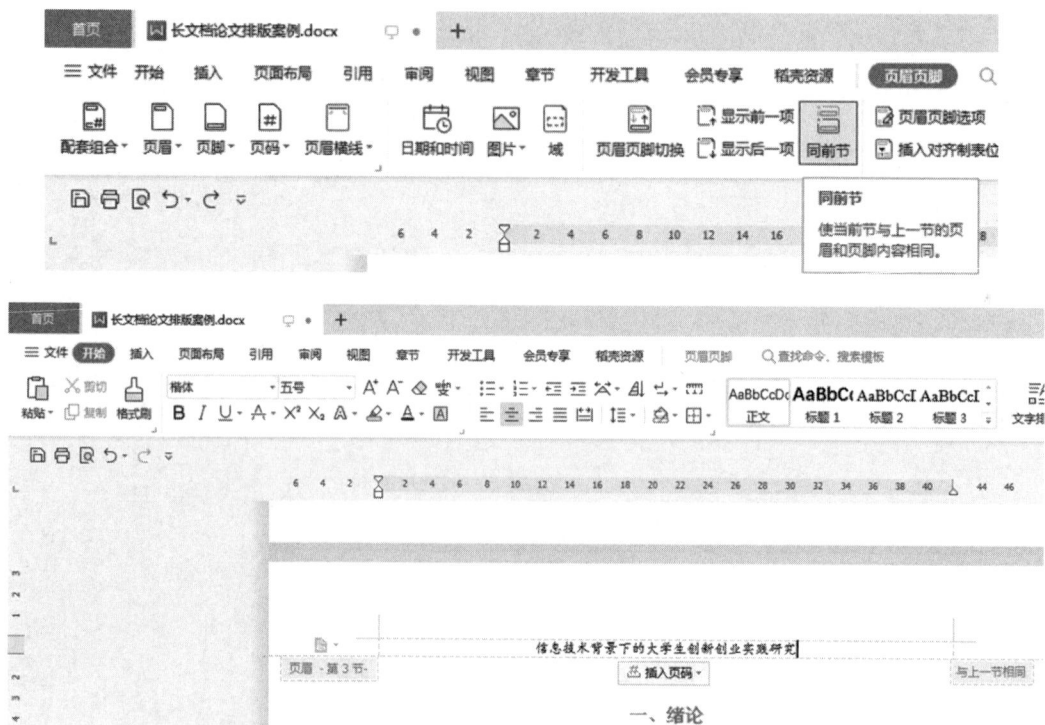

图 1-107　设置正文页页眉

【小贴士】前面介绍了如何插入简单的页眉和页码，在正常情况（即没有添加节的情况）下，不同页的页眉和页码都是相同的。如果需要实现在不同页插入不同的页眉与页码，如每章用不同的页眉，文档的目录和正文部分插入不同的编码格式等，就要用到"分节符"。分节符是为了表示节结束而插入的标记。使用分节符可以把文档划分为若干节，每节为一个相对独立的部分，从而可以在不同的节中设置不同的页面格式。例如，不同的页眉、页脚，不同的页边距，不同的背景图片。由于不同节的格式可以不同，所以可以设计出复杂的版面。

增加"节"有以下两种方法：

方法一：将光标移动到要分节的位置，单击【章节】选项卡中的【新增节】下拉按钮，在下拉列表中有 4 种命令，若要在下一页分节，可以选择【下一页分节符】命令；若要连续分节，可以选择【连续分节符】命令；若要在特定的奇数页或偶数页进行分节，可以选择【奇数页分节符】或【偶数页分节符】命令。

方法二：将光标移动到要分节的位置，单击【插入】选项卡中的【分页】下拉按钮或单击【页面布局】选项卡中的【分隔符】下拉按钮，在下拉列表中选择【下一页分页符】命令。

1.5.8　自动生成目录

目录是长文档必不可少的组成部分，由文章的标题和页码组成。手工添加目录既麻烦又不利于后期编辑。在完成样式及多级列表编号设置的基础上，可以利用标题样式快速生成目录。

在文章的目录页利用标题样式可以自动生成毕业论文目录，目录含有"标题1""标题2"，目录内容文本的格式为"小四号、宋体、1.5倍行距"。

将光标移动到文档中要插入目录的位置，在【引用】选项卡中单击【目录】按钮，在下拉列表中选择【自定义目录】命令，弹出【目录】对话框，设置【显示级别】为"2"。选中目录中的所有内容，在【开始】选项卡中，设置目录文字为"小四号、宋体、1.5倍行距"，如图1-108所示。

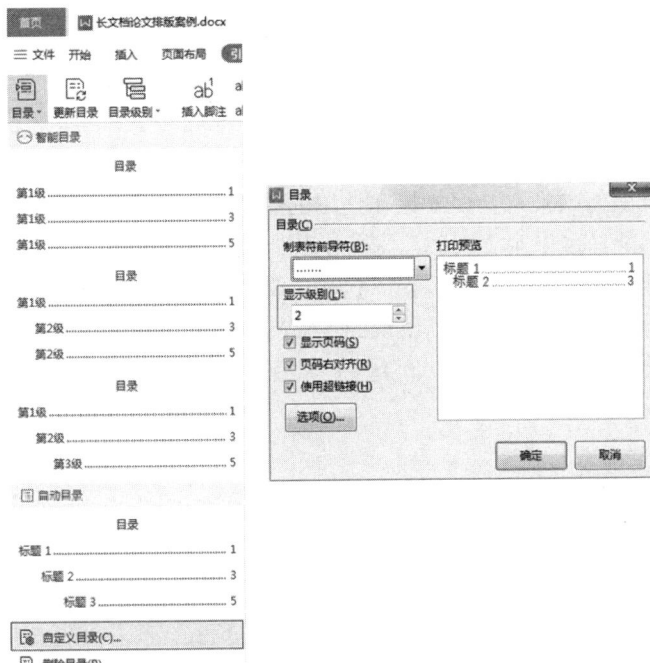

图1-108　自定义目录样式

【小贴士】 如果文档中的标题或内容有改动，要更新目录，则可以单击【引用】选项卡中的【更新目录】按钮，在弹出的【更新目录】对话框中有【只更新页码】和【更新整个目录】两个单选按钮。若只是文档中的内容有改动，可以选中【只更新页码】单选按钮；若文档中的内容和标题都有改动，则选中【更新整个目录】单选按钮。

给文档中的图表添加题注之后，如果要在正文目录后面插入图表目录，则可以使用下面的方法。单击【引用】选项卡中的【插入表目录】按钮，在弹出的【图表目录】对话框的【题注标签】处选择【图】或者【表】等选项，还可以设置显示页码、页码右对齐、使用超链接；在【制表符前导符】处可以设置样式，在【预览】窗口可以预览表目录样式。

1.5.9 修订

1. 应用修订

毕业论文完成之后，学生会交给指导老师进行审阅。如果老师在上面做了修改，则可以使用修订功能，这样便于学生进行查阅和修改。在【审阅】选项卡中单击【修订】按钮，在下拉列表中选择【修订】。

2. 接受或拒绝修订

指导老师对论文内容进行修改后，通过修订功能可以显示修改了哪些内容，同意或不同意修改，即"接受"或"拒绝"。在【审阅】选项卡中单击【接受】/【拒绝】按钮，可以在下拉列表中选择【接受】/【拒绝】对所有格式的修订。

3. 显示修订状态

使用修订功能，界面上会有修改后所遗留的突出标志，可以通过【显示标记的最终状态】中的各种状态进行自由切换。单击【审阅】选项卡，可以在【显示标记的最终状态】下拉列表中进行状态选择。

4. 保护修订

修订的目的是保留修改痕迹，但如果在使用的过程中，将【修订】功能取消，那么，就算对方做了修改，也不能体现出来。因此，为防止其他人取消【修订】功能，可以使用保护修订的方法，即设置密码，让文档只能处于修订状态，要取消修订，除非知道密码。在【审阅】选项卡中单击【限制编辑】按钮，在右侧出现的【限制编辑】面板中，勾选【设置文档的保护方式】复选框，选中【修订】单选按钮，单击【启动保护】按钮，在弹出的【启动保护】对话框中进行密码设置。

1.6 邮件合并

邮件合并

➡ 任务描述

小王作为美丽小区物业的新员工，刚到岗位就遇到了问题。经理让他完成整个小区物业管理费（简称物管费）催款单的发放，因为到这个月仍有几百户没有缴纳物管费。如果手写这些催款单，那么工作量相当大。有没有高效的解决办法呢？小王通过上网搜索，发现【邮件合并】功能非常强大，不但可以解决问题，还可以批量打印信封、信件、邀请函、请柬、荣誉证书等。

➡ 思路解析

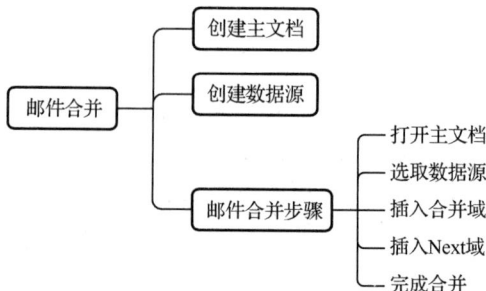

→ 任务实施

在日常工作中,我们经常会遇到处理的文件主要内容基本都是相同的,只是具体数据有变化。要想提高工作效率,我们可以使用邮件合并功能。

简单地说,邮件合并就是一个帮助用户批量制作信函、信封、标签、工资条、成绩单等的高级工具。

邮件合并通常由两部分组成,即主文档和数据源。

1.6.1 创建主文档

在邮件合并的过程中,信息始终保持不变的文档称为主文档, 它包含需要分发的文字以及在特定位置插入特定数据的域。主文档和普通文档没有任何区别,但是必须将它标识为主文档。在主文档中输入信息始终保持不变的部分,并按自己的需要进行排版设计。

以物管费催款单为例,我们需要先建立一个文字文档,录入相关文字信息并进行排版,效果如图 1-109 所示。

物管费催款单

尊敬的业主:_____

您在第___月的物管费还未缴清,应缴费金额为:_____元,您可以在

周一至周五工作时间 8:00 – 18:00 到物管办公室缴费,如您有所不便

也可以致电我们上门收取,谢谢您的配合。祝您工作愉快!

图 1-109 【主文档】物管费催款单

在这个主文档中,可以看到有三条没有内容的下画线。这三条下画线是做什么用的呢?第一条下画线是与数据源中的第一个字段住户相对应的,第二条下画线是与欠费月份相对应的,第三条下画线是与欠费金额相对应的。

1.6.2 创建数据源

数据源可看成一张简单的二维表格,表格中的每列对应一个信息类别(即数据域),它一般包含姓名、地址以及其他需要插入文档中的信息。各个数据域的名称列用表格的第一行来表示,该行称为域名记录(域名行)。

使用邮件合并功能在主文档中插入变化的信息,邮件合并的结果可以存放到新的文档中,也可以将其直接打印,还可以以邮件形式发出去。

根据主文档内容要求,在 WPS 2019 文字或者 WPS 2019 表格(后缀为 XLSX 格式)中,制作【数据源】住户欠费信息表,如图 1-110 所示。

1.6.3 邮件合并步骤

1. 打开主文档

打开【主文档】物管费催款单,单击【引用】选项卡中的【邮件】按钮,如图 1-111 所示。

住户	欠费月份	欠费金额（元）
1-2-1	2	120
1-2-2	2	129.5
1-2-3	2	120
1-2-4	2	98
1-4-2	3	129.5
1-4-3	3	120
1-4-4	3	98
1-5-1	4	120
1-5-2	4	129.5
1-5-3	4	120

图 1-110 【数据源】住户欠费信息表

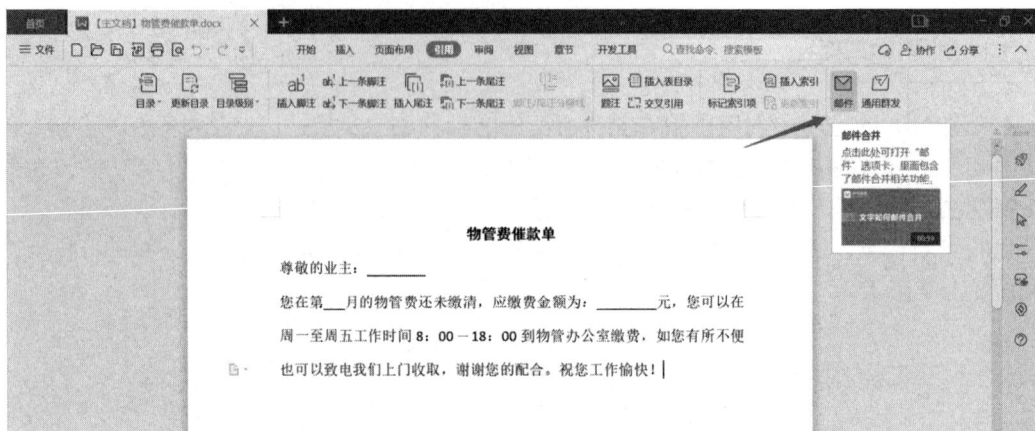

图 1-111 单击【邮件】按钮

2. 选取数据源

在出现的【邮件合并】选项卡中，单击【打开数据源】按钮，在下拉列表中选择【打开数据源】命令（注意，数据源表格处于关闭状态），找到要合并的数据源表格，如图 1-112 所示。

图 1-112 选取【数据源】

3. 插入合并域

将光标移动到第一条下画线的中间位置，单击【插入合并域】按钮，在弹出的对话框中选择【住户】，在主文档相应的下画线上依次插入对应的要合并的域，如图 1-113 所示。

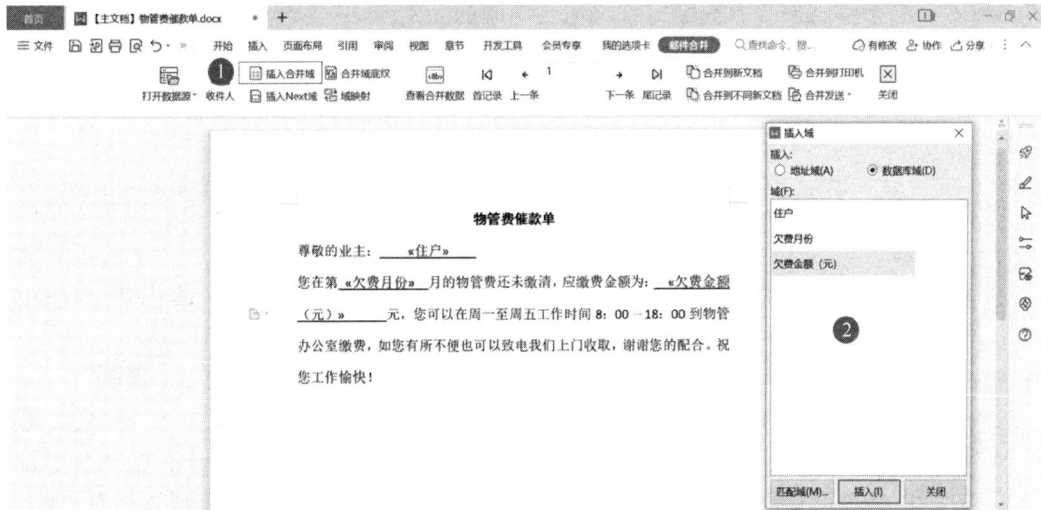

图 1-113　为主文档插入合并域

这样生成的一份催款单占一页纸，太浪费了，能否实现在一页纸上打印多份催款单呢？邮件合并中的【插入 Next 域】功能就能实现。

4. 插入 Next 域

（1）为方便后期的裁剪，在物管费催款单文字结尾处插入一行虚线。

（2）将光标移动到虚线下方，单击【邮件合并】选项卡中的【插入 Next 域】按钮，会出现【Next Record】，按【Enter】键，将上方内容复制到【Next Record】下方，根据一页上打印的份数，按照此方法完成设置，效果如图 1-114 所示。

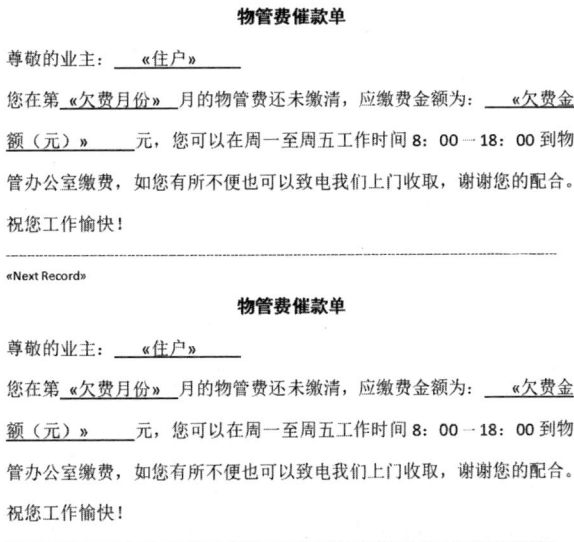

图 1-114　插入 Next 域后的效果

5. 完成合并

为了保证准确性，可通过【查看合并数据】按钮进行预览。

确认无误后，选择合并路径，【合并到新文档】指将邮件合并内容输出到新文档中；【合并到不同新文档】指将邮件合并内容分别输出到不同的新文档中；【合并到打印机】指直接关联至打印机打印；【合并到电子邮件】指将邮件合并内容直接通过关联邮箱发送给指定接收人。

练 习

一、单选题

1. 在 WPS 2019 文字中，为了将一部分文本内容移动到另一个位置，首先要进行的操作是（   ）。

    A．光标定位   B．选定内容   C．粘贴   D．复制

2. 在 WPS 文字文档中，一页没满的情况下需要强制换页，应该通过（   ）来实现。

    A．插入换行符   B．插入分页符   C．分栏符   D．插入分节符

3. 在使用 WPS 2019 文字制作表格时，如果表格数据较多，经常会造成表格过页，这样第 2 页就无法看到标题行，对数据的展现、查看造成一些影响，可通过（   ）操作解决。

    A．拆分单元格   B．绘制斜线表头   C．表格转文本   D．标题行重复

4. 在制作课程表、日程表或多表头内容的表格时，经常要分隔表头内容，可以实现这一功能的选项是（   ）。

    A．拆分单元格   B．绘制斜线表头   C．表格转文本   D．标题行重复

5. 在 WPS 2019 文字中，下列关于项目符号的说法中正确的是（   ）。

    A．项目符号样式一旦设置，便不能改变

    B．项目符号一旦设置，便不能取消

    C．项目符号只能是特殊字符，不能是图片

    D．项目符号可以设置，也可以取消或改变

6. 在使用 WPS 2019 文字编写文档时，有时要在文档中插入图片或表格以补充文档内容，当插入的图片或表格过多时，可以制作（   ），可以生成含有题注对象的列表，并生成页码让用户可以快速参考与定位。

    A．图表目录   B．交叉引用   C．超链接   D．尾注

7. 在浏览长文档时，如浏览长篇小说、长篇论文，由于内容过多，有时关闭 WPS 后忘记自己阅读到文章的哪个部分，为了避免这种情况的发生，可以为文档添加（   ）。

    A．图表目录   B．书签   C．超链接   D．题注

8. 在 WPS 2019 文字中，下列关于尾注的说法中错误的是（   ）。

    A．尾注可以转换为脚注   B．尾注可以插入文档的结尾处

    C．尾注可以插入页脚中   D．尾注可以插入节的结尾处

9. 使用 WPS 2019 文字撰写包含若干章节的长篇论文时，要使各章节的内容自动从新的页面开始，最优的操作方法是（   ）。

    A．在每章结尾处连续按【Enter】键使插入点定位到新的页面

    B．将每章标题设置为标题样式，并将样式的段落格式设置为"段前分页"

C．依次将每章标题的段落格式设置为"段前分页"

D．在每章结尾处插入一个"分页符"

10．小王在 WPS 2019 文字中编辑一篇摘自互联网的文章，他要将文档每行后面的手动换行符全部删除，最优的操作方法是（　　　　）。

A．先按住【Ctrl】键不放，依次选中所有手动换行符，再按【Delete】键删除

B．在每行的结尾处，逐个手动删除

C．通过文字工具删除"换行符"

D．通过查找和替换功能删除

二、多选题

1．在下列选项中，WPS 2019 文字的视图模式有哪些？（　　　）

　　A．全屏显示　　　　B．阅读版式　　　　　C．页面视图　　　　　D．Web 版式

2．在下列选项中，哪些是 WPS 2019 文字【表格工具】选项卡自动调整表格大小的方法？（　　　）

　　A．适应窗口大小　　　　　　　　　B．根据内容调整表格

　　C．平均分布各行　　　　　　　　　D．平均分布各列

3．在 WPS 2019 文字中，若要删除已选中的部分文本，可按（　　　）键。

　　A．Shift　　　　　B．空格　　　　　C．Backspace　　　　D．Delete

4．WPS 2019 文字中的"图片工具"提供了哪两种图片裁剪方式？（　　　）

　　A．按形状裁剪　　　B．按比例裁剪　　　C．按大小裁剪　　　D．按区域裁剪

5．在 WPS 2019 文字中，将常用的"文档结构图"和具有 WPS 特色的"章节导航"整合到全新的"导航窗格"中，将（　　　）整合在一起，方便操作。

　　A．目录　　　　　B．章节　　　　　C．书签　　　　　D．引用

三、判断题

1．要在多个设备间同步最近打开过的文件，正确的操作方法是开启"文档云同步"选项。（　　　）

2．在 WPS 2019 文字中，可以将文档直接输出为电子邮件正文。（　　　）

3．在使用 WPS 2019 文字办公时，常需要在文本中添加超链接跳转到网页或者跳转到其他文档。（　　　）

4．在 WPS 2019 文字中编辑文档时，发现有多处同样的错字，一次性更正最好的方法是使用替换功能。（　　　）

5．打印文档时，如果将打印页码设置为"3-5,10,12"，则表示打印的页码是 3、5、10、12。（　　　）

项目2

电子表格处理

项目介绍

电子表格处理是信息化办公的重要组成部分，在数据分析和处理中发挥重要作用，广泛应用于财务、管理、统计、金融等领域。本项目包含工作表和工作簿的操作、公式和函数的使用，以及图表分析、展示数据、数据处理等内容。

通过本项目的学习，可以轻松掌握电子表格的基本操作方法，灵活使用各种函数提高工作效率，达到事半功倍的目的。

任务安排

学习目标

● 了解电子表格的应用场景，熟悉相关工具的功能和操作界面。

● 掌握新建、保存、打开和关闭工作簿，以及切换、插入、删除、重命名、移动或复制、冻结、显示或隐藏工作表等操作。

● 掌握单元格、行和列的相关操作，掌握控制句柄的使用方法，掌握设置数据有效性和单元格格式的方法。

● 掌握数据录入的技巧，如快速输入特殊数据、使用自定义序列填充单元格、快速填充和导入数据，掌握格式刷、边框、对齐等常用格式的设置。

● 掌握工作簿的保护、撤销保护和共享，以及工作表的保护、撤销保护的方法，能对工作表的背景、样式、主题进行设定。

- 理解单元格绝对地址、相对地址的概念和区别，掌握相对引用、绝对引用、混合引用以及工作表外单元格的引用方法。
- 了解公式和函数，掌握平均值、最大/最小值、求和等常见函数的使用方法。
- 了解常见的图表类型以及电子表格处理工具提供的图表类型，掌握利用表格数据制作常用图表的方法。
- 掌握自动筛选、自定义筛选、高级筛选、排序和分类汇总等操作。
- 理解数据透视表的概念，掌握数据透视表的创建、更新数据、添加和删除字段、查看明细数据等操作，能利用数据透视表创建数据透视图。
- 掌握页面布局、打印预览和打印操作的相关设置。

2.1　初识 WPS 2019 表格

任务描述

WPS 2019 表格是金山公司的 Office 办公软件组件之一，具有直观的界面、出色的计算功能和图表工具，是目前流行的微型计算机数据处理软件。

WPS 2019 表格可以输入、输出、显示数据，利用公式、函数帮助用户制作各种复杂的表格文档，进行烦琐的数据计算，并能对输入的数据进行各种复杂统计运算后显示为可视性极佳的表格，还能形象地将大量枯燥无味的数据变为多种漂亮的彩色商业图表显示出来，极大地增强了数据的可视性。

下面大家一起来了解 WPS 2019 表格，以便为使用 WPS 2019 表格打下坚实的基础。

思路解析

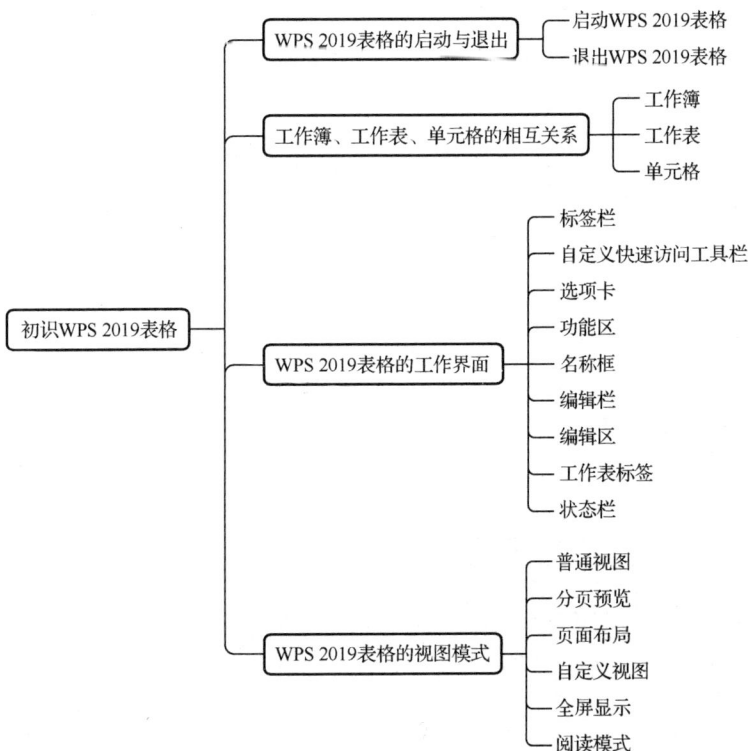

➔ **任务实施**

2.1.1 WPS 2019 表格的启动与退出

图 2-1 启动 WPS 2019 表格

1. 启动 WPS 2019 表格

启动 WPS 2019 表格有以下三种方法。

方法一：通过【开始】菜单启动 WPS 2019 表格应用程序，如图 2-1 所示。

方法二：双击桌面上的 WPS 2019 表格快捷方式图标或者单击任务栏中的快捷图标 。

方法三：打开任意一个 WPS 表格文件，在打开该文件的同时即可启动 WPS 表格应用程序。

2. 退出 WPS 2019 表格

退出 WPS 2019 表格有以下三种方法。

方法一：单击"标题栏"最右端的"关闭"按钮。

方法二：选择"标题栏"最左端控制菜单中的"退出"命令。

方法三：使用快捷键【Alt+F4】。

2.1.2 工作簿、工作表、单元格的相互关系

1. 工作簿

一个工作簿就是一个 WPS 表格文件，默认文件类型为"Microsoft Excel 文件（*.xlsx）"，这样在各类办公软件中都能通用。此外，WPS 表格还有 20 多种文件类型，可以根据需要进行选择。

2. 工作表

WPS 2019 表格的一个工作簿中包含多个工作表，默认工作表的名称是 Sheet1，Sheet2 等，可以对工作表进行重命名、更改颜色、插入、移动、复制、隐藏、保护等操作。

3. 单元格

一个工作表由行和列组成，行号用数字 1，2，3，…，1048576 表示，列标用 A，B，C，…，XFD 表示，行和列相交形成单元格，每个单元格由列标和行号组成单元格地址，如 A1，B1，…，XFD1048576。选中的单元格称为活动单元格，其地址显示在名称框中。

单元格是 WPS 2019 表格存储数据的最小单元，单元格的操作包括选取、插入、调整行高和列宽、合并单元格、隐藏行或列、冻结行或列等。

2.1.3 WPS 2019 表格的工作界面

WPS 2019 表格的工作界面主要由标签栏、自定义快速访问工具栏、选项卡、功能区、名称框、编辑栏、编辑区、工作表标签、状态栏组成，如图 2-2 所示。

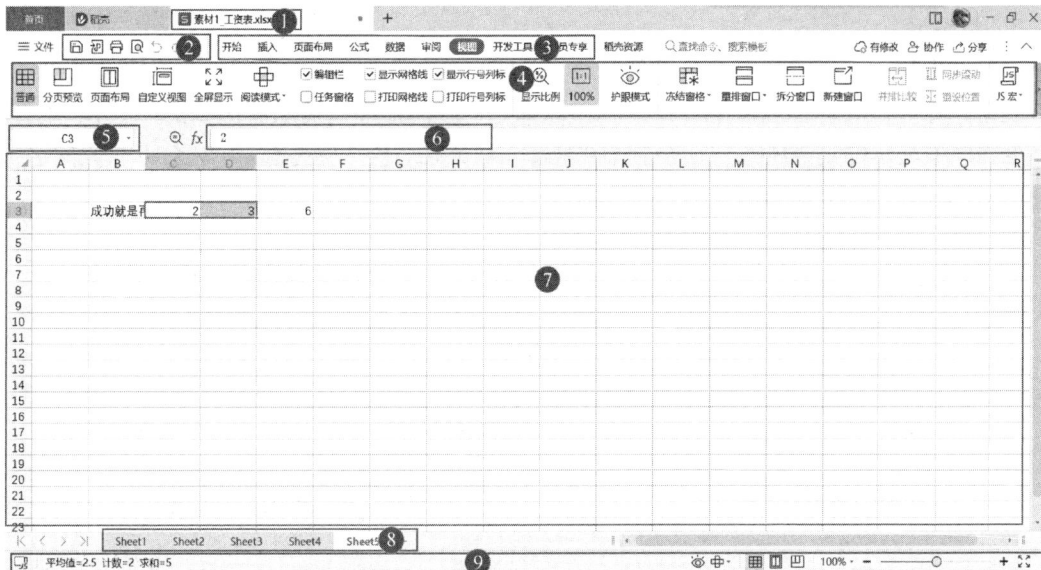

图 2-2　WPS 2019 表格的工作界面

1．标签栏

标签栏显示正在编辑的工作簿名称，默认新建的空白工作簿名称是"工作簿 1.xlsx"，命名并保存后则显示已保存的工作簿名称。

2．自定义快速访问工具栏

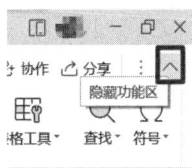

自定义快速访问工具栏是一个可自定义的工具栏，为方便用户快速执行常用命令，将功能区中的一个或几个命令在此独立显示，以减少在功能区中查找命令的时间，提高工作效率，如图 2-3 所示。

3．选项卡

WPS 2019 表格中默认有开始、插入、页面布局、公式、数据、审阅、视图和开发工具等选项卡。

4．功能区

每个选项卡中有相应的功能区，功能区中有多个功能组，每个功能组中有多个命令按钮。功能区既可以打开又可以隐藏，单击功能区右上角的【隐藏功能区】按钮，即可将功能区隐藏，如图 2-4 所示。

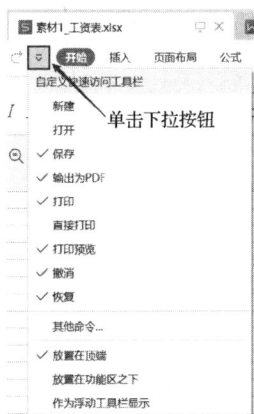

图 2-3　自定义快速访问工具栏　　　　图 2-4　【隐藏功能区】按钮

5．名称框

名称框用于显示当前活动对象的名称信息，包括单元格的列标和行号、函数名称和图表名称、表格名称等。名称框也可用于定位到目标单元格或其他类型对象。例如，单击 B3 单元格时，名称框中显示的是"B3"；在名称框中输入"A1:C10"时，可定位到 A1:C10 单元格区域，如图 2-5 所示。

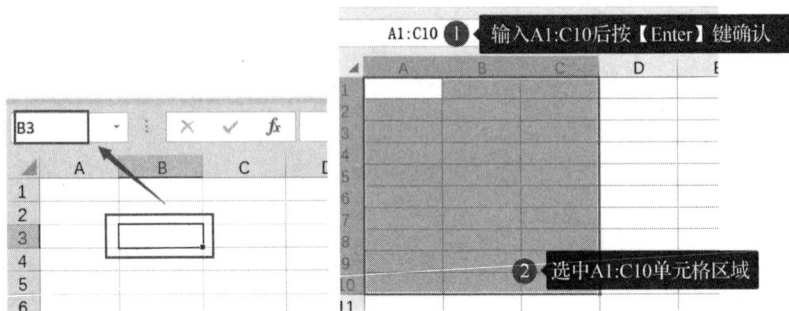

图 2-5　名称框

6．编辑栏

编辑栏用于显示当前单元格中的内容，或者编辑所选单元格。受到单元格的大小或单元格存放的数据格式、公式、函数等限制，单元格中显示的内容和编辑栏中显示的内容不一致，编辑栏中显示的才是单元格中真实的内容，如图 2-6 所示。

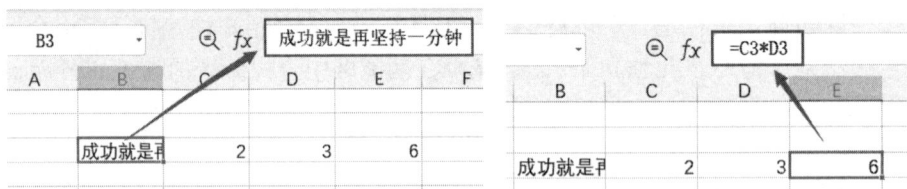

图 2-6　编辑栏

7．编辑区

编辑区用于编辑工作表中各单元格中的内容，"A，B，…"表示列标，"1，2，…"表示行号。

单击"A，B，…"列标选中整列，单击"1，2，…"行号选中整行，单击第一个单元格左上角的按钮，选中整张工作表，如图 2-7 所示。

8．工作表标签

单击工作表标签可以选中该工作表。双击工作表标签可以重命名工作表名称。在工作表标签上按住鼠标左键拖动，可移动工作表。按住【Ctrl】键不放拖动工作表，可复制工作表。在工作表标签上右击，弹出快捷菜单，可对工作表进行重命名、插入、删除、保护、隐藏等操作；单击工作表标签后面的【+】按钮，可插入一个新工作表，如图 2-8 所示。

9．状态栏

状态栏用于显示当前的工作状态，包括公式计算进度、选中单元格区域的计算结果、当前视图模式、显示比例等，如图 2-9 所示。

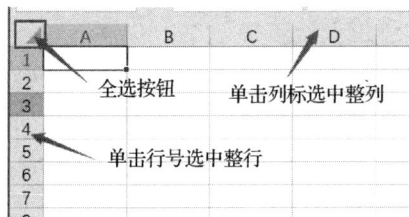

图 2-7 编辑区

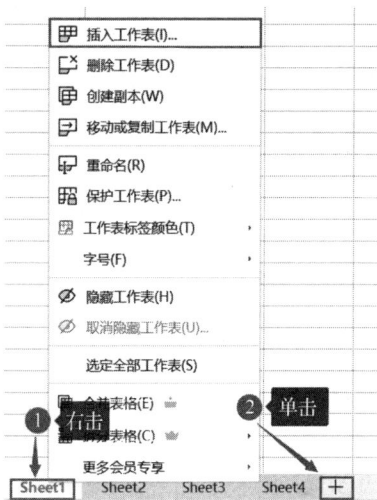

图 2-8 工作表标签

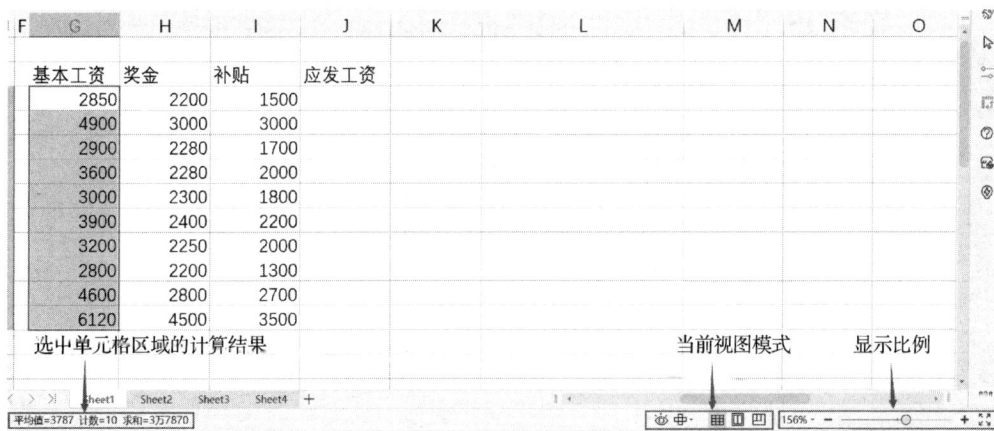

图 2-9 状态栏

如果要更改状态栏中显示的内容，则将鼠标指针置于状态栏上，右击，在弹出的快捷菜单中可选择相关命令，如图 2-10 所示。

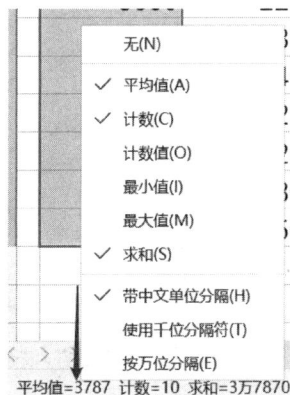

图 2-10 更改状态栏中显示的内容

2.1.4　WPS 2019 表格的视图模式

在【视图】选项卡中有如图 2-11 所示的 6 种视图模式。

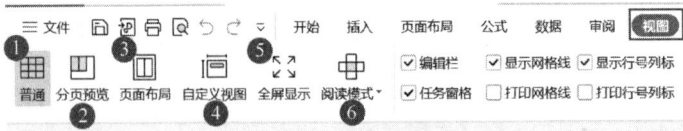

图 2-11　6 种视图模式

1．普通视图

在默认情况下，工作簿的视图模式为普通视图。

2．分页预览

分页预览视图模式通过蓝色页面分隔线方便用户查看工作表分页预览的情况，同时显示页数，如图 2-12 所示。

图 2-12　分页预览视图模式

3．页面布局

在页面布局视图模式下，工作簿编辑区中的数据会一页页地显示，用户既可以看到分页预览的效果，又可以查看和编辑页眉、页脚中的内容，如图 2-13 所示。

图 2-13　页面布局视图模式

4. 自定义视图

自定义视图一般很少使用，但是在一些特殊的场景下，自定义视图就比较有用。工作表在进行页面布局、打印设置、隐藏行或列及筛选设置等操作后，可用自定义视图将其保存起来。在对工作表进行操作后，如果要使用原来的视图，则可以使用之前保存的视图。

例如，筛选女职工数据后自定义为"女职工"视图，回到筛选前进行数据处理后，又要查看男职工的数据，可以直接使用自定义视图"女职工"，不需要重新做筛选操作，如图 2-14 和图 2-15 所示。

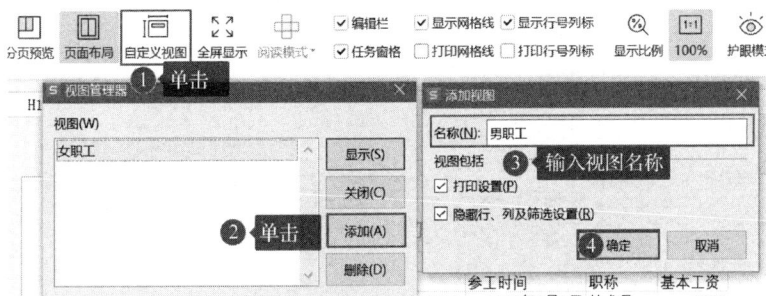

图 2-14　定义自定义视图

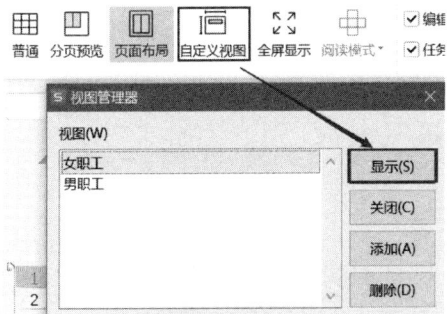

图 2-15　使用自定义视图

5. 全屏显示

全屏显示是指屏幕上只显示文档的全部内容，选项卡和功能区均不显示。要返回普通视图，单击【关闭全屏显示】按钮即可，如图 2-16 所示。

图 2-16　全屏显示

6. 阅读模式

阅读模式是 WPS 2019 表格的特色功能之一，普通视图下，选中的活动单元格以加粗绿色边框显示，当数据较多时，使用阅读模式，选择不同的颜色，可方便用户查看与当前单元格处于同一行和列的相关数据，如图 2-17 所示。

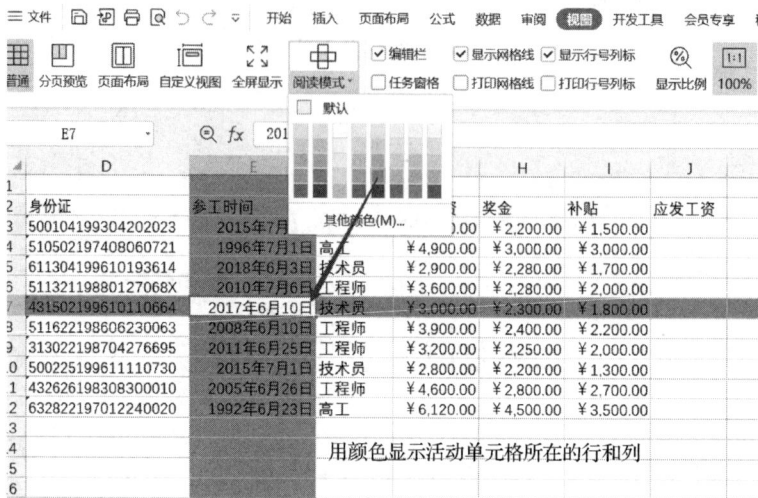

图 2-17　阅读模式

2.2　创建工资表

➡ 任务描述

创建工资表

创新人才的培养被确立为高等教育的重要发展方向。随着各行各业进入大数据时代，数据处理的科学性已成为知识创新和科技创新的引擎，提高大学生的数据处理能力对提升他们的科研创新能力有很大的帮助。大学生在掌握数据处理操作技巧的同时，应该养成做事严谨的习惯。

下面以创建××公司职工工资表为例，如图 2-18 所示，从新建工作簿开始，通过新建工作表、重命名、输入数据，设置数据格式、数据有效性，自动填充数据、自动计算，设置单元格格式、条件格式，页面设置及打印预览等，新建一个电子表格，从而掌握 WPS 2019 表格的基本功能和操作步骤。

图 2-18　公司职工工资表

思路解析

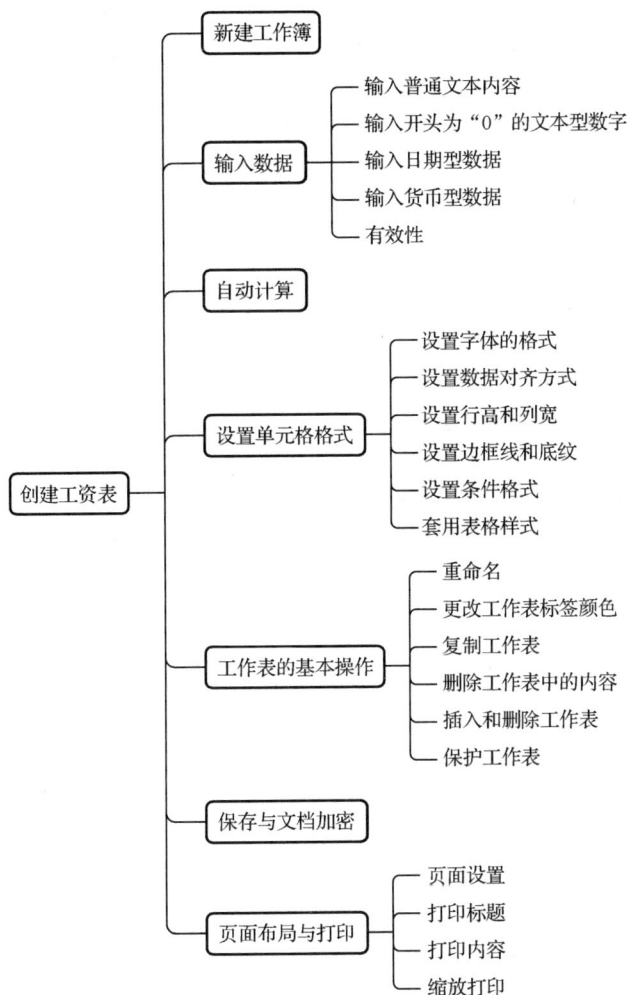

任务实施

2.2.1　新建工作簿

启动 WPS 2019 表格，新建一个工作簿，命名为"工资表.xlsx"。

方法一：启动 WPS 2019 表格，在启动的同时自动新建工作表（见图 2-19）。

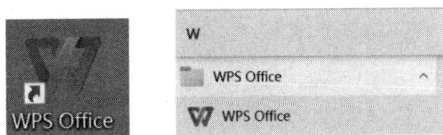

图 2-19　启动 WPS 表格

单击桌面上的快捷方式图标或任务栏中的快速启动图标或选择【开始】菜单中的【程序】→

【WPS 表格程序】，都可以启动 WPS 表格。

方法二：在桌面空白处右击，在弹出的快捷菜单选择【新建】命令→XLSX 工作表，如图 2-20 所示。

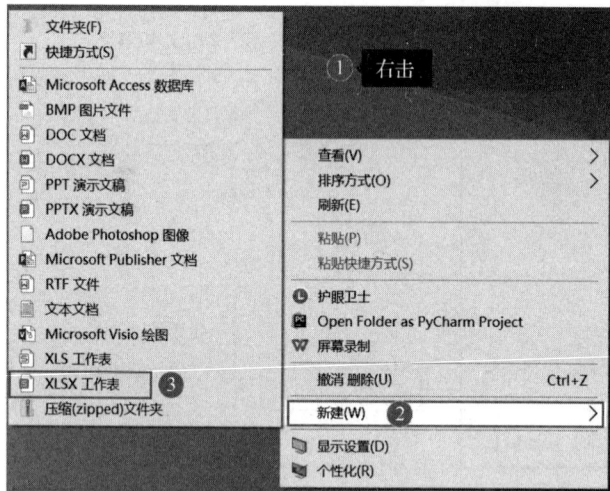

图 2-20　新建工作表

2.2.2　输入数据

在 WPS 2019 表格中输入数据时，如果数据类型不同，则要将单元格格式设置为不同的格式。单元格数字格式包括常规、数值、货币、会计专用、日期、时间、百分比、分数、科学记数、文本、特殊和自定义。

单元格格式的设置方法有以下两种。

方法一：在【开始】选项卡的【数字】组中设置。

方法二：右击，在弹出的快捷菜单中选择【设置单元格格式】命令。

在 Sheet1 工作表的 A1:J12 单元格区域中输入如图 2-21 所示的数据，每列数据如果数据类型不同，那么其输入方法不同。

	A	B	C	D	E	F	G	H	I	J
1	XX公司职工工资表									
2	工号	姓名	性别	身份证	参工时间	职称	基本工资	奖金	补贴	应发工资
3	001	王万曦	女	500104199304202023	2015年7月1日	技术员	2850	2200	1500	
4	002	张敏	女	510502197408060721	1996年7月1日	高工	4900	3000	3000	
5	003	张建华	男	611304199610193614	2018年6月3日	技术员	2900	2280	1700	
6	004	肖智燕	女	51132119880127068X	2010年7月6日	工程师	3600	2280	2000	
7	005	王欢	女	431502199610110664	2017年6月10日	技术员	3000	2300	1800	
8	006	周鹏	男	511622198606230063	2008年6月10日	工程师	3900	2400	2200	
9	007	李俊平	男	313022198704276695	2011年6月25日	工程师	3200	2250	2000	
10	008	罗明静	女	500225199611110730	2015年7月1日	技术员	2800	2200	1300	
11	009	马辛革	男	432626198308300010	2005年6月26日	工程师	4600	2800	2700	
12	010	王伟	男	632822197012240020	1992年6月23日	高工	6120	4500	3500	

图 2-21　输入数据

1. 输入普通文本内容

普通文本和数值可以选中要输入普通文本和数值的单元格后直接输入，按【Enter】键确认。按【Tab】键或【➡】键可快速选中右侧单元格。

（1）在 A1 单元格中输入标题"××公司职工工资表"。

（2）在 A2:J2 单元格区域依次输入首行标题内容"工号、姓名、性别、身份证、参工时间、职称、基本工资、奖金、补贴、应发工资"。

（3）在"姓名"列输入职工姓名，在"基本工资、奖金、补贴"列输入工资数据，如图 2-22 所示。

图 2-22 输入普通文本内容

【小贴士】数值型数字默认右对齐，文本型数字默认左对齐。

2. 输入开头为"0"的文本型数字

WPS 2019 表格中默认输入的数值内容自动以标准的"常规"格式保存，数值左侧或小数点后面末尾的 0 将自动被省略。因此，要输入前面是"0"开头的工号等文本型数字，需要将数字格式【常规】转换为【文本】，有以下三种方法。

（1）方法一：

① 选中"工号"列 A3:A12 单元格区域，单击【开始】选项卡的【数字】组中的下拉按钮，在下拉列表中选择【文本】选项，如图 2-23 所示。

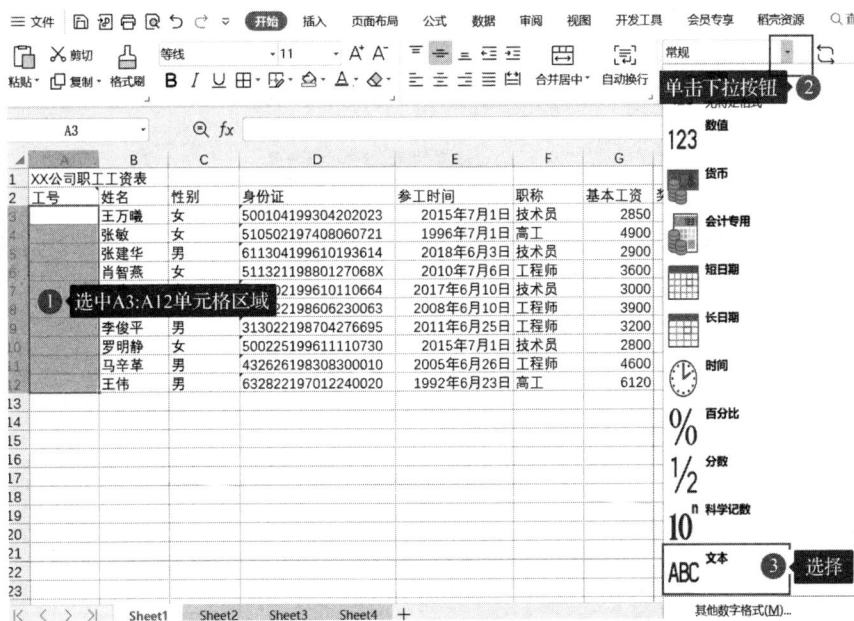

图 2-23 设置文本单元格格式

② 在 A3 单元格中输入工号"001"，按【Enter】键确认。选中 A3 单元格，将鼠标指针移到 A3 单元格右下角的黑点处，鼠标指针变成十字形状，然后按住鼠标左键拖动"十"字填充柄，如图 2-24 所示，自动填充文本型数字"001，002，003，…，010"。

（2）方法二：

选中 A3 单元格，在其中先输入英文的单引号"'"再输入"001"，按【Enter】键确认，最后批量向下填充得到所有前面是"0"开头的文本型数字序号。

（3）方法三：

选中 A3 单元格，在其中输入"001"，按【Enter】键确认后，在 A3 单元格的右侧出现一个上右下左双箭头的文本与数字的切换按钮，单击该按钮，即可将数字转换成文本，如图 2-25 所示。

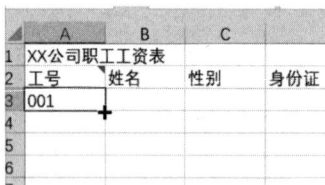

图 2-24 输入文本型数据 　　　图 2-25 数字与文本切换按钮

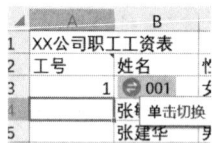

3. 输入日期型数据

WPS 2019 表格中提供了多种日期格式，可以在【单元格格式】对话框中设置。

选中"参工时间"列 E3:E12 单元格区域，右击，在弹出的快捷菜单中选择【设置单元格格式】命令，弹出【单元格格式】对话框，在【数字】选项卡中选择【分类】和【类型】，单击【确定】按钮，如图 2-26 所示。将 E 列设置成日期格式后，输入参工时间。

长日期型数据在单元格中显示的与在编辑栏中显示的不一样，如图 2-27 所示。

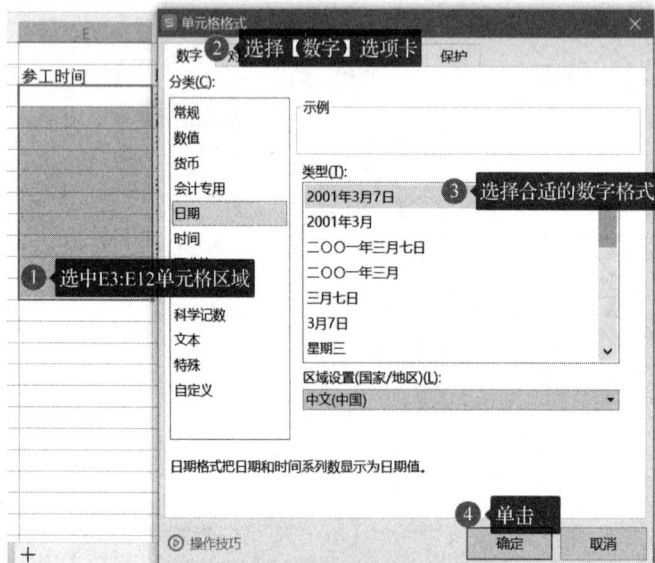

图 2-26 输入日期型格式文本 　　　图 2-27 日期数据的显示

4. 输入货币型数据

对于"基本工资、奖金、补贴和应发工资"等金额数据，需要将其设置为货币格式，根据需要保留小数位数。具体操作如下：

（1）选中 G3:J12 单元格区域。

（2）单击【开始】选项卡中的【数字】组右下角的【单元格格式对话框启动器】按钮，如图 2-28 所示，弹出【单元格格式】对话框。

图 2-28　单击【单元格格式对话框启动器】按钮

（3）在该对话框的【数字】选项卡中，【分类】选择"货币"，【小数位数】选择"2"，【货币符号】选择人民币符号"￥"，选择一种【负数】形式，如图 2-29 所示，单击【确定】按钮，得到货币型数字格式，如图 2-30 所示。

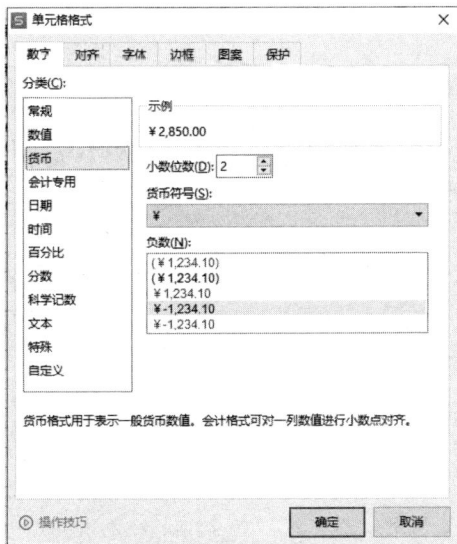

图 2-29　设置单元格数字格式

图 2-30　货币型数字格式

> 【小贴士】要批量向下填充时可以选中单元格右下角的填充柄，按住鼠标左键拖动或出现 "十" 字时双击（双击适用于该列的前或后一列有内容的情况）。

　　对于按住鼠标左键拖动填充柄批量填充数字时，填充的内容是相同的还是递增的，可以根据需要同时按住【Ctrl】键进行切换。

5. 有效性

在 WPS 2019 表格中，可以借助数据有效性功能来规范输入的数据。没有规矩，不成方圆，在输入数据前为单元格设置有效的数据规则，可使输入的数据准确，格式规范，减小处理数据的复杂性。

在××公司职工工资表中，"性别"列限定输入"男,女"，"身份证"列必须输入 18 位身份证号码，"职称"列必须用规范的名称。具体操作如下：

（1）选中"性别"列 C3:C12 单元格区域，单击【数据】选项卡中的【有效性】下拉按钮，在下拉列表中选择【有效性】命令，如图 2-31 所示，弹出【数据有效性】对话框。

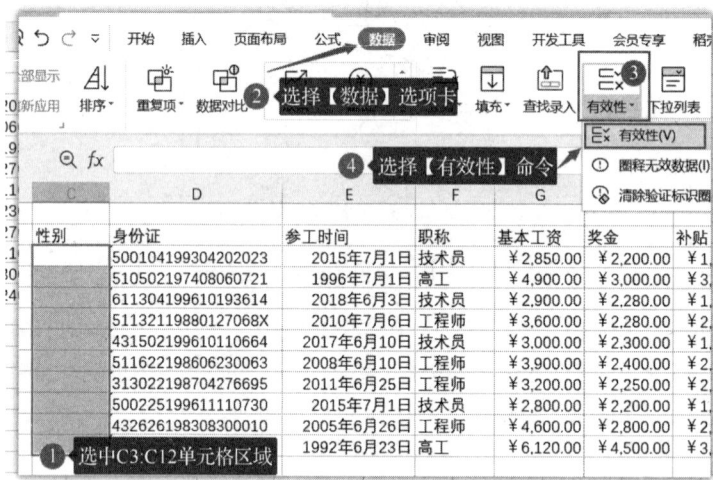

图 2-31　设置数据有效性

（2）在【数据有效性】对话框中，选择【设置】选项卡，在【允许】下拉列表中选择【序列】，在【来源】文本框中输入"男,女"（中间用英文的逗号","间隔），单击【确定】按钮，如图 2-32 所示。

（3）设置数据有效性后，无须在"性别"列单元格中输入内容，可以直接单击单元格右侧的下拉按钮，选择"男"或"女"，如果在已经设置数据有效性规则的单元格中输入了错误的数据，WPS 表格会自动弹出提示对话框，要求用户重新输入，如图 2-33 所示。

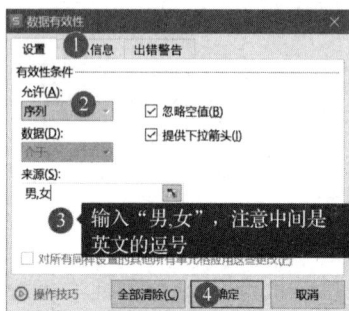

图 2-32　【数据有效性】对话框

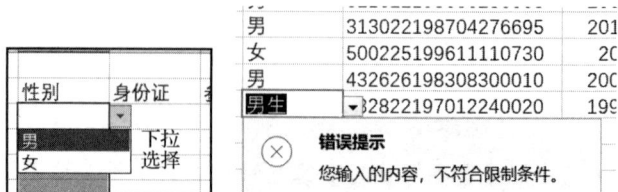

图 2-33　数据有效性提示信息

（4）"职称"列也可以设置数据有效性，方法与"性别"列的设置一样，使用 WPS 表格的 "下拉列表"功能完成。选中"职称"列 F3:F12 单元格区域，单击【数据】选项卡中的【下拉列表】按钮，弹出【插入下拉列表】对话框，选中【手动添加下拉选项】或【从单元格选择下拉选项】单选按钮，单击【添加】按钮，依次添加序列，最后单击【确定】按钮。设置方法和完成后的效果如图 2-34 所示。

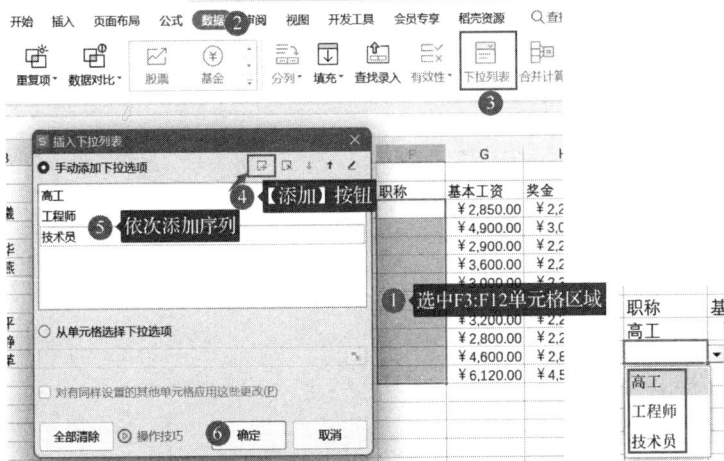

图 2-34 "职称"列数据有效性设置效果

（5）选中"身份证"列中的 D3:D12 单元格区域，单击【数据】选项卡中的【有效性】下拉按钮，在下拉列表中选择【有效性】命令。

（6）在弹出的【数据有效性】对话框中，选择【设置】选项卡，在【允许】下拉列表中选择【文本长度】，在【数据】下拉列表中选择【等于】，在【数值】文本框中输入"18"，单击【确定】按钮，如图 2-35 所示。

图 2-35 设置"身份证"文本长度数据有效性

（7）切换到【出错警告】选项卡，在【标题】文本框中输入"出错啦"，在【错误信息】文本框中输入"请输入 18 位身份证号码！"。单击【确定】按钮，如图 2-36 所示。

（8）正确输入 18 位身份证号码，多于或少于 18 位时自动报错，如图 2-37 所示。

【小贴士】除了可以在【来源】文本框中输入数据，还可以选择表中已有的数据；可以设置整数和小数的输入范围，日期和时间的输入范围；可以设置自定义条件等，如图 2-38 所示。

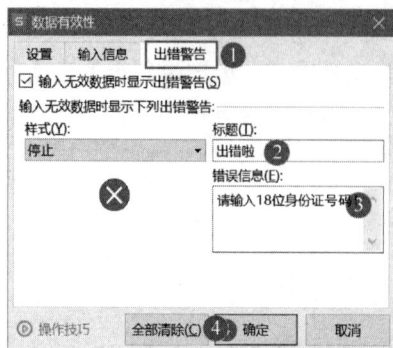

图 2-36　设置数据有效性出错警告信息

图 2-37　出错的提示信息

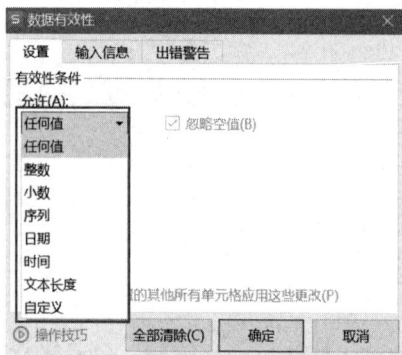

图 2-38　设置数据有效性条件

（9）在输入姓名和身份证号码等具有唯一标识的信息时，要求不能重复，这时可以单击【数据】选项卡中的【重复项】下拉按钮，在下拉列表中选择【拒绝录入重复项】命令，若输入重复的姓名，系统会给出"拒绝重复输入"警告，操作方法如图 2-39 所示。要取消该限制，再次单击【数据】选项卡中的【重复项】下拉按钮，在下拉列表中选择【清除拒绝录入限制】命令即可。

图 2-39　拒绝重复输入数据

2.2.3　自动计算

在制作基本的数据表格时，常见的操作是对数据进行求和、求平均值、求最大值和最小值的计算。WPS 2019 表格中提供了自动计算功能来完成这些计算操作，用户无须输入参数即可获得需要的结果。下面以计算应发工资为例，介绍在 WPS 2019 表格的工作表中使用自动计算功能的方法。

选中"应发工资"列 J3 单元格，单击【开始】选项卡中的【求和】下拉按钮，在下拉列表中选择【求和】命令，如图 2-40 所示。

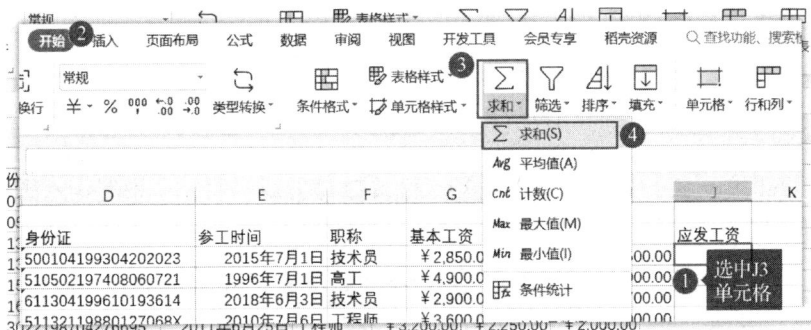

图 2-40　自动求和

观察虚线计算区域中的内容是否正确，如果正确则按【Enter】键或单击编辑栏中的【√】按钮确认；如果不正确则重新选择计算区域，如图 2-41 所示。

图 2-41　计算区域

选中 J3 单元格，然后拖动右下角的填充柄到 J12 单元格（或者在填充柄的"十"字处双击），复制公式后即可得到所有人的应发工资数额，如图 2-42 所示。

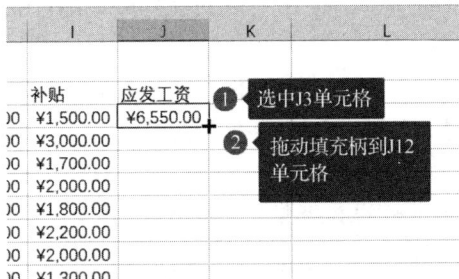

图 2-42　复制公式

【小贴士】自动计算可以求和（快捷键为【Alt+=】）、求平均值、计数、求最大值、求最小值和进行条件统计。在进行自动计算时，注意计算的区域是否正确，如果不是正确的计算区域，则可以用鼠标选择正确的区域（或输入正确的区域）。

2.2.4 设置单元格格式

1. 设置字体的格式

在 WPS 2019 表格中设置字体的格式，其操作与 WPS 2019 文字中的方法一样。在【开始】选项卡的【字体】组或【单元格格式】对话框中进行设置。

将标题行 A1 单元格中的字体设置为黑体、加粗，字号为 18，其余字体设置为宋体，字号为12。操作步骤如下：

（1）选中 A1 单元格，在【开始】选项卡的【字体】组中将字体设置为"黑体、加粗"，字号为"18"，如图 2-43 所示。

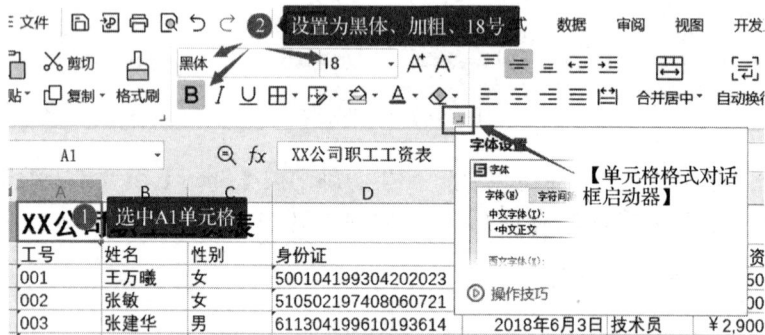

图 2-43 设置字体格式

（2）选中 A2:J12 单元格区域，在【开始】选项卡的【字体】组中单击右下角的【单元格格式对话框启动器】按钮，弹出【单元格格式】对话框，通过该对话框设置字体为"宋体"，字号为"12"，如图 2-44 所示。

2. 设置数据对齐方式

在 WPS 2019 表格中，单元格文本对齐方式分为水平对齐和垂直对齐，文本控制方式包括自动换行、缩小字体填充和合并单元格，还可以根据需要调整文本的缩进和文字的方向。

将标题行 A1:J1 单元格区域合并居中，将 A2:C12 单元格区域设置为水平和垂直都居中对齐，操作步骤如下：

（1）选中 A1:J1 单元格区域，单击【开始】选项卡的【对齐方式】组中的【合并居中】下拉按钮，在下拉列表中选择【合并居中】命令，如图 2-45 所示，得到标题栏。

【小贴士】【合并居中】下拉列表中有"合并居中"、"合并单元格"、"合并内容"、"按行合并"和"跨列居中"命令，不同的命令可以实现不同的合并效果。

（2）选中 A2:C12 单元格区域，在【开始】选项卡的【对齐方式】组中设置水平和垂直都居中对齐。

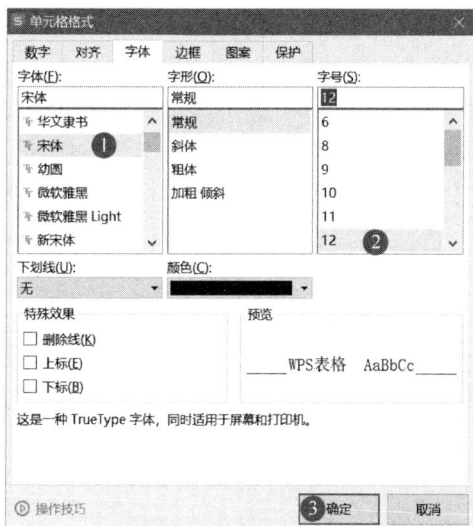

图 2-44 【单元格格式】对话框

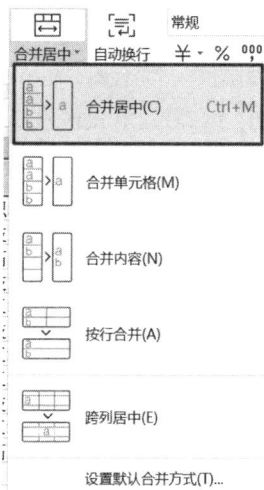

图 2-45 合并单元格

【小贴士】打开【对齐方式】对话框（单击【开始】选项卡中的【对齐方式】组右下角的【扩展】按钮，或者右击，在弹出的快捷菜单中选择【设置单元格格式】命令，弹出【单元格格式】对话框，选择【对齐】选项卡），可以设置单元格的水平和垂直方向的多种对齐方式。单元格内容较多时，可以对文本设置自动换行（强制换行快捷键为【Alt+Enter】）、缩小字体填充或合并单元格。如果单元格文本需要倾斜角度，则可以在【方向】下输入倾斜的角度或者通过单击指针调节，如图 2-46 所示。

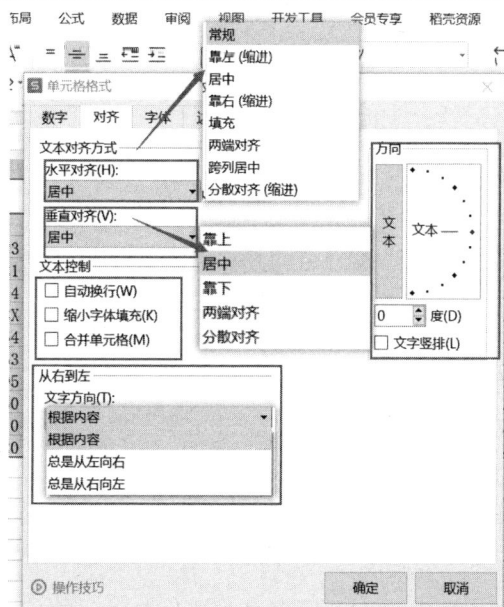

图 2-46 设置对齐方式

3. 设置行高和列宽

行高和列宽可以用命令的方式精确设置，也可以根据内容自动调整行高和列宽。

将标题行的行高设置为 25 磅，其余设置为适合的行高和列宽。

（1）选中第一行，单击【开始】选项卡中的【行和列】下拉按钮，在下拉列表中选择【行高】命令，如图 2-47 所示，在弹出的对话框中设置行高为"25 磅"。

（2）选中 A2:J12 单元格区域，单击【开始】选项卡中的【行和列】下拉按钮，在下拉列表中选择【最适合的行高】/【最适合的列宽】命令，如图 2-48 所示，即可将选中列的所有行高/列宽设置为最适合的行高/列宽。

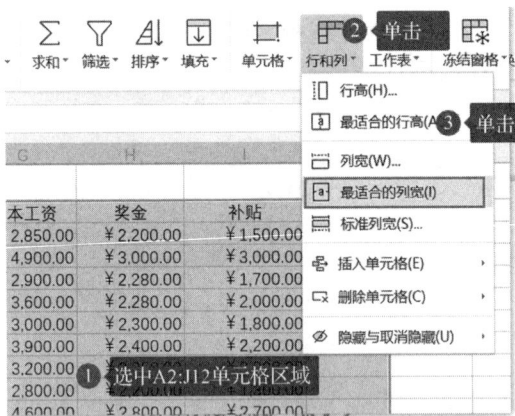

图 2-47　设置行高　　　　　　　图 2-48　设置单元格最适合的行高和列宽

【小贴士】最适合的行高和列宽可以通过命令设置，也可以选中整行或整列，在行号或列标之间出现"↕"或"↔"箭头时双击，即可得到最适合的行高或列宽。

4. 设置边框线和底纹

将 A2:J12 单元格区域设置为蓝色双实线外边框，红色细实线内边框；将 A2:J2 单元格区域设置为底纹蓝色填充，白色的字体，操作步骤如下：

（1）选中 A2:J12 单元格区域，单击【开始】选项卡中的【数字】组右下角的【单元格格式对话框启动器】按钮，弹出【单元格格式】对话框，在【边框】选项卡中设置外边框为"蓝色双实线"，内边框（内部）为"红色细实线"，单击【确定】按钮，设置步骤如图 2-49 所示。

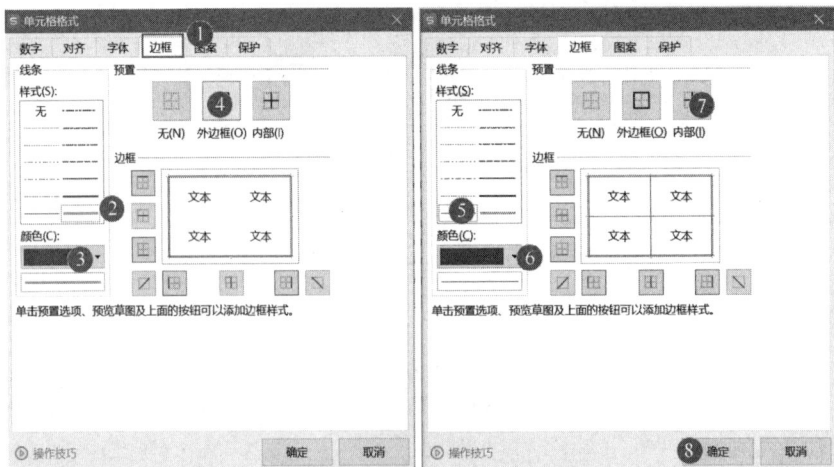

图 2-49　设置单元格边框

（2）选中 A2:J2 单元格区域，单击【开始】选项卡中的【字体】组右下角的【单元格格式对话框启动器】按钮，弹出【单元格格式】对话框，在【字体】选项卡中选择"白色"字体；切换到【图案】选项卡，设置单元格的填充色为"蓝色"，单击【确定】按钮，设置步骤如图 2-50 所示。

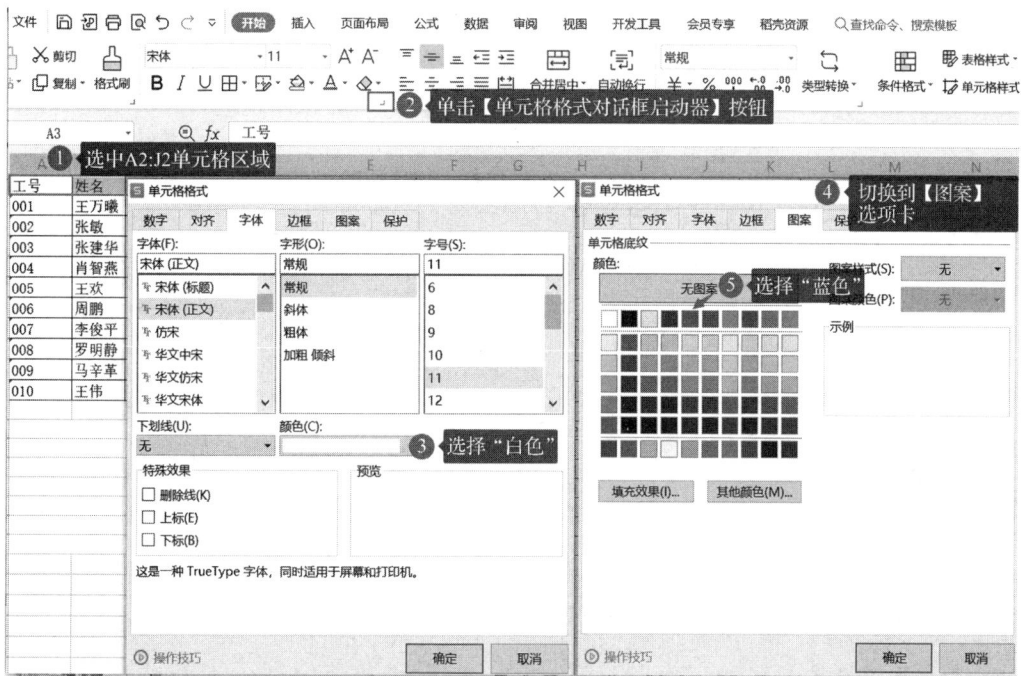

图 2-50 设置单元格填充效果

5. 设置条件格式

条件格式包括数据条、突出显示单元格规则、色阶和图标集等，使用条件格式功能可以为满足某种自定义条件的单元格设置相应的单元格格式，如颜色、字体等，以提高电子表格的可读性。

将应发工资大于 10000 元的单元格用浅红填充色和深红色文本显示，操作步骤如下：

（1）选中 J3:J12 单元格区域，单击【开始】选项卡中的【条件格式】下拉按钮，在下拉列表中选择【突出显示单元格规则】→【大于】命令，如图 2-51 所示。

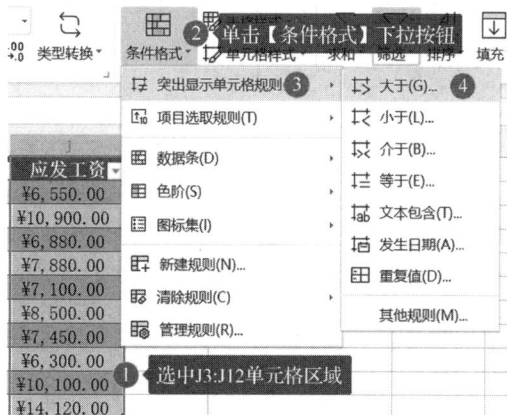

图 2-51 设置条件格式

（2）在弹出的对话框中输入"10000"并设置为"浅红填充色深红色文本"，效果如图2-52所示。

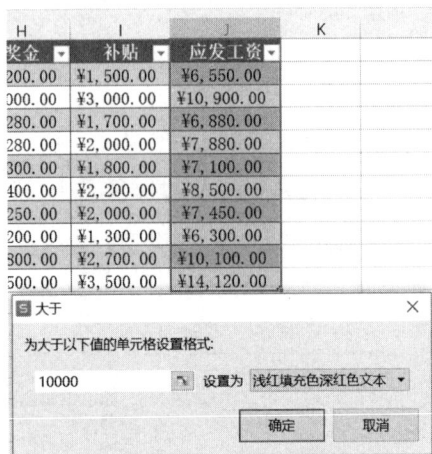

图2-52　条件格式设置效果

【小贴士】条件格式可以按照数字大小、文本包含、日期、重复值、最前、最后规则等进行设置，也可以用公式等自定义规则。格式除了用颜色字体等设置，还可以用数据条、色阶和图标集等设置。已经设置的规则可以删除、管理和修改。

6. 套用表格样式

WPS中的表格和Excel中的一样，除了手动设置边框、底纹等样式，还内置了很多样式，可以直接应用，也可以在已有的样式上修改，如图2-53所示。

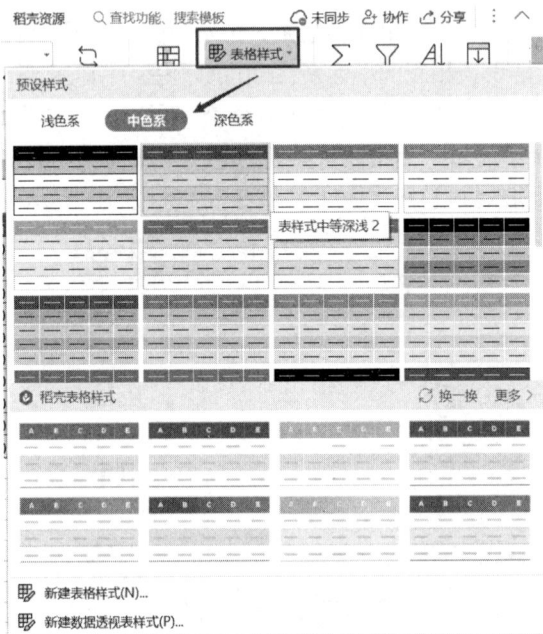

图2-53　套用表格样式

选中 A2:J12 单元格区域，单击【开始】选项卡中的【表格样式】下拉按钮，在【预设样式】的【中色系】中选择【表样式中等深浅 2】，在【套用表格样式】对话框中选中【仅套用表格样式】单选按钮，可快速设置表格的边框、底纹等；选中【转换成表格，并套用表格样式】单选按钮，可在设置表格边框、底纹的同时将表格由普通数据区域转换成智能表（快捷键为【Ctrl+T】），转换成智能表后，可自动为数据区域命名，添加自动筛选按钮等，自动打开【表格工具】选项卡，提供智能表的相关功能，以方便对表格的操作，如图 2-54 所示。

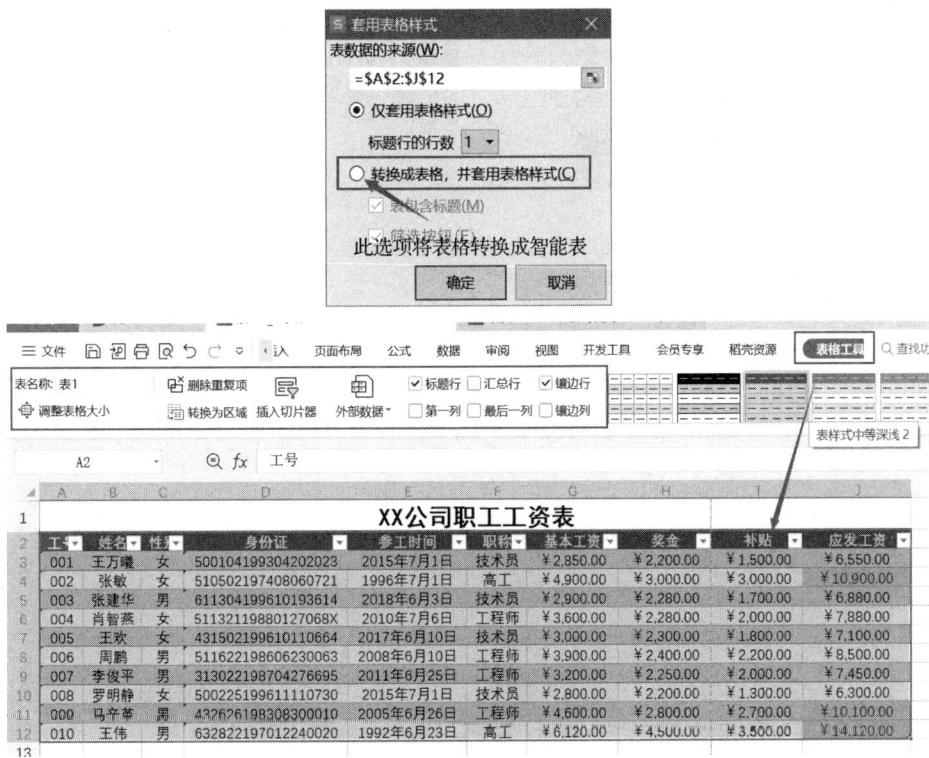

图 2-54　智能表转换

2.2.5　工作表的基本操作

在 WPS 2019 表格中，工作表操作包括插入、删除、重命名、复制、移动、隐藏、保护和更改工作表标签颜色等。

将 Sheet1 重命名为"一分厂"，将工作表标签颜色设置为红色，复制"一分厂"工作表，重命名为"二分厂"并将工作表标签颜色设置为绿色。删除"二分厂"工作表中属于一分厂的内容，保留应发工资的公式和整个表格的格式，并设置工作表保护密码为"123"。操作步骤如下。

1. 重命名

方法一：双击工作表标签 Sheet1，进入工作表重命名状态，更改工作表名称为"一分厂"。

方法二：右击工作表标签 Sheet1，在弹出的快捷菜单中选择【重命名】命令。

2. 更改工作表标签颜色

右击"一分厂"工作表标签，在弹出的快捷菜单中选择【工作表标签颜色】命令→选择"红色"，如图 2-55 所示。

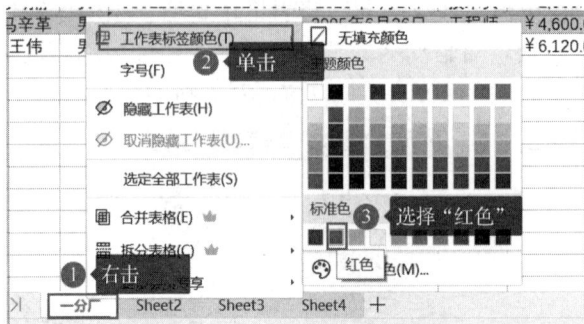

图 2-55　更改工作表标签颜色

3. 复制工作表

（1）右击"一分厂"工作表标签，在弹出的快捷菜单中选择【移动或复制工作表】命令，如图 2-56 所示，弹出【移动或复制工作表】对话框。

（2）在【移动或复制工作表】对话框中选择工作表的目标位置，并勾选【建立副本】复选框，如图 2-57 所示，得到"一分厂（2）"工作表。

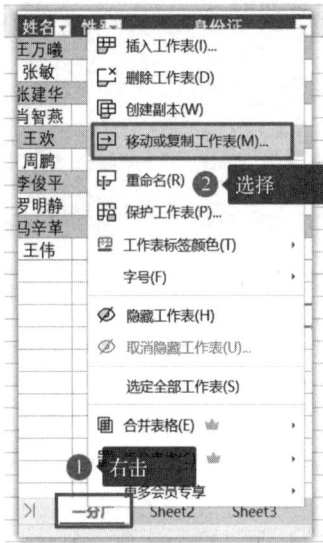

图 2-56　复制工作表　　　　图 2-57　"移动或复制工作表"对话框

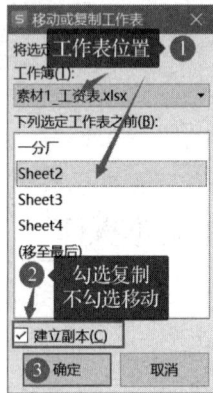

（3）将"一分厂（2）"工作表重命名为"二分厂"，并更改工作表标签颜色为"绿色"。

【小贴士】同一个工作簿中的工作表的移动和复制，除了用命令的方式，还可以用鼠标拖动的方式实现移动和复制。方法是选中要复制或移动的工作表，按住鼠标左键拖动即可实现工作表的移动；在按住鼠标左键拖动的同时按【Ctrl】键即可实现工作表的复制。

4. 删除工作表中的内容

（1）选中"二分厂"A3:I12 单元格区域中的数据，按【Delete】键，或者单击【开始】选项卡中的【单元格】下拉按钮，在下拉列表中选择【清除】→【内容】命令，如图 2-58 所示，即可清除其中的数据，只保留格式及自动计算的公式，清除内容后的效果如图 2-59 所示。

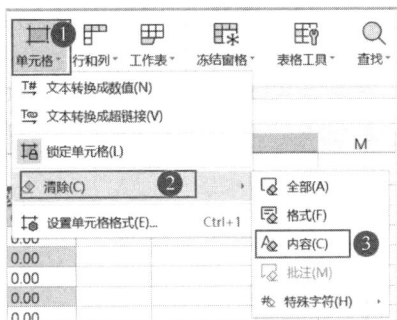

图 2-58　清除内容

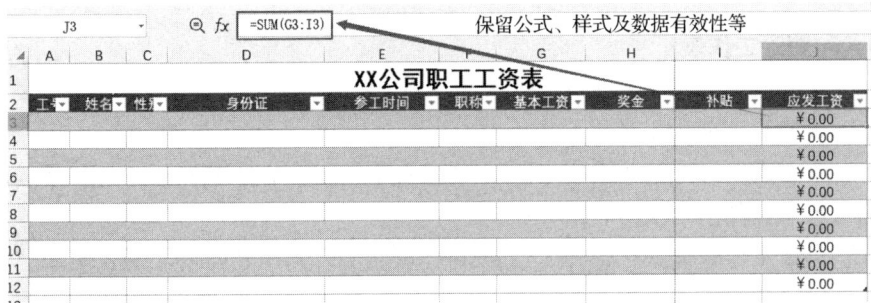

图 2-59　清除内容后的效果

【小贴士】WPS 2019 表格中的【清除】菜单包括【全部】、【格式】、【内容】、【批注】和【特殊字符】，【特殊字符】菜单包括【空格】、【换行符】、【单引号】和【不可见字符】，如图 2-60 所示，对整理数据非常有用。这些是对单元格中的内容和格式进行的清除操作，清除后，单元格仍然存在。

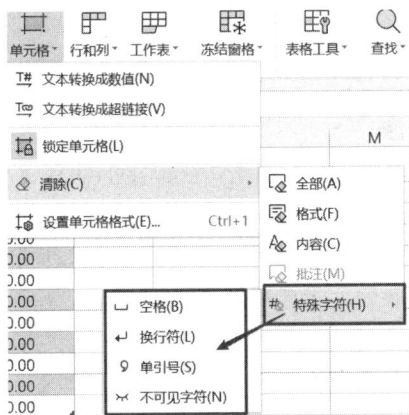

图 2-60　清除特殊字符

（2）如果要将单元格一起删除，则选中内容后右击，在弹出的快捷菜单中选择【删除】中的命令，如图 2-61 所示，这时除了删除单元格中的内容、格式，单元格也被删除。删除的内容可以恢复。

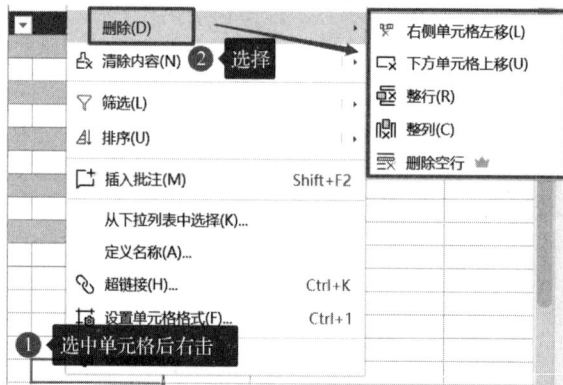

图 2-61　删除单元格

5. 插入和删除工作表

（1）插入工作表。

插入工作表有以下两种方法。

方法一：单击【开始】选项卡中的【工作表】下拉按钮，在下拉列表中选择【插入工作表】命令，可插入一个新的空白工作表。

方法二：单击工作表标签栏中的【+】按钮，可在所有工作表的后面插入一个空白工作表，如图 2-62 所示。

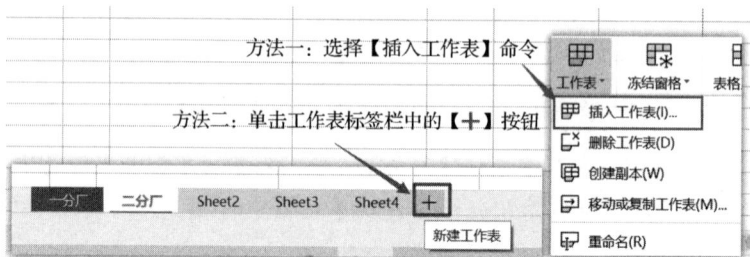

图 2-62　插入工作表

（2）删除工作表。

删除工作表有以下两种方法。

方法一：选中要删除的工作表标签，右击，在弹出的快捷菜单中选择【删除工作表】命令，可删除选中的工作表，如图 2-63 所示。

方法二：选中要删除的工作表标签，单击【开始】选项卡中的【工作表】下拉按钮，在下拉列表中选择【删除工作表】命令，可删除选中的工作表。

【小贴士】在 WPS 2019 表格中删除工作表时要特别注意，因为工作表删除后不能恢复。

6. 保护工作表

（1）选中"二分厂"工作表中的 A3:I12 单元格区域，单击【开始】选项卡中的【单元格】下拉按钮，在下拉列表中选择【锁定单元格】命令，如图 2-64 所示，可将该单元格区域锁定。

图 2-63　删除工作表　　　　　　　　　　图 2-64　锁定单元格

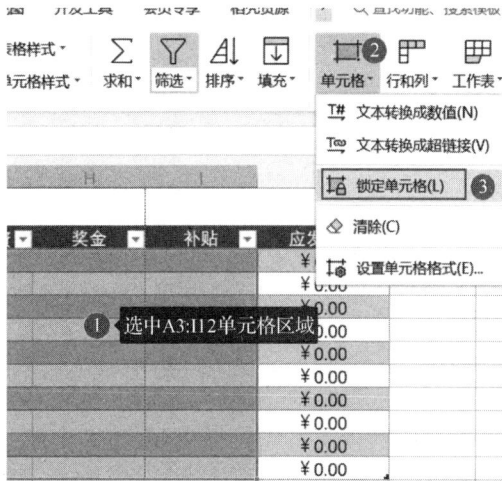

（2）单击【开始】选项卡中的【工作表】下拉按钮，在下拉列表中选择【保护工作表】命令，在弹出的【保护工作表】对话框中按照要求进行设置并输入密码"123"，如图 2-65 所示。

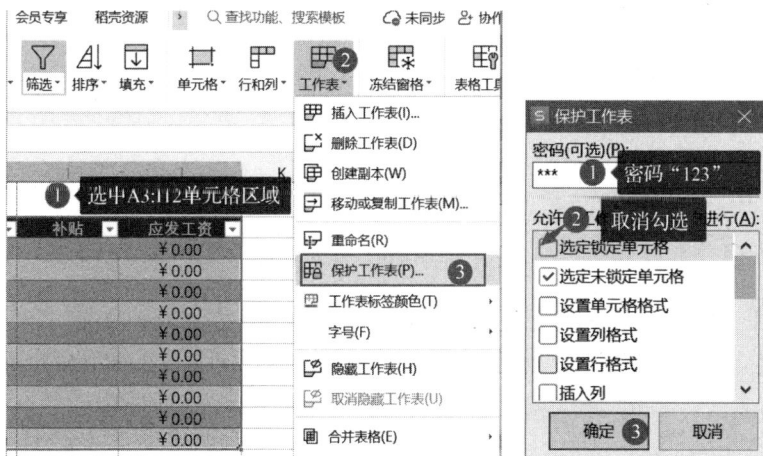

图 2-65　保护工作表

（3）设置密码后只有 A3:I12 单元格区域中的内容可以进行修改，工作表中的其他单元格区域无法选中也不允许对其中的内容进行修改，以达到保护工作表的目的。

2.2.6　保存与文档加密

（1）选择【文件】菜单中的【保存】或【另存为】命令，弹出【另存文件】对话框，选择保存位置，输入文件名，选择文件类型，保存工作簿为"工资表.xlsx"（快捷键为【Ctrl+S】），如图 2-66 所示。

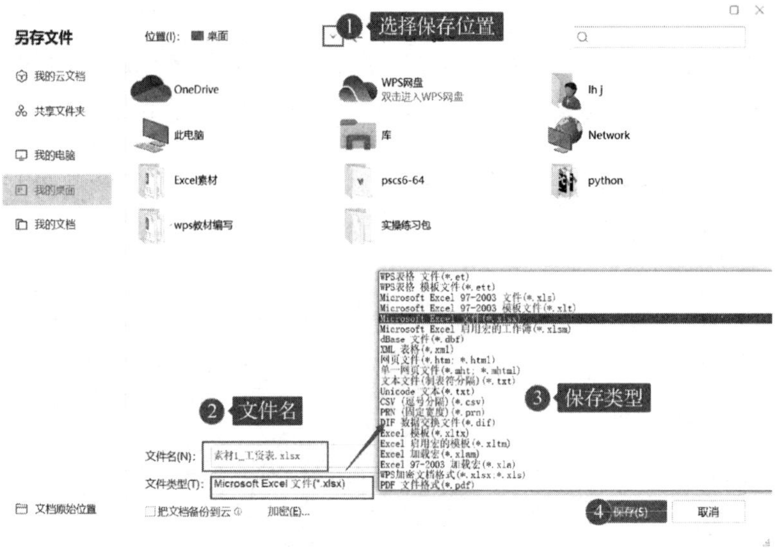

图 2-66 【另存文件】对话框

（2）文件类型默认为"Microsoft Excel 文件（*.xlsx）"，可以根据需要保存为相应的文件类型，如图 2-67 所示。

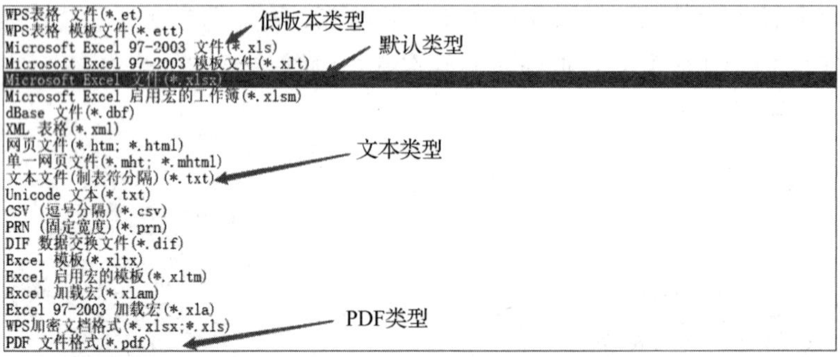

图 2-67 常用的文件类型

（3）选择【文件】菜单中的【文档加密】→【密码加密】命令，如图 2-68 所示，在弹出的【密码加密】对话框中设置打开权限密码如"123"，实现对整个工作簿的保护。

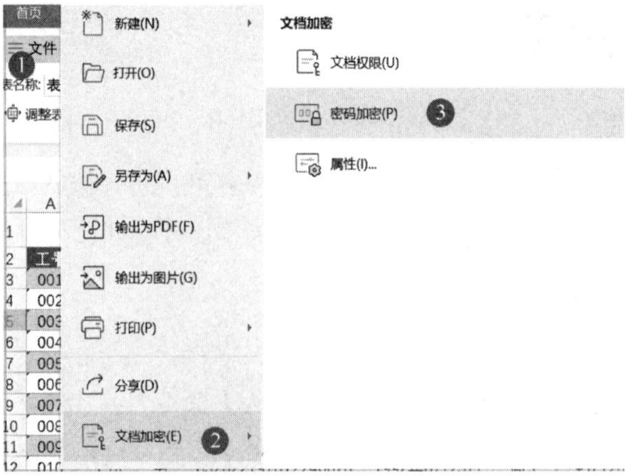

图 2-68 工作簿加密

【小贴士】保护工作表与保护工作簿的区别：保护工作表后，工作簿可以打开，未锁定的单元格区域可以修改，其他单元格区域只能查看不能修改；保护工作簿后，没有密码不能打开整个工作簿，也不能查看工作表中的内容。在 WPS 2019 表格中可以直接设置编辑权限密码，如果没有密码，则只能查看不能编辑，如图 2-69 所示。

图 2-69　工作簿编辑权限

2.2.7　页面布局与打印

1. 页面设置

表格打印之前可以通过打印预览观察打印效果，通过调整页面设置使打印效果达到最佳。页面设置包括设置纸张大小、页边距、页眉、页脚、工作表标题和插入分页符等。

设置打印"一分厂"工作表的纸张大小为 A4，纸张方向为横向，上、下、左、右页边距均为 2 厘米。

（1）页面大小、方向、页边距设置。

打开"一分厂"工作表，选择【文件】菜单中的【打印】→【打印预览】命令，在【打印预览】视图中单击【横向】，【纸张类型】选择"A4"，单击【页面设置】按钮，在弹出的对话框的【页边距】选项卡中，在上、下、左、右文本框中均输入"2"，单击【确定】按钮，如图 2-70 所示。

（2）页眉、页脚设置。

页眉、页脚可以对表格的整体情况进行描述，如展示表格页码信息等。可以通过自定义页眉、页脚让打印出来的表格具有个性化。

2. 打印标题

对于有多页的工作表，如果从第二页开始页面中没有标题，则无法直观地展示数据，这时，可设置打印标题，使每页都有标题。操作步骤如下：

（1）单击【页面布局】选项卡中的【打印标题】按钮，弹出【页面设置】对话框。

（2）在该对话框中选择【工作表】选项卡，单击【顶端标题行】右侧的【折叠】按钮，选中"一分厂"工作表中的第 2 行，通过再次单击还原【折叠】按钮，返回【页面设置】对话框，单击【确定】按钮，如图 2-71 所示，这样每页都会打印标题。

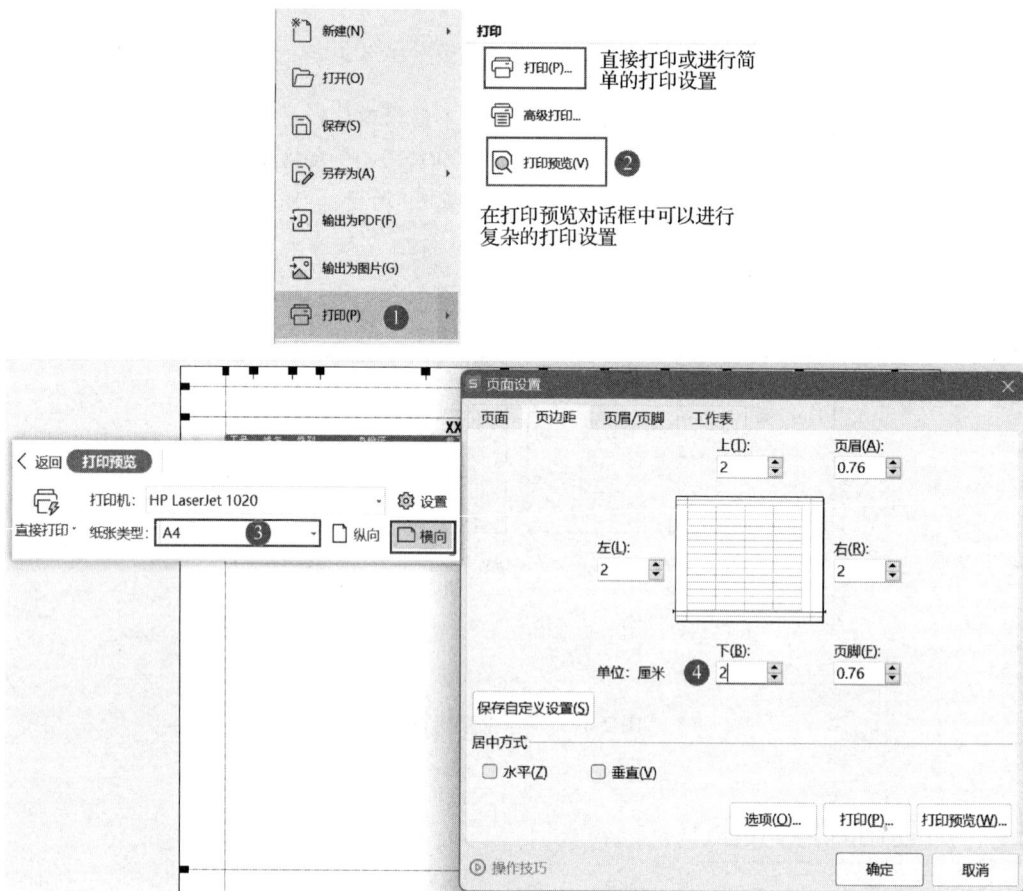

图 2-70　打印选项和页面设置

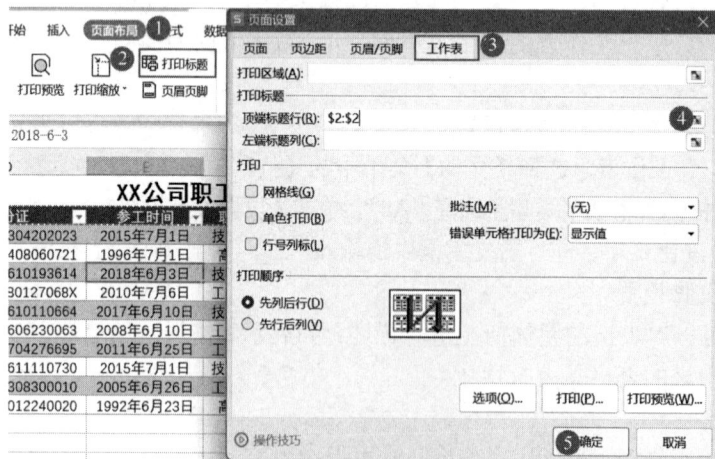

图 2-71　打印标题行

【小贴士】重复的标题不仅可以设置顶端重复的行，还可以设置左侧重复的列，或者直接把行号及列标、网格线、批注等打印到页面上，如图 2-72 所示。

3. 打印内容

选择【文件】菜单中的【打印】→【打印】命令，可以打印选定的工作表、整个工作簿、单元格区域，根据需要可以进行并打和缩放（快捷键为 Ctrl+P），默认为打印工作表，如图 2-73 所示。

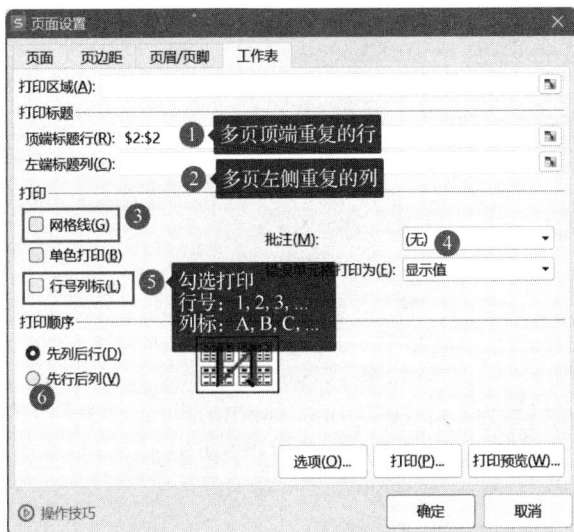

图 2-72 打印区域和行号及列标

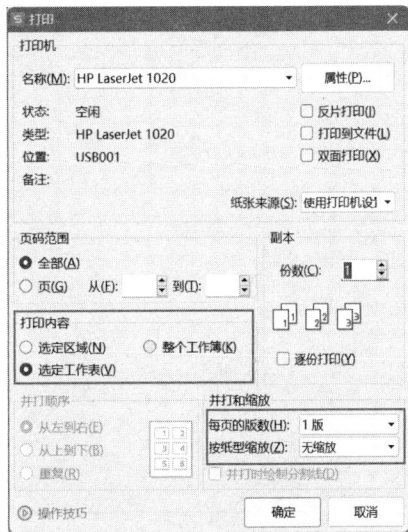

图 2-73 打印内容设置

4. 缩放打印

有时工作表中的内容超出了设置的纸张范围，但又希望将所有行或列打印在一页纸上，重新调整行高和列宽费时且满足不了需要，这时，可以选择缩放打印。无须调整单元格的行高和列宽，可自动将所选内容打印在一页纸上。

选择【文件】菜单中的【打印】→【打印预览】命令，在【打印预览】视图中单击【无打印缩放】下拉按钮，在下拉列表中选择合适的缩放命令，如图 2-74 所示。

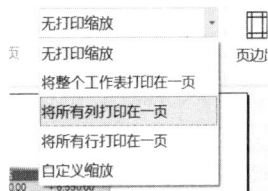

图 2-74 打印缩放设置

2.3 日常收支统计表的计算与分析

➡ 任务描述

WPS 2019 表格中重要的功能之一就是进行数据的处理，通过数据的计算和分析，从中提取相关信息，发现问题，解决问题，看到数据背后传递的信息；同样是数据计算，使用的工具、方法不同，工作效率也会不同，同学们要学会使用不同的工具、方法来解决不同的问题。

日常收支统计表是对个人收入和支出情况进行统计的表，下面将学习使用公式和函数快速计算收入和支出情况，利用排序和筛选对收入和支出情况进行分析，并用图表直观地展示分析结果。

案例素材：素材 2_日常收支统计表.xlsx。

思路解析

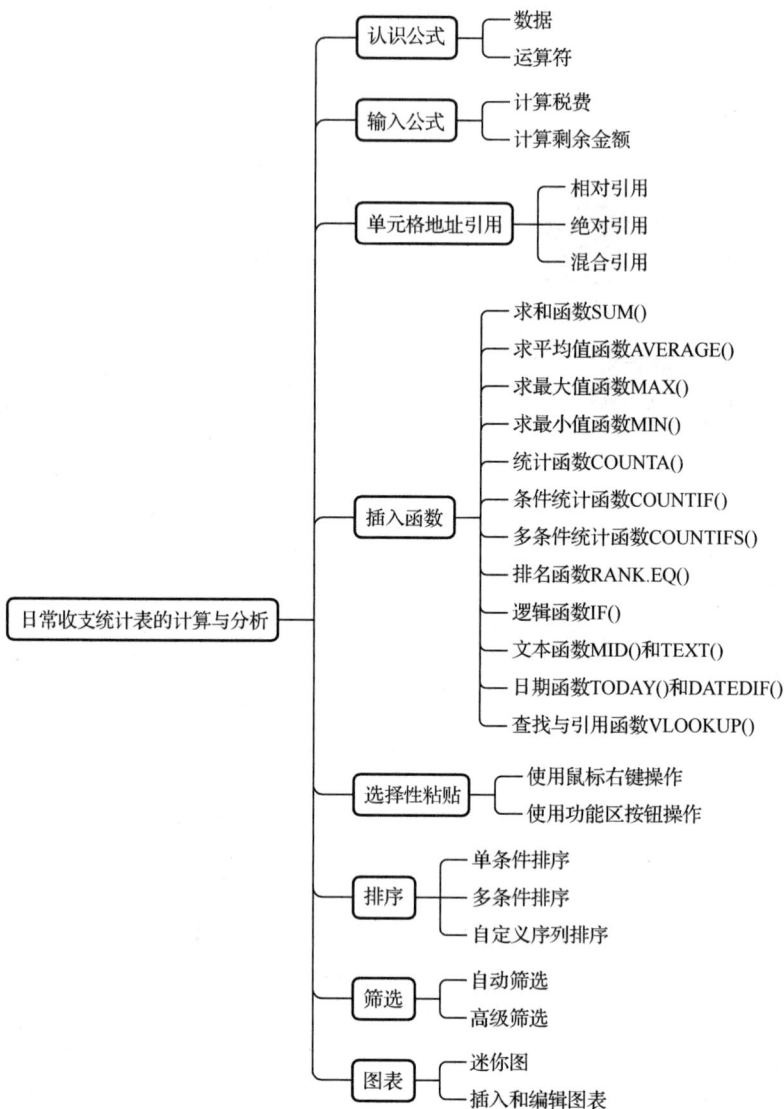

任务实施

2.3.1 认识公式

公式是由数据和运算符组成的等式，必须以"="开头，如下面三个公式的例子：

=3000+50

=基本工资+奖金-税费

=SUM(G4:G13)

使用公式时，先选择存放计算结果的单元格，再输入"="，后面是数据和运算符。公式输入完毕按【Enter】键或单击编辑栏中的【√】按钮确认。公式在编辑栏中显示，公式的计算结果在单元格中显示，如图 2-75 所示。

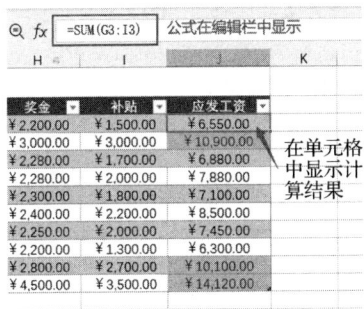

图 2-75 公式

1. 数据

数据可以是常数、单元格引用、单元格名称和函数等。

2. 运算符

运算符包括算术运算符、比较运算符、文本连接运算符和引用运算符。

（1）算术运算符。

算术运算符为 "+""-""*""/""^" 等，算术运算符用于执行基本的数学运算并生成运算的数字结果。算术运算符及其含义如表 2-1 所示。

表 2-1　算术运算符及其含义

算术运算符	含　义	示　例
+（加号）	加	=3+3
-（减号）	减法	=3-1
	求反	=-1
*（星号）	乘	=3*3
/（正斜杠）	除	=3/3
%（百分号）	百分比	=20%
^（脱字号）	求幂	=2^3

（2）比较运算符。

比较运算符为 "="">""<"">="<=""<>" 等，比较运算符用于比较两个值，结果为逻辑值 TRUE 或 FALSE。比较运算符及其含义如表 2-2 所示。

表 2-2　比较运算符及其含义

比较运算符	含　义	示　例
=（等号）	等于	=A1=B1
>（大于号）	大于	=A1>B1
<（小于号）	小于	=A1<B1
>=（大于或等于号）	大于等于	=A1>=B1
<=（小于或等于号）	小于等于	=A1<=B1
<>（不等号）	不等于	=A1<>B1

（3）文本连接运算符。

文本连接运算符为"&"，使用"&"连接一个或多个文本字符串，运算结果为生成一段文本。例如，"="North"&"wind""的运算结果为"Northwind"。

（4）引用运算符。

引用运算符及其含义如表 2-3 所示。

表 2-3　引用运算符及其含义

引用运算符	含　义	示　例
：（冒号）	区域运算符，生成两个引用之间所有单元格的引用（包括这两个引用）	=SUM (B5:B15)
，（逗号）	Union 运算符，它将多个引用合并为一个引用	=SUM (B5:B15,D5:D15)
（空格）	交集运算符，它生成对两个引用通用的单元格的引用	=SUM (B7:D7 C6:C8)
#（磅）	用作错误名称的一部分	引用文本而非数字引起的 #VALUE!
	用于指示空间不足而无法呈现。在大多数情况下，可以加宽列，直到内容正确显示	#####
	溢出区域运算符，用于在动态数组公式中引用整个区域	=SUM (A2#)

（5）运算符的优先级。

如果一个公式中有若干个运算符，则 WPS 2019 表格将按照表 2-4 中的优先级进行计算。如果一个公式中的若干个运算符具有相同的优先顺序（如一个公式中既有乘号又有除号），则 WPS 表格将按照从左到右的顺序计算。若要更改求值的顺序，可将公式中要先计算的部分用括号括起来。

表 2-4　运算符的优先级及其说明

运算符的优先级	说　明
：（冒号） （单个空格） ，（逗号）	引用运算符
–	负数（如–1）
%	百分比
^	求幂
* 和 /	乘和除
+ 和 –	加和减
&	连接两个文本字符串（串连）
= < > <= >= <>	比较运算符

2.3.2　输入公式

输入公式计算"素材 2_日常收支统计表.xlsx"的"一分厂"工作表中的税费和剩余金额，

其中，税费=（基本工资+奖金）×3.50%，剩余金额=基本工资+奖金+上月结余-水电气费-购物支出-税费。

1. 计算税费

（1）打开素材"素材2_日常收支统计表.xlsx"，在"一分厂"工作表中选中"税费"列中的L4单元格，输入公式"=(G4+H4)*\$P\$2"，按【Enter】键确认，得到第一位职工的税费，如图2-76所示。

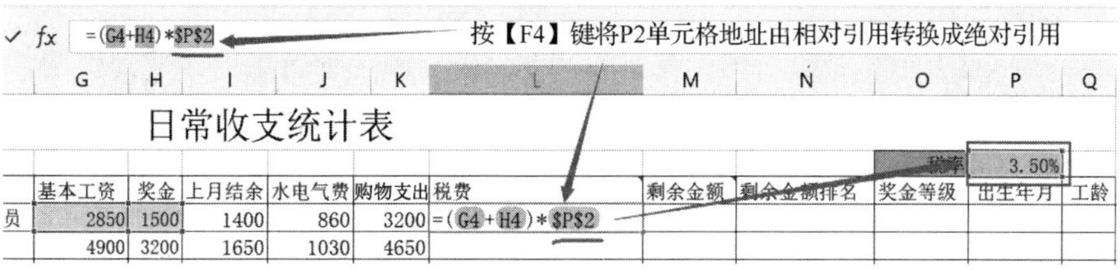

图2-76　计算税费

（2）选中L4单元格，将鼠标指针移到其右下角，按住鼠标左键拖动填充柄到L13单元格，公式自动向下填充，得到所有人的税费。

2. 计算剩余金额

（1）选中"一分厂"工作表中的M3单元格，输入公式"=G4+H4+I4-J4-K4-L4"，得到第一位职工的剩余金额，如图2-77所示。

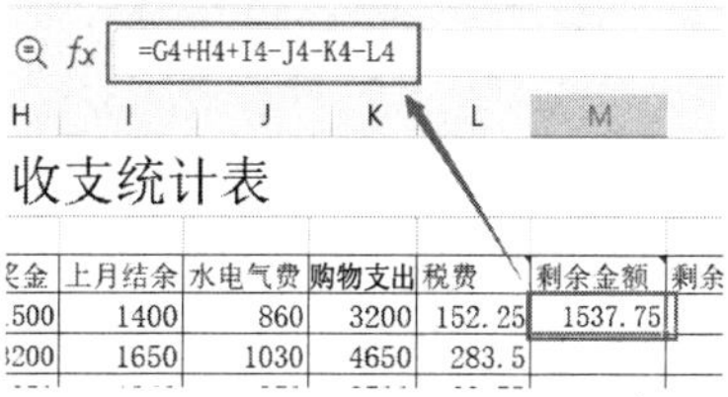

图2-77　计算剩余金额

（2）选中M3单元格，在其右下角的"+"填充柄位置双击（或按住鼠标左键拖动填充柄到M13单元格），得到所有职工的剩余金额。

【小贴士】公式中的单元格地址可以通过键盘输入，也可以用鼠标直接选择对应的单元格。

2.3.3　单元格地址引用

在计算税费的公式中，P2单元格地址前面加了符号"\$"，表示单元格为绝对引用，公式向下填充结果才正确。下面介绍单元格的相对引用、绝对引用和混合引用。

1. 相对引用

相对引用是指单元格的引用会随公式所在单元格的位置变化而改变。复制公式时，WPS 2019表格根据公式原来的位置和复制的目标位置推算出公式中单元格地址相对原来位置的变化。例如，将L4单元格中的公式复制到L5单元格时，"G4+H4"变成了"G5+H5"，如图2-78所示。

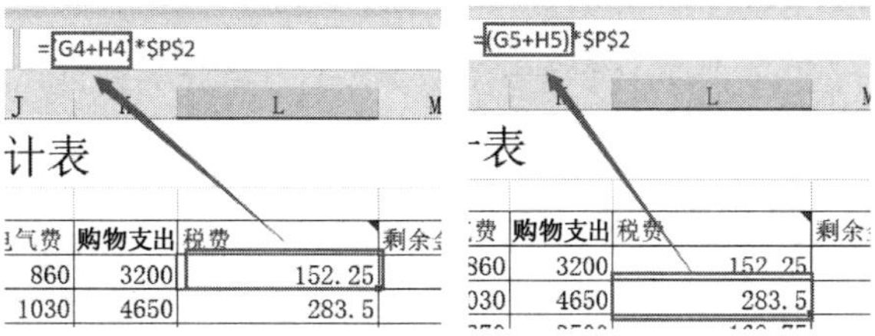

图2-78　相对引用

2. 绝对引用

绝对引用是指在复制公式时，无论怎么改变公式的位置，其引用单元格的地址都不会改变，绝对引用的表示形式是在普通地址的前面加 "$"。例如，税费公式中的 P2 单元格地址列标和行号的前面均加了 "$"，"P2" 变成 "$P$2"，将 L4 单元格中的公式复制到 L5 单元格时，参与计算的 P2 单元格不会随着填充位置的变化而变化。"$" 可以通过键盘输入，也可以利用功能键【F4】切换，由相对引用转换成绝对引用。

3. 混合引用

混合引用是相对引用和绝对引用的共同引用。当需要固定行引用而改变列引用，或者固定列引用而改变行引用时，就要用到混合引用。即加了 "$" 的部分固定不变，没有加 "$" 的部分发生改变。如$B4、B$4 都是混合引用。

2.3.4 插入函数

"工欲善其事，必先利其器。"在 WPS 2019 表格中，函数是提高工作效率的工具，是对数据进行处理的一个重要的"器"。

函数是预定义的内置公式，可以对一个或多个值进行运算，并返回一个或多个值。

WPS 2019 表格内置了很多函数，如常用函数、财务函数、逻辑函数、文本函数、日期与时间函数、查找与引用函数、数学与三角函数、统计函数等。用户可以调用这些函数，为函数指定参数，对单元格区域进行计算，并返回计算结果。

一个函数包括函数的名称和函数的参数两部分。函数的名称表明函数的功能，函数的参数可以是数字、文本、逻辑值、数组等。

函数的语法格式为：

=函数名(参数 1,参数 2,…)

函数语法格式示例如图 2-79 所示。

调用函数的方法有以下三种。

方法一：选中存放计算结果的单元格，在编辑栏中先输入 "="，再输入函数名和参数。

方法二：选中存放计算结果的单元格，在其中输入 "="，单击编辑栏中的【fx】按钮，如图 2-80 所示，弹出【插入函数】对话框，选择合适的函数。

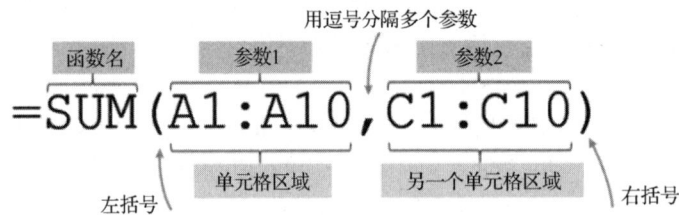

图 2-79 函数语法格式示例

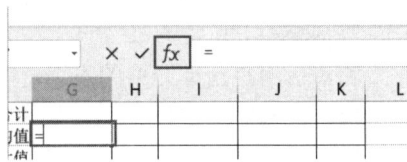

图 2-80 插入函数

方法三：单击【公式】选项卡中的【插入函数】按钮，可分类别查找并插入函数，如图 2-81 所示。

图 2-81 函数分类

下面以"素材 2_日常收支统计表.xlsx"中的"一分厂"工作表为例，介绍几个常用的函数及其用法。在"一分厂"工作表中用函数计算各项收支的和、平均值、最大值、最小值，统计总人数、奖金大于等于 3000 元的人数、2000—2010 年参加工作的人数，对剩余金额进行排名，设置奖金等级，从身份证号码中提取出生年月和计算工龄等。

1. 求和函数 SUM()

语法：SUM(数值 1,数值 2,…)

功能：返回参数表中的所有参数的和。

操作：分别计算"一分厂"工作表中的各项收支的总和。

选中"一分厂"工作表中的 G15 单元格，输入公式"=SUM(G4:G13)"，得到基本工资的总和。按住鼠标左键向右拖动填充柄批量填充到 M15 单元格，得到各项收支的总和，如图 2-82 所示。

图 2-82　统计各项收支的总和

注意以下两者的区别：

SUM(G4,G13)　求 G4、G13 两个单元格数值的和。

SUM(G4:G13)　求 G4 到 G13 共 10 个单元格的和。

2. 求平均值函数 AVERAGE()

语法：AVERAGE(数值 1,数值 2,…)

功能：返回参数表中的所有参数的平均值。

操作：分别计算"一分厂"工作表中的各项收支的平均值。

（1）选中"一分厂"工作表中的 G16 单元格，单击编辑栏中的【fx】按钮，弹出【插入函数】对话框，如图 2-83 所示，选择"统计"类别，然后选择"AVERAGE"函数，单击【确定】按钮，弹出【函数参数】对话框。

（2）在【函数参数】对话框中单击【数值 1】文本框右侧的【折叠】按钮，返回工作表页面，用鼠标选择 G4 到 G13（G4:G13）单元格区域，通过再次单击还原【折叠】按钮，返回【函数参数】对话框，单击【确定】按钮，如图 2-84 所示。

（3）这时，在 G16 单元格中得到"基本工资"的平均值，同时可以看到编辑栏中有公式"=AVERAGE(G4:G13)"。向右拖动填充柄批量填充到 M16 单元格，得到各项收支的平均值。

3. 求最大值函数 MAX()

语法：MAX(数值 1,数值 2,…)

功能：返回参数表中的所有参数的最大值。

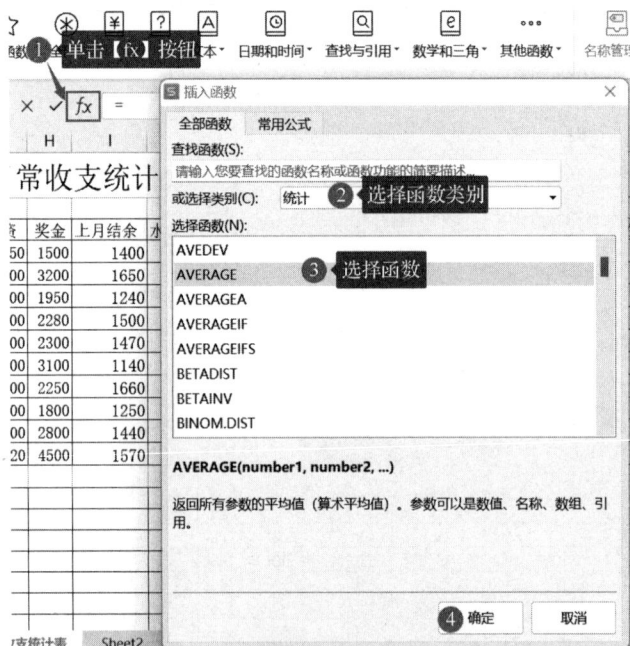

图 2-83　选择"AVERAGE"函数

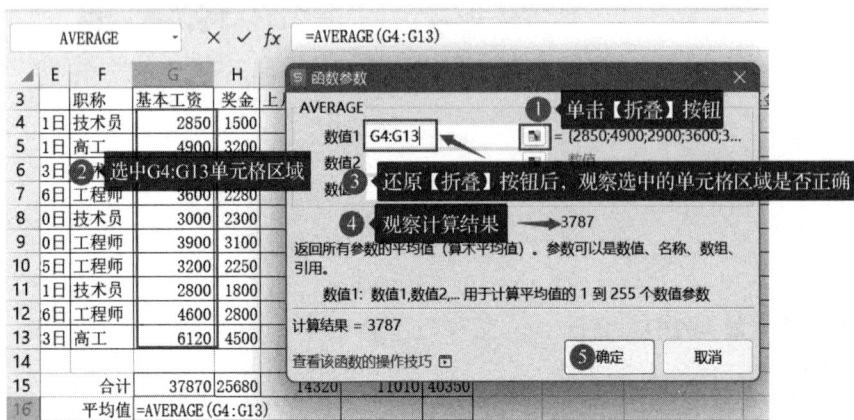

图 2-84　统计"基本工资"的平均值

操作：分别统计"一分厂"工作表中的各项收支的最大值。

选中"一分厂"工作表中的 G17 单元格，输入公式"=MAX(G4:G13)"，得到"基本工资"的最大值。向右批量填充得到各项收支的最大值。

4．求最小值函数 MIN()

语法：MIN(数值 1,数值 2,…)

功能：返回参数表中的所有参数的最小值。

操作：分别统计"一分厂"工作表中的各项收支的最小值。

选中"一分厂"工作表中的 G18 单元格，输入公式"=MIN(G4:G13)"，得到"基本工资"的最小值。向右批量填充得到各项收支的最小值。

平均值、最大值和最小值的计算结果如图 2-85 所示。

図 2-85　平均值、最大值和最小值的计算结果

5. 统计函数 COUNTA()

语法：COUNTA(值 1,值 2,…)

功能：计算区域中非空单元格的数目。

操作：根据姓名统计一分厂的总人数并放在 G19 单元格中。

选中"一分厂"工作表中的 G19 单元格，输入公式"=COUNTA(B4:B13)"，得到的一分厂的总人数为 10 人。

6. 条件统计函数 COUNTIF()

语法：COUNTIF(区域,条件)

功能：计算某个区域中满足给定条件的单元格数目。

操作：统计一分厂奖金大于等于 3000 元的人数并放在 G20 单元格中。

（1）选中"一分厂"工作表中的 G20 单元格，单击【公式】选项卡中的【其他函数】下拉按钮，在下拉列表中选择【统计】命令→【COUNTIF】函数，如图 2-86 所示。

（2）在弹出的【函数参数】对话框中按照如图 2-87 所示的步骤进行操作，得到的奖金大于 3000 元的人数为 3 人。

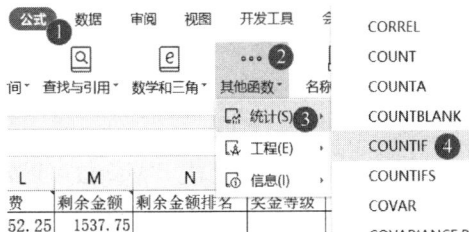

图 2-86　选择【COUNTIF】函数

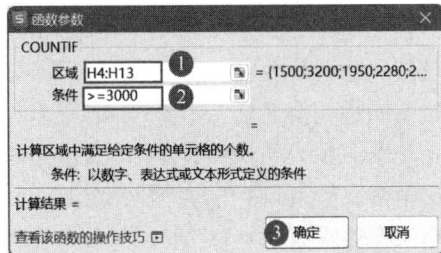

图 2-87　【函数参数】对话框

7. 多条件统计函数 COUNTIFS()

语法：COUNTIFS(区域 1,条件 1,区域 2,条件 2,…)

功能：统计一组给定条件所指定的单元格数目。

操作：统计一分厂在 2000—2010 年参加工作的人数并放在 G22 单元格中。

（1）选中"一分厂"工作表中的 G22 单元格，单击【公式】选项卡中的【插入函数】按钮，在弹出的对话框中选择"统计"类别，然后选择"COUNTIFS"函数，单击【确定】按钮，如图 2-88 所示。

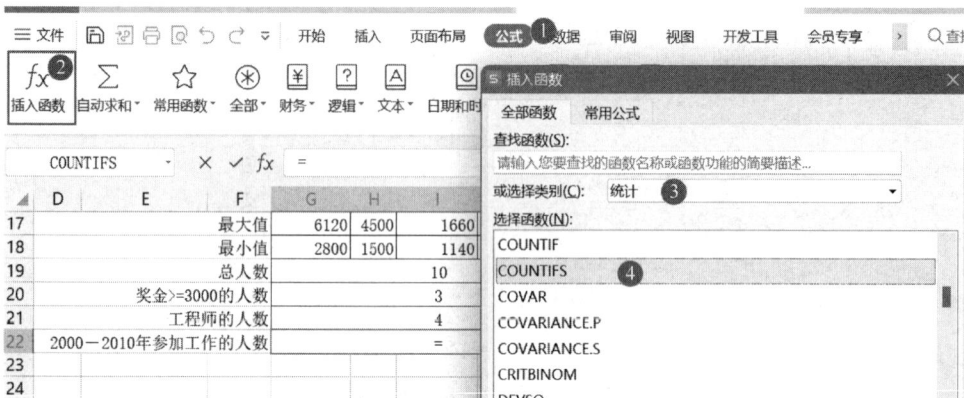

图 2-88　选择"COUNTIFS"函数

（2）在弹出的【函数参数】对话框中按照如图 2-89 所示的步骤进行操作，得到的 2000—2010 年参加工作的人数为 3 人。

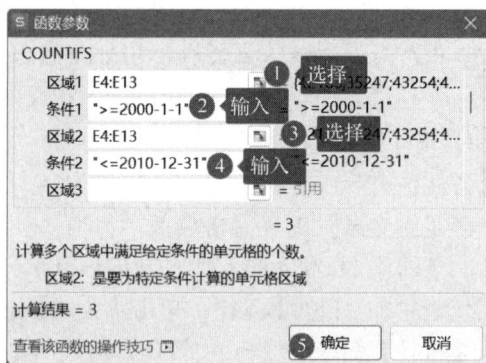

图 2-89　【函数参数】对话框

8. 排名函数 RANK.EQ()

语法：RANK.EQ(数值，引用，[排位方式])

功能：返回某数字在一列数字中相对其他数值的大小排名；如果多个数值排名相同，则返回该数值的最佳排名。

第一个参数为要找到其排位的数值；第二个参数为要进行排序对比的数值区域；第三个参数决定是按照从大到小的顺序排出名次，还是按照从小到大的顺序排出名次，该参数可以省略，当省略该参数或该参数为 0 时，表示按照从大到小的顺序排出名次，当不省略该参数且该参数不为 0 时，表示按照从小到大的顺序排出名次。

操作：根据"剩余金额"按照从高到低的顺序排名。

（1）选中"一分厂"工作表中的 N4 单元格，单击编辑栏中的【fx】按钮，弹出【插入函数】对话框，选择"统计"类别，然后选择"RANK.EQ"函数，单击【确定】按钮。

（2）在弹出的【函数参数】对话框中按照如图 2-90 所示的步骤进行操作，得到第一位职工的剩余金额排名，向下批量填充得到所有职工的剩余金额排名，如图 2-91 所示。

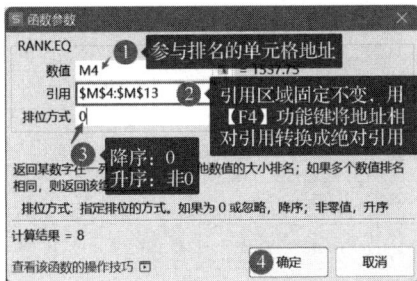

图 2-90 【函数参数】对话框

剩余金额	剩余金额排名
1537.75	8
3786.5	2
1550.25	7
1704.2	6
1774.5	5
2485	4
1349.25	9
1309	10
3291	3
5498.3	1

图 2-91 剩余金额排名

【小贴士】注意，第二个参数的数值区域一定是绝对引用，否则无法得到正确的排名。

9. 逻辑函数 IF()

语法：IF(测试条件,真值,[假值])

功能：判断一个条件是否满足，如果满足则返回一个值，如果不满足则返回另一个值。

第一个参数进行条件判断，结果为真或假，如果判断是真值那么 IF()函数返回第二个参数，否则返回第三个参数。

操作：借助 IF()函数设置"日常收支表"中的"奖金等级"，"奖金"大于 3000 元的设置为高，2000～3000 元的设置为中，低于 2000 元的设置为低。

（1）选中"一分厂"工作表中的 O4 单元格，单击【公式】选项卡的【函数库】组中的【逻辑】下拉按钮，在下拉列表中选择【IF】函数，如图 2-92 所示。

（2）在【函数参数】对话框中按照图 2-93 设置函数参数，单击【确定】按钮，得到第一位职工的奖金等级。

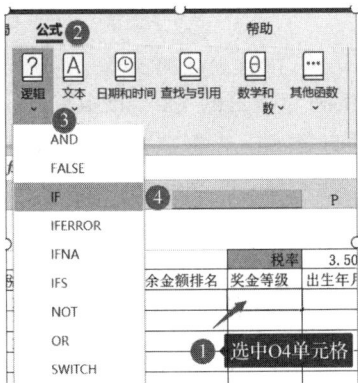

图 2-92 选择【IF】函数

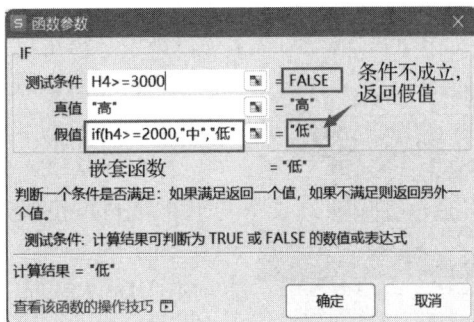

图 2-93 【函数参数】对话框

（3）向下批量填充得到所有职工的奖金等级，如图 2-94 所示。

【小贴士】由于奖金等级条件有 3 个，所以函数的第三个参数嵌套了一个 IF()函数，如图 2-94 所示。对于多条件函数，除了嵌套一个函数，还可以直接使用 IFS()函数，其结果是一样的，语法更简单：IFS(测试条件 1,真值 1,[测试条件 2,真值 2],[测试条件 3,真值 3],…)，如图 2-95 所示。

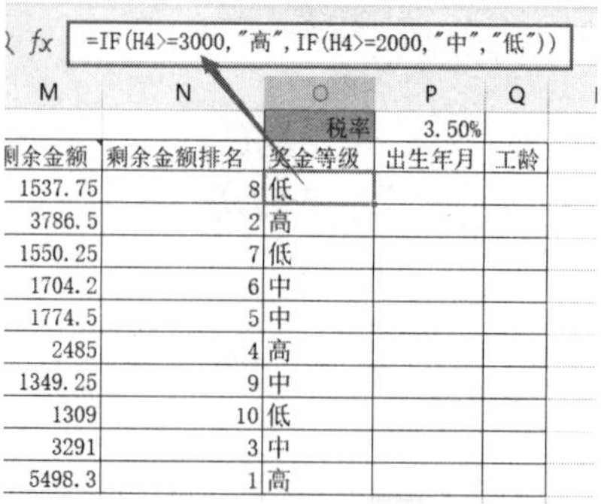

图 2-94　所有职工的奖金等级

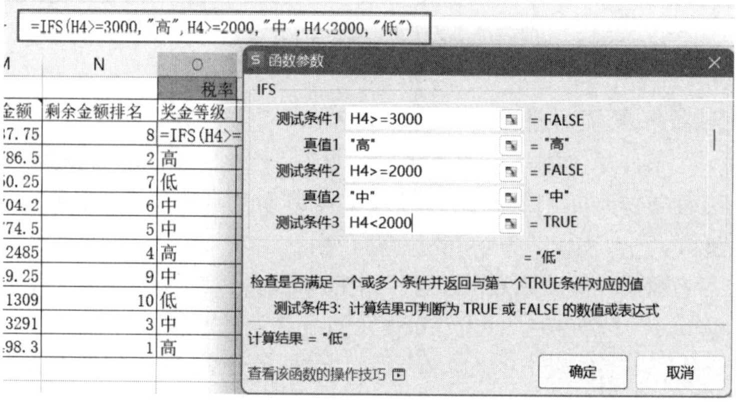

图 2-95　多条件函数 IFS()

10. 文本函数 MID()和 TEXT()

语法：MID(字符串,开始位置,字符个数)

TEXT(值,数值格式)

功能：MID()函数返回文本字符串中从指定位置开始的特定数目的字符,该数目由用户指定。

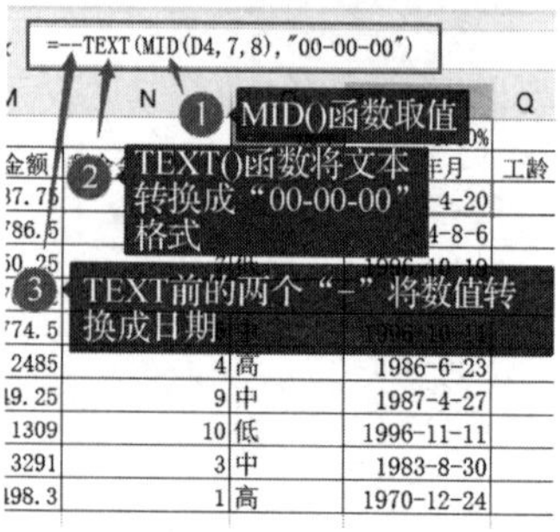

TEXT()函数根据指定的数字格式将数值转换成指定数值格式的文本。

操作：从"一分厂"工作表的身份证号码中提取出生日期,并转换成日期格式。

图 2-96　提取出生年月

（1）选中"一分厂"工作表中的 P4 单元格,输入公式"=MID(D4,7,8)",得到第一位职工的出生日期文本数字"19930420",但不是日期格式。

（2）将"=MID(D4,7,8)"看成一个整体,用 TEXT()函数将文本数字转换成日期格式,即在 P4 单元格中输入公式"=--TEXT(MID(D4,7,8),"00-00-00")",结果如图 2-96 所示。

【小贴士】在 WPS 2019 表格中,从身份证号码中提取出生日期,用 MID()和 TEXT()函数虽然可以实现,但有更简便的方法,选中需要存放结果的单元格,单击【公式】选项卡中的【插入公式】按钮,弹出【插入公式】对话框,选择【常用公式】选项卡,在【公式列表】框中选择【提取身份证生日】，在【参数输入】框中选择要提取的身份证单元格，即可得到日期格式的生日，如图 2-97 所示。还可以使用同样的方法快速得到年龄、性别等。

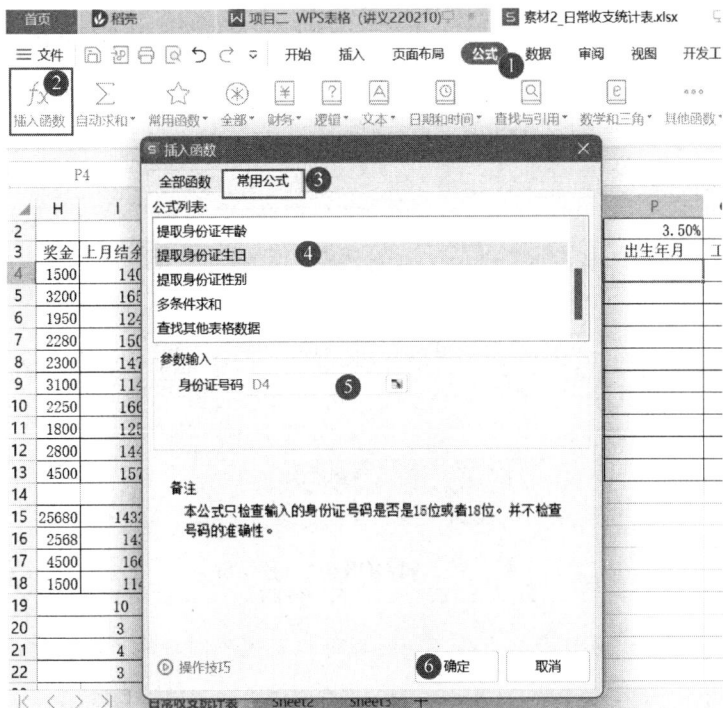

图 2-97　通过【常用公式】选项卡提取身份证号码中的生日

11. 日期函数 TODAY()和 DATEDIF()

语法：TODAY()

DATEDIF(开始日期,终止日期,比较单位)

功能：TODAY()函数返回今天日期的序列号，该函数的参数可省略。

DATEDIF()函数计算两个日期之间的天数、月数或年数。该函数的第三个参数"y"返回"年"，"d"返回"月"，"m"返回"日"。

操作：在"一分厂"工作表中根据"参工时间"计算每位职工的工龄。

选中"一分厂"工作表中的 R4 单元格，输入公式"=DATEDIF(E4,TODAY(),"y")"，得到第一位职工的工龄，向下填充得到所有职工的工龄，如图 2-98 所示。

图 2-98　计算工龄

12. 查找与引用函数 VLOOKUP()

语法：VLOOKUP(查找值,数据表,列序数,[匹配条件])

匹配条件：精确匹配—FALSE/0；近似匹配—TRUE/1。

功能：在表格或数值数组的首列查找指定的数值，并由此返回表格或数组当前行中指定列处的数值（默认情况下，表是以升序排序的）。

VLOOKUP()函数示例如图 2-99 所示。

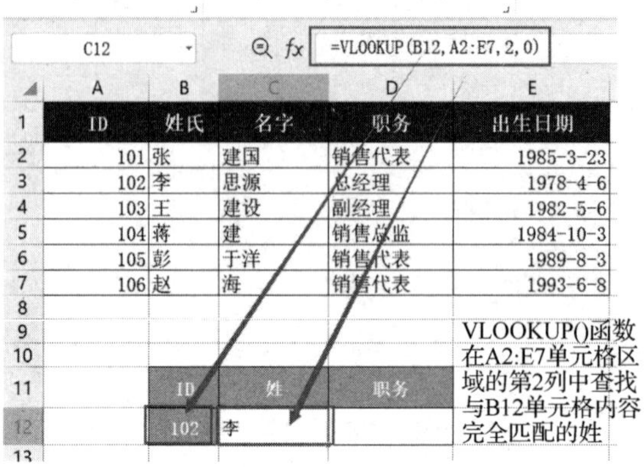

图 2-99　VLOOKUP 函数示例

【小贴士】在 WPS 2019 表格中，不同函数可以实现不同功能，要注意函数参数的设置，只有参数设置正确，才能得到正确的结果。为得到某些计算结果，可以将多个函数嵌套使用。

2.3.5　选择性粘贴

默认情况下，在表格中进行复制（或剪切）和粘贴（快捷键为【Ctrl+V】）操作时，源单元格或单元格区域（数据、格式、公式、验证、批注）中的所有内容将粘贴到目标单元格中。但这些内容有时可能不是用户想要的，例如，用户希望粘贴单元格中的内容，而不是其格式；或者用户想将粘贴的数据从行转置为列；或者用户需要粘贴公式的结果，而不是公式本身；或者用户想将复制的数据与目标单元格或单元格区域中的数据进行加、减、乘、除数学运算。选择性粘贴可以解决这些问题。在选择性粘贴中有许多粘贴命令，如表 2-5 所示，选择哪个命令取决于用户的复制内容和粘贴后要得到的结果。

表 2-5　粘贴命令及其作用

命　　令	作　　用
粘贴	复制所有单元格中的内容
粘贴内容转置	粘贴时重新定位复制的单元格中的内容。行中的数据将复制到列中，反之亦然
粘贴值和数字格式	粘贴公式结果，保留数字格式
粘贴公式和数字格式	粘贴公式，保留数字格式
仅粘贴格式	只复制单元格的格式
仅粘贴列宽	复制单元格中的内容及其列宽
粘贴为数值	粘贴公式结果，无格式或批注

使用选择性粘贴的方法有以下两种。

1. 使用鼠标右键操作

复制（快捷键为【Ctrl+C】）内容后，右击，在弹出的快捷菜单中选择【选择性粘贴】命令，如图2-100所示。

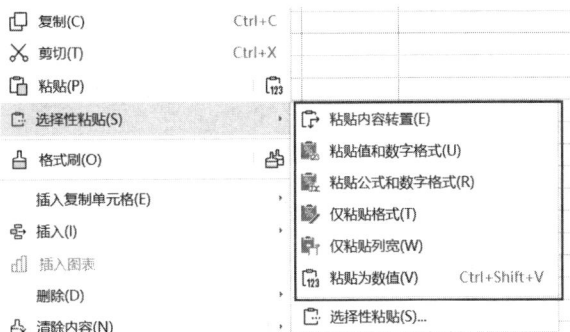

图2-100　选择【选择性粘贴】命令

2. 使用功能区按钮操作

复制内容后，单击【开始】选项卡中的【粘贴】下拉按钮，在下拉列表中选择【选择性粘贴】命令，如图2-101所示。

在弹出的【选择性粘贴】对话框中（快捷键为【Ctrl+Alt+V】），根据需要选择合适的粘贴选项，如图2-102所示。

图2-101　【粘贴】下拉列表

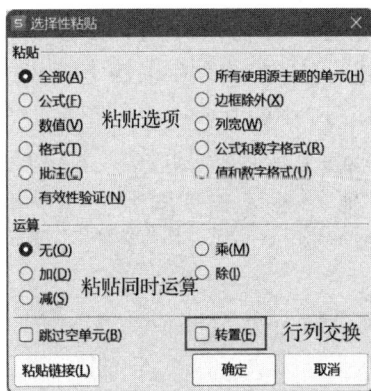

图2-102　【选择性粘贴】对话框

下面在"素材2_日常收支统计表.xlsx"中，复制"一分厂"工作表的A3:K13单元格区域中的数据到"Sheet2"工作表的A1单元格中，只复制值，不复制公式和格式。

（1）选中"一分厂"工作表的A3:K13单元格区域中的所有内容，按【Ctrl+C】组合键复制。

（2）打开"Sheet2"工作表，选中A1单元格。

（3）右击，在弹出的快捷菜单中选择【选择性粘贴】→【粘贴为数值】命令。

（4）在"Sheet2"工作表中通过粘贴得到的只是数值，没有公式和格式，如图2-103所示。

图 2-103　选择性粘贴数值

2.3.6　排序

当表格中有大量数据时，为快速直观地了解表格中的数据信息，可以通过排序对数据进行处理。

数据排序的次序有升序和降序，根据排序的条件不同分为单条件排序、多条件排序和自定义排序，排序功能可以通过【开始】或【数据】选项卡打开。

1.　单条件排序

若要直观地查看"素材 2_日常收支统计表.xlsx"的"Sheet2"工作表中水电气费的支出情况，可对"水电气费"列降序排序。

选中"Sheet2"工作表的 J 列（水电气费）中的任意单元格，单击【开始】选项卡中的【排序】下拉按钮，在下拉列表中选择【降序】命令，如图 2-104 所示，得到水电气费从高到低排序的结果，如图 2-105 所示。

图 2-104　降序

2.　多条件排序

如果想查看男、女基本工资从高到低排序的情况，则排序条件有两个，先按照性别排序，性别相同时再按照基本工资的高低排序，这时需要用到【自定义排序】。

（1）选中"Sheet2"工作表中的任意单元格，单击【开始】选项卡中的【排序】下拉按钮，在下拉列表中选择【自定义排序】命令，弹出【排序】对话框。

	A	B	C	D	E	F	G	H	I	J	K
1	工号	姓名	性别	身份证	参工时间	职称	基本工资	奖金	上月结余	水电气费	购物支出
2	010	王伟	男	63282219701	33778	高工	6120	4500	1570	1320	5000
3	007	李俊平	男	31302219870	40719	工程师	3200	2250	1660	1270	4300
4	006	周鹏	男	51162219860	39609	工程师	3900	3100	1140	1210	4200
5	009	马辛革	男	43262619830	38529	工程师	4600	2800	1440	1190	4100
6	005	王欢	女	43150219961	42896	技术员	3000	2300	1470	1160	3650
7	004	肖智燕	女	51132119880	40365	工程师	3600	2280	1500	1120	4350
8	002	张敏	女	51050219740	35247	高工	4900	3200	1650	1030	4650
9	008	罗明静	女	50022519961	42186	技术员	2800	1800	1250	980	3400
10	003	张建华	男	61130419961	43254	技术员	2900	1950	1240	870	3500
11	001	王万曦	女	50010419930	42186	技术员	2850	1500	1400	860	3200

图 2-105 降序排序结果

（2）在【排序】对话框中，【主要关键字】选择"性别"，【次序】选择"升序"。

（3）单击【添加条件】按钮，【次要关键字】选择"基本工资"，【次序】选择"降序"，单击【确定】按钮，如图 2-106 所示。得到男、女基本工资从高到低排序的结果，如图 2-107 所示。

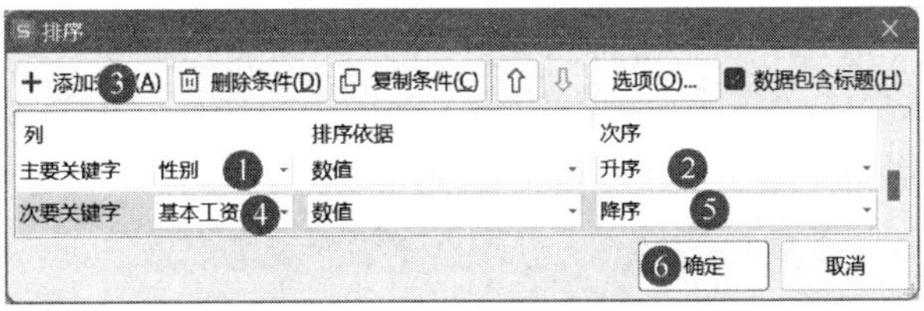

图 2-106 多条件排序

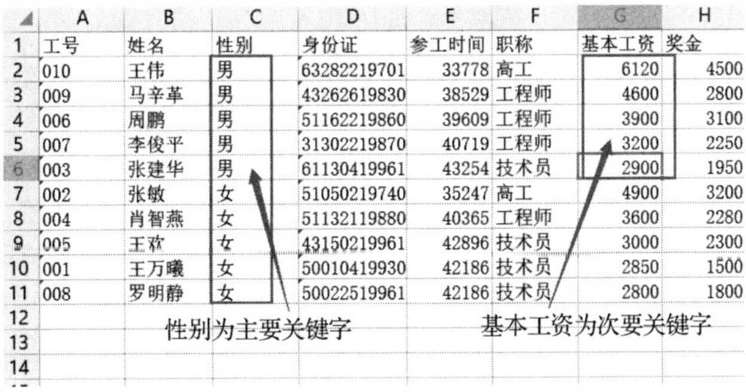

	A	B	C	D	E	F	G	H
1	工号	姓名	性别	身份证	参工时间	职称	基本工资	奖金
2	010	王伟	男	63282219701	33778	高工	6120	4500
3	009	马辛革	男	43262619830	38529	工程师	4600	2800
4	006	周鹏	男	51162219860	39609	工程师	3900	3100
5	007	李俊平	男	31302219870	40719	工程师	3200	2250
6	003	张建华	男	61130419961	43254	技术员	2900	1950
7	002	张敏	女	51050219740	35247	高工	4900	3200
8	004	肖智燕	女	51132119880	40365	工程师	3600	2280
9	005	王欢	女	43150219961	42896	技术员	3000	2300
10	001	王万曦	女	50010419930	42186	技术员	2850	1500
11	008	罗明静	女	50022519961	42186	技术员	2800	1800
12			性别为主要关键字			基本工资为次要关键字		
13								
14								

图 2-107 按性别和基本工资排序的结果

3．自定义序列排序

（1）排序依据。

在表格中，排序依据默认按单元格数值进行升序或降序。在自定义排序中排序依据还可以是单元格颜色、字体颜色和条件格式图标等，如图 2-108 所示。

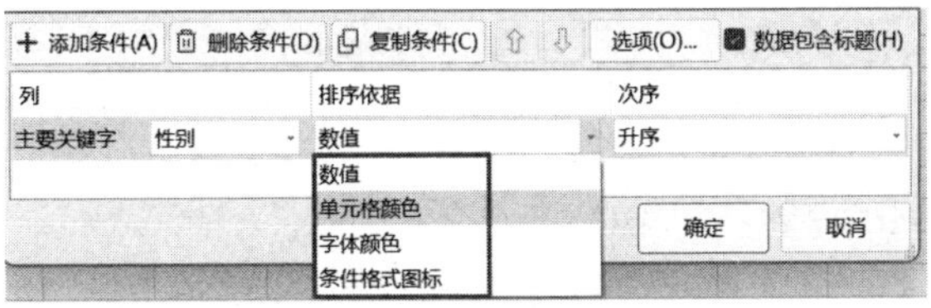

图 2-108 排序依据

（2）次序。

次序可以是升序或降序，也可以是自定义序列。

下面对"Sheet2"工作表中的职称进行排序，排序的次序按照职称的高低为高工、工程师、技术员。

① 选中"Sheet2"工作表中的任意单元格，单击【开始】选项卡中的【排序】下拉按钮，在下拉列表中选择【自定义排序】命令。

② 在弹出的【排序】对话框中，【主要关键字】选择"职称"，【次序】选择【自定义序列】，如图 2-109 所示，单击【确定】按钮。

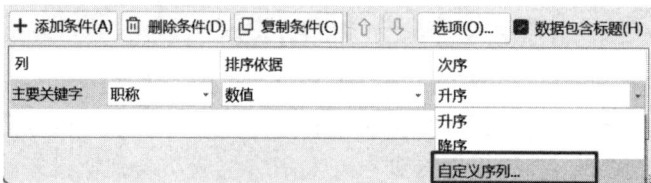

图 2-109　自定义序列

③ 在弹出的【自定义序列】对话框中输入序列"高工、工程师、技术员"，按【Enter】键分隔列表条目，输入完毕单击【添加】按钮，自定义的序列即可添加到左边的序列中，如图 2-110 所示，单击【确定】按钮返回【排序】对话框。

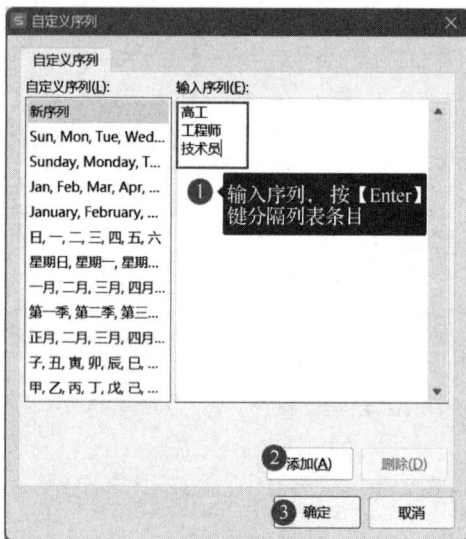

图 2-110　增加排序的序列

④ 这时的次序下拉列表中就有了自定义序列的升序和降序内容，选择合适的排序次序，如图 2-111 所示，单击【确定】按钮，得到按照职称高低的排序结果，如图 2-112 所示。

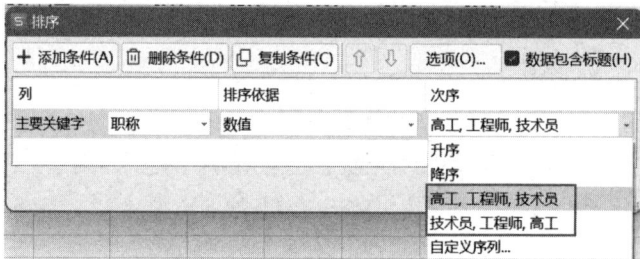

图 2-111　选择自定义序列的排序次序

图 2-112 按照职称高低排序的结果

2.3.7 筛选

当表格中有大量数据时，如果不对数据进行处理，查看起来既费时又费力，使用 WPS 2019 表格中的筛选功能可以从大量的数据中轻松提取有效数据，以便进行分析和处理。

筛选功能分为自动筛选和高级筛选，该功能可以通过【开始】或【数据】选项卡打开。

1. 自动筛选

自动筛选高工的信息。

（1）选中"素材 2_日常收支统计表.xlsx"的"Sheet2"工作表中的任意单元格，单击【开始】选项卡中的【筛选】下拉按钮，在下拉列表中选择【筛选】命令，表头中每个字段的右侧均出现一个下拉按钮，如图 2-113 所示。

图 2-113 出现下拉按钮

（2）单击"职称"下拉按钮，选择"高工"，单击【确定】按钮，如图 2-114 所示，得到高工的筛选结果，如图 2-115 所示。

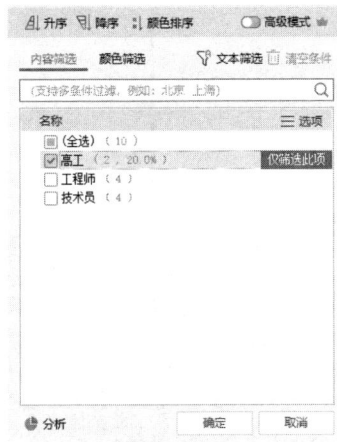

图 2-114 自动筛选条件

图 2-115 自动筛选高工的信息

【小贴士】自动筛选可以按照一个条件筛选，也可以在前一个筛选结果的基础上再按照另一个条件筛选，两个条件是并列的关系。筛选后显示的是满足筛选条件的数据，不满足条件的数据被隐藏。要查看隐藏的数据，可以再次选择【筛选】命令或者单击自动筛选对话框中的【清空条件】按钮，返回原始数据状态。打开自动筛选对话框中右上角的【高级模式】，可以将筛选计数的结果导入新工作表中，具体操作步骤如图 2-116 所示。

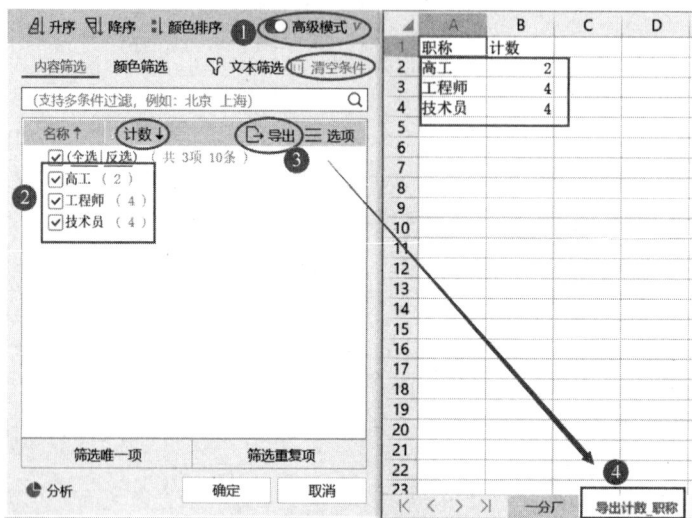

图 2-116　导出筛选计数的结果

默认按照内容筛选，也可以按照颜色、文本或数字筛选。筛选的数据如果是文本，则可以单击【文本筛选】按钮，按照文本的属性自定义条件进行筛选，如图 2-117 所示。

筛选的数据如果是数字，则可以单击【数字筛选】按钮，按照数字的属性自定义条件进行筛选，如图 2-118 所示。

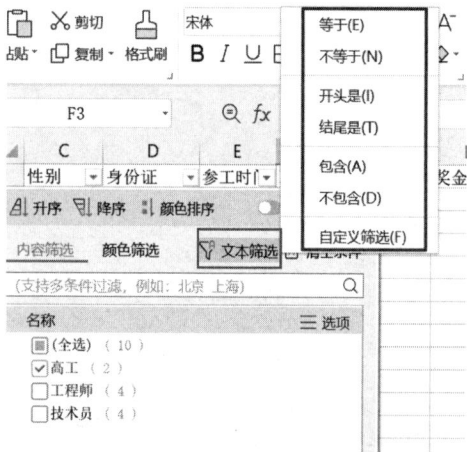

图 2-117　文本筛选条件

图 2-118　数字筛选条件

2. 高级筛选

在表格中对满足简单条件的数据进行筛选时，可以使用自动筛选功能，但在实际工作中往往要筛选满足复杂条件的数据，自动筛选完成不了，这时，可以使用 WPS 2019 表格中提供的高级筛选功能。

下面在"Sheet2"工作表中筛选出职称是"技术员"或奖金<3000 元的职工信息，将结果放在该工作表的 A15 单元格中。操作步骤如下：

（1）在"Sheet2"工作表的 O3 到 P5 单元格空白区域中输入高级筛选的条件，条件区域的标题"职称"和"奖金"与数据表中的标题名称一致。"技术员"和"<3000"两个条件是"或"的关系，不能出现在同一行中，如图 2-119 所示。

（2）选中任意单元格，单击【数据】选项卡中的【筛选】下拉按钮，在下拉列表中选择【高级筛选】命令，在弹出的【高级筛选】对话框中按照如图 2-120 所示的步骤进行操作。

O	P
职称	奖金
技术员	
	<3000

图 2-119　高级筛选条件

图 2-120　设置高级筛选条件

（3）在【高级筛选】对话框中选中【将筛选结果复制到其他位置】单选按钮，列表区域默认已经选中，观察是否正确，可以重新调整。

（4）【条件区域】选择 O3:P5 单元格区域。

（5）【复制到】选择 A15 单元格，单击【确定】按钮，得到高级筛选的结果，如图 2-121 所示。

	工号	姓名	性别	身份证	参工时间	职称	基本工资	奖金	上月结余	水电气费	购物支出
15	工号	姓名	性别	身份证	参工时间	职称	基本工资	奖金	上月结余	水电气费	购物支出
16	009	马辛革	男	43262619830	38529	工程师	4600	2800	1440	1190	4100
17	007	李俊平	男	31302219870	40719	工程师	3200	2250	1660	1270	4300
18	004	肖智燕	女	51132119880	40365	工程师	3600	2280	1500	1120	4350
19	003	张建华	男	61130419961	43254	技术员	2900	1950	1240	870	3500
20	005	王欢	女	43150219961	42896	技术员	3000	2300	1470	1160	3650
21	001	王万曦	男	50010419930	42186	技术员	2850	1500	1400	860	3200
22	008	罗明静	女	50022519961	42186	技术员	2800	1800	1250	980	3400

条件1：技术员　　　　条件2：<3000

图 2-121　高级筛选的结果

【小贴士】当高级筛选的条件为空时，选择不重复的记录后得出的结果相当于去除重复值。

2.3.8　图表

1. 迷你图

迷你图是放入单个单元格中的小型图，每个迷你图代表所选内容中的一行数据。在一个单元格中创建小型图表可快速发现数据变化趋势。这是一种突出显示重要数据趋势的快速且简便的方法，可节省大量时间。

用迷你图在"素材 2_日常收支统计表.xlsx"的"Sheet2"工作表的 L2 单元格中显示每位职工的收支情况。

（1）选中"Sheet2"工作表中的 L2 单元格，单击【插入】选项卡中的【柱形】按钮，如图 2-122 所示。

（2）在【创建迷你图】对话框中，"数据范围"选择 G2 到 K2（G2:K2）单元格区域，单击【确定】按钮，如图 2-123 所示，得到第一位职工的收支迷你图，向下拖动填充柄即可得到所有职工的迷你图。

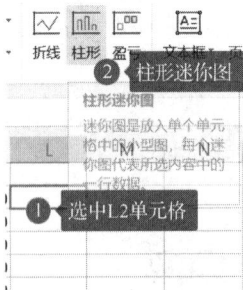

图 2-122　插入迷你图　　　　图 2-123　【创建迷你图】对话框

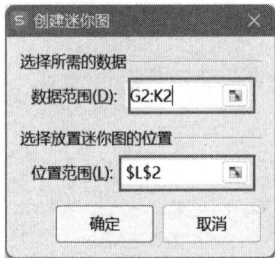

（3）选中迷你图所在的单元格区域，在【迷你图工具】选项卡中依次勾选【高点】和【低点】复选框，如图 2-124 所示。

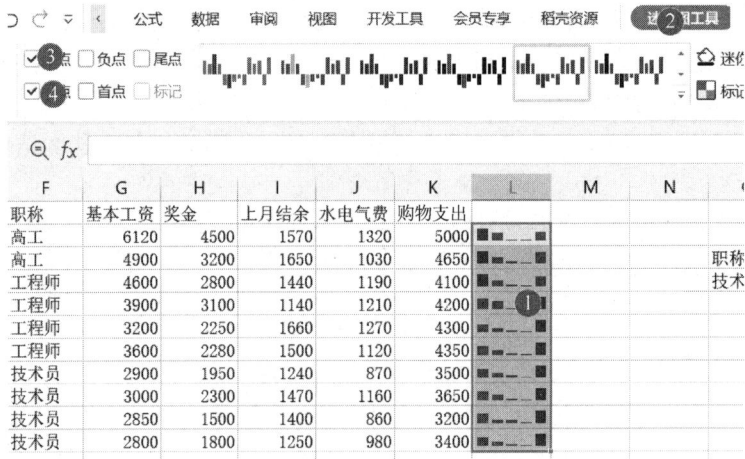

职称	基本工资	奖金	上月结余	水电气费	购物支出			
高工	6120	4500	1570	1320	5000			
高工	4900	3200	1650	1030	4650			职称
工程师	4600	2800	1440	1190	4100			技术
工程师	3900	3100	1140	1210	4200			
工程师	3200	2250	1660	1270	4300			
工程师	3600	2280	1500	1120	4350			
技术员	2900	1950	1240	870	3500			
技术员	3000	2300	1470	1160	3650			
技术员	2850	1500	1400	860	3200			
技术员	2800	1800	1250	980	3400			

图 2-124　迷你图效果

2. 插入和编辑图表

WPS 2019 表格中的图表功能可实现数据的可视化，是进行数据展示的重要工具，共提供 9 种标准图表类型，分别为柱形图、折线图、饼图、条形图、面积图、XY 散点图、股价图、雷达图、组合图等。

（1）插入图表。

插入图表的方法有两种，一种是先选择需要用图表进行展示的数据，再选择插入图表；另一种是使用图表向导创建图表。

下面用第一种方法在"一分厂"工作表中插入柱形图，以展示职工的基本工资和奖金情况，为图表添加标题和数据标签并放在 A23 单元格中。

① 选中"一分厂"工作表中的 B3:B13、G3:G13 和 H3:H13 三个数据区域（选择不连续的数据区域时按住【Ctrl】键不放）。

② 单击【插入】选项卡中的【全部图表】按钮，弹出【图表】对话框。

③ 在【图表】对话框中选择【柱形图】→【簇状柱形图】，如图 2-125 所示，单击【确定】按钮，得到所有职工的基本工资和奖金情况柱形图，如图 2-126 所示。

图 2-125 插入柱形图

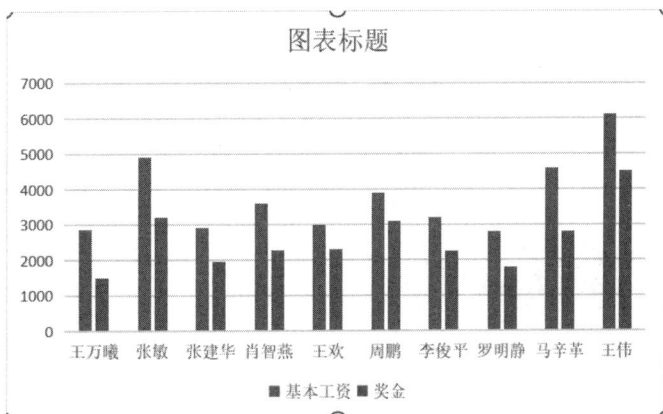

图 2-126 柱形图效果

（2）编辑图表。

图表创建完成后，可以对图表的标题、数据标签、坐标轴、图例、数据表及背景等进行编辑，移动图表位置，改变图表大小等。

① 选中柱形图的"图表标题"，将标题修改为"一分厂基本工资和奖金图"。

② 选中图表，单击【图表工具】选项卡中的【添加元素】下拉按钮，在下拉列表中选择【数据标签】→【数据标签外】命令，为图表添加数据标签，如图 2-127 所示。

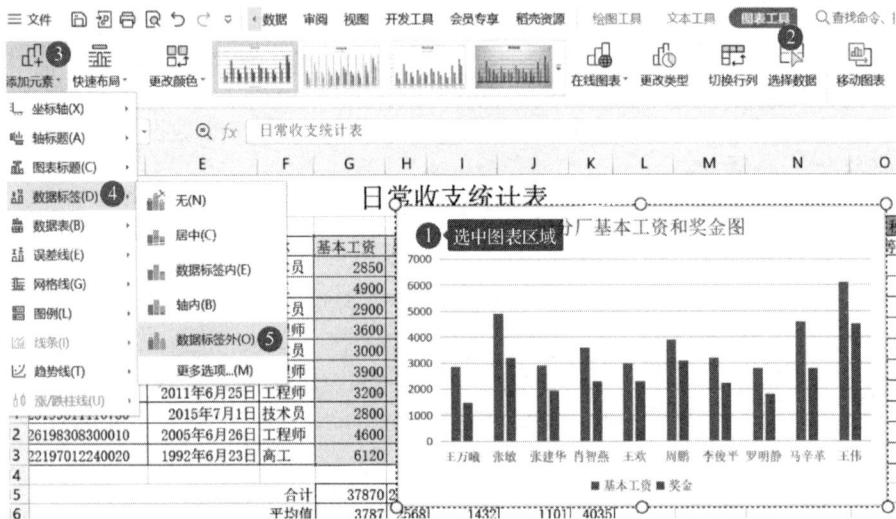

图 2-127　添加数据标签

③ 选中图表，按住【Alt】键不放，将图表放在 A23 单元格中，效果如图 2-128 所示。

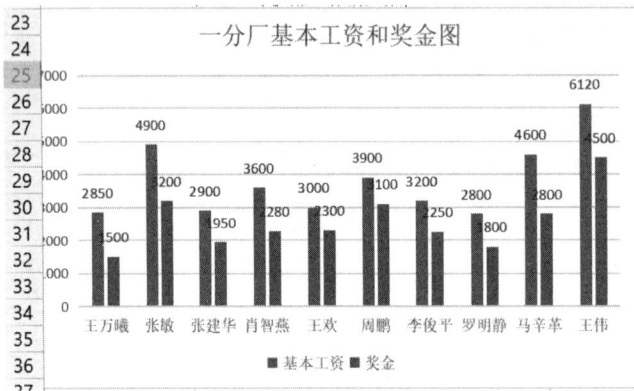

图 2-128　图表效果

2.4　销售订单数据管理

任务描述

只有了解历史才能更好地预测未来。在数据分析中，应该从众多的日常数据中找出规律，或者各个类别的特征，或者一些异常值、极值，预测未来发展趋势，找到原因，或规避或发扬，以数据说话，在管理上精益求精。

　　小张刚到公司就接到经理布置的任务，即将2018—2019年三个书店的销售订单数据进行分析，计算公司的总销售额，分别对各个书店、地区和图书的销售情况进行分析，为将来书店的布局提供决策依据。

　　为快速准确地分析销售订单数据，需要使用WPS 2019表格中提供的高级分析功能，例如，合并计算，将多个表格的数据进行合并，去除重复数据得到精确的数据，对各类数据进行分类、汇总、透视等。

　　案例素材：素材3_销售订单数据.xlsx。

➡ 思路解析

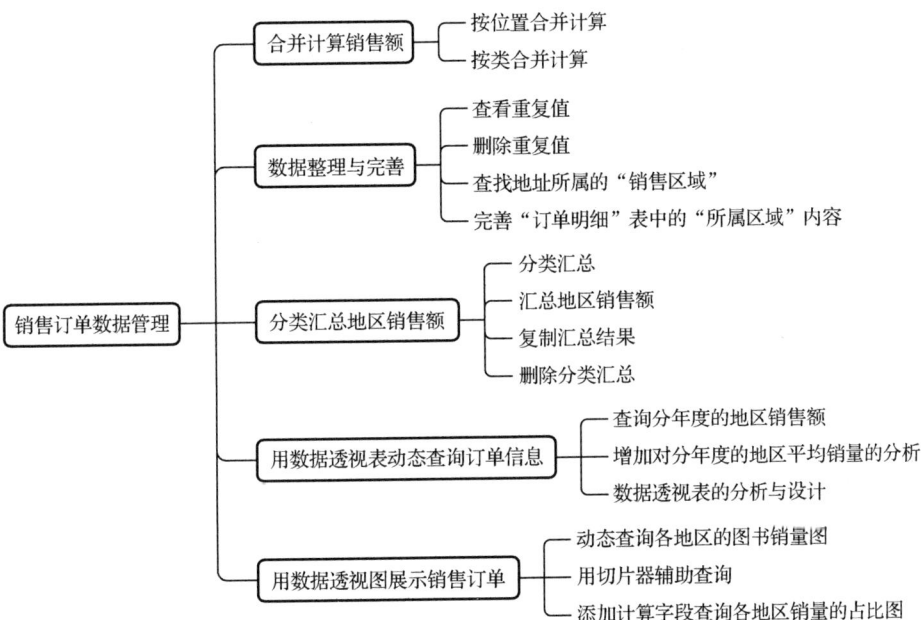

➡ 任务实施

2.4.1　合并计算销售额

合并计算

　　下面通过在"素材3_销售订单数据.xlsx"的"公司销售额"工作表中使用合并计算功能生成公司的销售额汇总表，了解合并计算的方法。

　　合并计算就是组合几个数据区域中的值。在合并计算中，存放合并计算结果的工作表称为目标工作表，其中接收合并数据的区域称为目标区域，被合并的工作表称为源工作表，被合并计算的区域称为源区域。

　　WPS 2019表格中提供了两种合并计算数据的方法，即按位置合并计算和按类合并计算。

1. 按位置合并计算

按位置合并计算数据时，要求在所有源区域中的数据有相同的排列，即从每个源区域中合并计算的数据必须在源区域相同的相对位置上。

（1）打开素材文档“素材 3_销售订单数据.xlsx”。选中“公司销售额”工作表中的 B25 单元格，单击【数据】选项卡中的【合并计算】按钮，弹出【合并计算】对话框。

（2）在该对话框的【函数】中选择“求和”，在【引用位置】中分别添加博达书店的“B$3:$B$19”区域和鼎盛书店的“$F$3:$F$19”区域（【引用位置】中默认都是绝对引用），按照如图 2-129 所示的步骤进行操作，得到两个书店的销售金额合并结果，如图 2-130 所示。

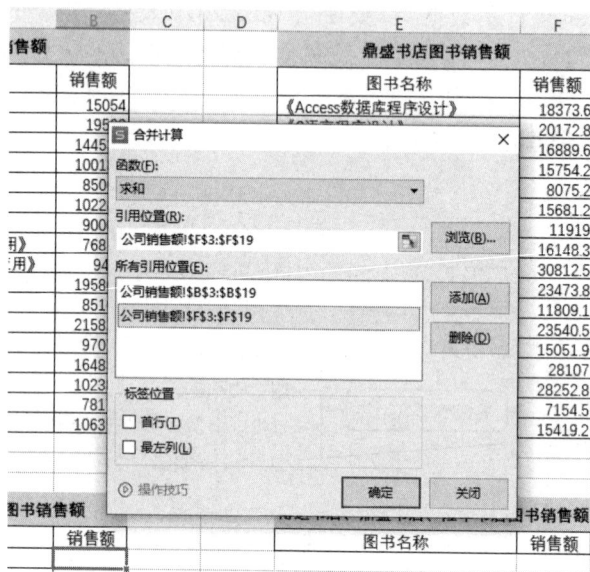

图 2-129　合并计算

博达书店和鼎盛书店图书销售额	
图书名称	销售额
《Access数据库程序设计》	33427.6
《C语言程序设计》	39675.8
《Java语言程序设计》	31343.2
《MS Office高级应用》	25773
《MySQL数据库程序设计》	16581.6
《VB语言程序设计》	25909.8
《操作系统原理》	20919.9
《计算机基础及MS Office应用》	23830.1
《计算机基础及Photoshop应用》	40247.5
《计算机组成与接口》	43054.2
《嵌入式系统开发技术》	20325.7
《软件测试技术》	45123
《软件工程》	24759
《数据库技术》	44590.5
《数据库原理》	38491.2
《网络技术》	14972.1
《信息安全技术》	26054.4

图 2-130　合并计算结果

2. 按类合并计算

如果工作表结构不完全相同，则不能按位置合并计算数据，而应该按类合并计算数据。

按类合并计算时，必须包含行或列标志，如果分类标志在顶端行，则勾选【首行】复选框，如果分类标志在最左列，则勾选【最左列】复选框，也可以同时勾选这两个复选框。标志区分大小写。

（1）打开素材文档"素材 3_销售订单数据.xlsx"。选中"公司销售额"工作表中的 E24 单元格，单击【数据】选项卡中的【合并计算】按钮，弹出【合并计算】对话框。

（2）在该对话框的【函数】中选择"求和"，在【引用位置】中分别添加博达书店的"$A$2:$B$19"区域、鼎盛书店的"$E$2:$F$19"区域和隆华书店的"$I$2:$J$17"区域，在【标签位置】中依次勾选【首行】和【最左列】复选框，单击【确定】按钮，如图 2-131 所示，得到三家书店的销售金额合并结果，如图 2-132 所示。

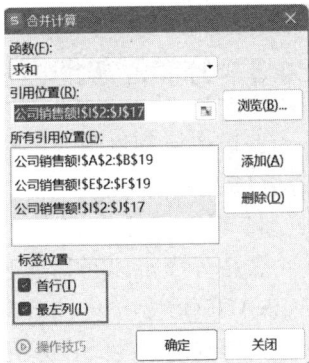

图 2-131　按类合并计算

图 2-132　按类合并计算结果

【小贴士】所有具有相同表结构且可以按位置合并计算的均可以按类合并计算。

2.4.2　数据整理与完善

在进行数据分析之前，需要对原始数据进行整理，因为，对不规范的数据进行分析所得出的结果没有意义。

更多数据整理与完善的功能介绍与操作，可扫描二维码进行拓展学习。

数据整理与完善

2.4.3 分类汇总地区销售额

分类汇总地区销售额

要快速得到各个区域的销售额，并将结果复制到新工作表中，可以借助分类汇总功能来实现。

1. 分类汇总

表格分类汇总是指通过使用 SUBTOTAL()函数与汇总函数（包括 SUM()、COUNT()和 AVERAGE()函数），一起计算得到的分级显示列表，可以显示和隐藏每个分类汇总的明细行。

为得到准确的统计分析结果，进行分类汇总之前，要注意以下两个要求：

① 分类汇总的区域不包含任何空白行或空白列；

② 要对包含用作分组依据的数据的列进行排序。

2. 汇总地区销售额

（1）打开素材文档"素材 3_销售订单数据.xlsx"，选中"订单明细"工作表的 H 列"所属区域"中的任意单元格，单击【数据】选项卡中的【排序】下拉按钮，在下拉列表中选择【升序】命令，得到按照地区排序的"订单明细"工作表。

（2）选中该"订单明细"工作表的数据区域中的任意单元格，单击【数据】选项卡中的【分类汇总】按钮，如图 2-133 所示，弹出【分类汇总】对话框。

图 2-133 分类汇总

（3）在【分类汇总】对话框的【分类字段】中选择"所属区域"，在【汇总方式】中选择"求和"，在【选定汇总项】中勾选【销售额小计】复选框，其他保持默认设置，单击【确定】按钮，如图 2-134 所示，得到各地区销售额的分类汇总结果，如图 2-135 所示。

图 2-134 【分类汇总】对话框

图 2-135 分类汇总结果

（4）若只显示分类汇总和总计的结果，可单击行编号旁边的分级显示符号"1、2、3"或使用"+"和"–"符号来显示或隐藏各个分类汇总的明细数据行，如图 2-136 所示。

图 2-136 分类汇总分级显示数据

【小贴士】

在【分类汇总】对话框中，在【汇总方式】中有求和、平均值、最大值、最小值等计算分类汇总的汇总函数。在【选定汇总项】中，对于包含要计算分类汇总的值的每个列，可以勾选多个复选框。如果想按照每个分类汇总自动分页，则勾选【每组数据分页】复选框；如果指定汇总行位于明细行的上面，则取消对【汇总结果显示在数据下方】复选框的勾选；如果指定汇总行位于明细行的下面，则勾选【汇总结果显示在数据下方】复选框。

---

3. 复制汇总结果

（1）选择分级显示列表中的"2"，隐藏各个地区的明细数据。

（2）选中需要复制的汇总结果数据，单击【开始】选项卡中的【查找】下拉按钮，在下拉列表中选择【定位】命令，弹出【定位】对话框（快捷键为【Ctrl+G】），如图 2-137 所示。

图 2-137 定位条件

（3）在【定位】对话框的【定位】选项卡中选中【可见单元格】单选按钮，单击【定位】按钮，这时选择的数据是汇总数据，不包含明细数据，否则直接选中数据复制的话，复制的不是汇总数据，而是包含明细数据的所有数据（选择可见单元格数据的快捷键为【Alt+;】）。

（4）复制可见单元格，并粘贴到新工作表中。将新工作表命名为"地区销售额"，并保存，如图2-138所示。

图2-138　复制可见单元格结果

4．删除分类汇总

（1）打开"订单明细"工作表，单击【数据】选项卡中的【分类汇总】按钮，弹出【分类汇总】对话框。

（2）在【分类汇总】对话框中单击左下角的【全部删除】按钮，如图2-139所示，删除分类汇总的汇总结果，恢复原始数据。

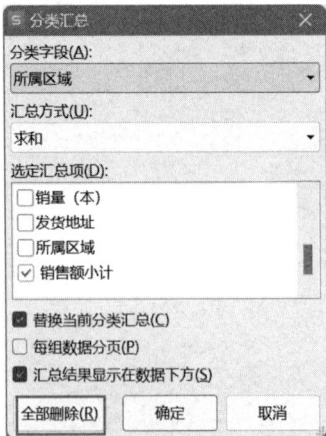

图2-139　【分类汇总】对话框

数据透视表

2.4.4　用数据透视表动态查询订单信息

在"订单明细"工作表中查询分年度的地区总销售额和平均销售量，查询季度总销售额和平均销售量，并用动态图表展示。

在数据管理中，如果按照一个字段汇总，使用分类汇总是不错的方法。但是，分类汇总必须先排序，会改变数据的顺序，如果需要按多个字段进行汇总，随意布局，使用分类汇总就会出现问题，而数据透视表可以轻松解决这些问题。

数据透视表是一种对大量数据进行快速汇总和建立交叉列表的交互式报表，不仅可以转换行和列以显示源数据的不同结果，也可以显示不同页面以筛选数据，还可以根据用户的需要显示区域的细节数据。

1. 查询分年度的地区销售额

（1）打开素材文档"素材3_销售订单数据.xlsx"，选中"订单明细"工作表中的任意单元格，单击【插入】选项卡或【数据】选项卡中的【数据透视表】按钮，如图2-140所示，弹出【创建数据透视表】对话框。

图2-140　插入数据透视表

（2）在该对话框中，在【请选择要分析的数据】的【请选择单元格区域】中选中需要分析的数据区域"订单明细!$A$2:$I$647"，其他保持默认设置，单击【确定】按钮，如图2-141所示，会出现一个新工作表并在新工作表的A3单元格中出现一个空白的数据透视表，如图2-142所示，同时，在窗口的右侧打开【数据透视表字段】列表。

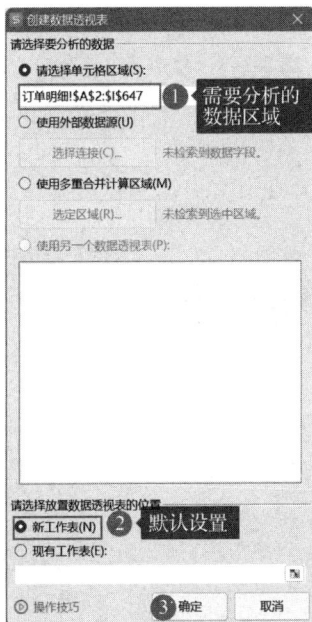

图2-141　【创建数据透视表】对话框

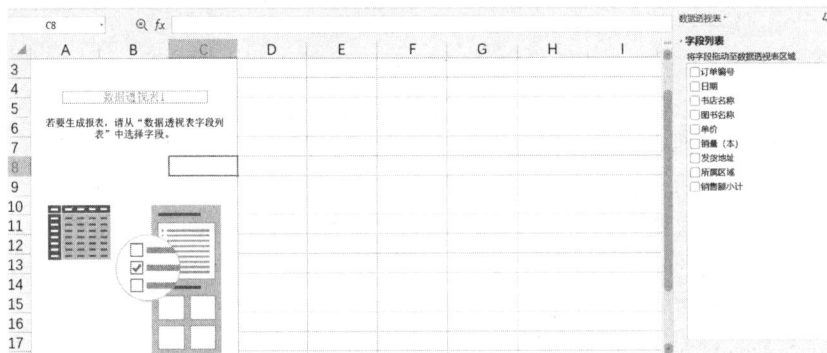

图 2-142　空白数据透视表

（3）将该窗格的【字段列表】中的"日期"字段拖动到"行"区域，"所属区域"字段拖动到"列"区域，"销售额小计"字段拖动到"Σ值"区域，如图 2-143 所示，得到各个日期对应地区的销售额。

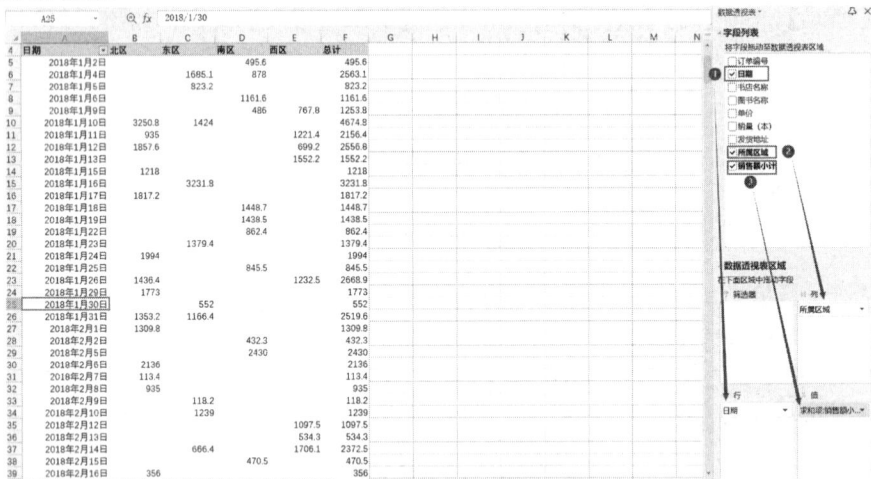

图 2-143　数据透视表布局

（4）选中"数据透视表"中的任意日期，右击，在弹出的快捷菜单中选择【组合】命令，在弹出的对话框中，【步长】选择"月"和"年"，单击【确定】按钮，如图 2-144 所示，得到按照年、月汇总的地区总销售额，如图 2-145 所示。

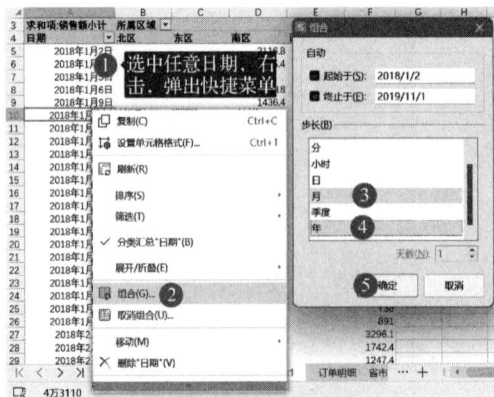

图 2-144　数据透视表组合

图 2-145　按照年、月汇总的地区总销售额

（5）选中"数据透视表"中的任意日期，右击，在弹出的快捷菜单中选择【组合】命令，在弹出的对话框中，【步长】选择"季度"和"年"，单击【确定】按钮，得到按照季度和年汇总的地区总销售额，如图 2-146 所示。

图 2-146　按照季度和年汇总的地区总销售额

2．增加对分年度的地区平均销量的分析

要增加对地区年平均销量的分析，只需将销量字段拖动到对应的区域，将"更改值字段"设置为"平均值"，如图 2-147 所示。

图 2-147　增加销量汇总

　　汇总计算类型包括求和、平均值、最大值、最小值、计数等，默认文本类型的字段是计数，数字汇总的方式是求和。

　　（1）选中"数据透视表"的字段中的"销量（本）"，并拖动到"Σ值"区域，在数据透视表中增加销量的分析字段。

　　（2）单击"Σ值"区域的"求和项：销量（本）"下拉按钮，在下拉列表中选择【值字段设置】命令，在弹出的【值字段设置】对话框中，计算类型选择"平均值"，单击【确定】按钮，得到各地区的年平均销量分析结果，如图 2-148 所示。

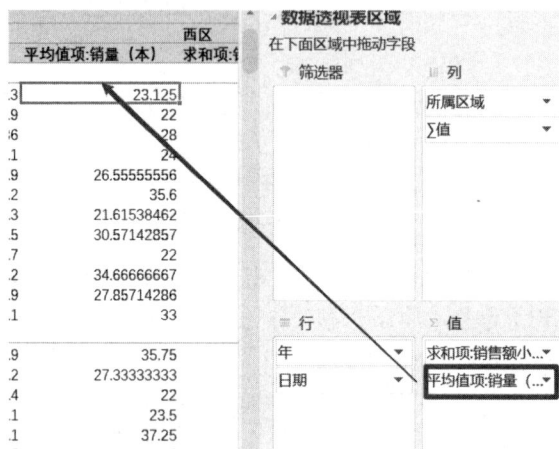

图 2-148　各地区的年平均销量分析结果

3. 数据透视表的分析与设计

　　插入数据透视表后，WPS 2019 表格会自动打开数据透视表【分析】和【设计】两个选项卡。

　　在数据透视表【分析】选项卡中，如图 2-149 所示，可对数据透视表进行字段设置、组合、筛选、更改数据源、清除、移动、增加计算、插入数据透视图、插入切片器等操作。

图 2-149　数据透视表【分析】选项卡

　　在数据透视表【设计】选项卡中，如图 2-150 所示，可对数据透视表进行布局调整、设置样式、套用自动样式等操作。

图 2-150　数据透视表【设计】选项卡

2.4.5　用数据透视图展示销售订单

　　数据透视表可对数据进行分析和重新布局，分析的结果可以通过数据透视图进行可视化展示。

想获取更多数据透视图的使用方法，可扫描二维码进行拓展学习。

用数据透视图
展示销售订单

练　习

一、单选题

1．在 WPS 2019 表格中，"成绩单"工作表中包含 20 名同学成绩，C 列为成绩值，第一行为标题行，在不改变行列顺序的情况下，在 D 列统计成绩排名，最优的操作方法是（　　）。

  A．在 D2 单元格中输入"=RANK(C2,$C2:$C21)"，然后拖动该单元格的填充柄到 D21 单元格

  B．在 D2 单元格中输入"=RANK(C2,C$2:C$21)"，然后向下拖动该单元格的填充柄到 D21 单元格

  C．在 D2 单元格中输入"=RANK(C2,$C2:$C21)"，然后双击该单元格的填充柄

  D．在 D2 单元格中输入"=RANK(C2,C$2:C$21)"，然后双击该单元格的填充柄

2．在 WPS 2019 表格中，要在工作表的多个不相邻的单元格中输入相同的数据，最优的操作方法是（　　）。

  A．在其中一个位置输入数据，然后逐次将其复制到其他单元格

  B．在输入区域最左上方的单元格中输入数据，双击填充柄，将其填充到其他单元格

  C．同时选中所有不相邻的单元格，在活动单元格中输入数据，然后按【Ctrl+Enter】组合键

  D．在其中一个位置输入数据，将其复制后，利用【Ctrl】键选择其他全部输入区域，然后粘贴内容

3．小王在 WPS 2019 表格中整理职工档案，希望"性别"列只能从"男""女"两个值中选择，否则系统提示错误信息，最优的操作方法是（　　）。

  A．通过 IF()函数进行判断，控制"性别"列的输入内容

  B．请同事帮忙进行检查，错误内容用红色标记

  C．设置条件格式，标记不符合要求的数据

  D．设置数据有效性，控制"性别"列的输入内容

4．在 WPS 2019 表格中，将工作表的 A1 单元格中的公式 SUM(B$2:C$4)复制到 B18 单元格后，原公式将变为（　　）。

  A．SUM(C$19:D$19)   B．SUM(B$19:C$19)

  C．SUM(C$2:D$4)   D．SUM(B$2:C$4)

5．下列对 WPS 2019 表格中提供的高级筛选功能的说法，正确的是（　　）。

  A．高级筛选通常需要在工作表中设置条件区域

  B．利用【数据】选项卡的【筛选】下拉列表中的【筛选】命令可进行高级筛选

  C．高级筛选前必须对数据进行排序

  D．高级筛选就是自定义筛选

6．在 WPS 2019 表格的工作表中，编码与分类信息以"编码|分类"的格式显示在一个数据列内，若将编码与分类分为两列显示，最优的操作方法是（　　）。

  A．重新在两列中分别输入编码列和分类列，将原来的编码与分类列删除

B．将编码与分类列在相邻位置复制一列，将一列中的编码删除，另一列中的分类删除

C．使用文本函数将编码与分类信息分开

D．在编码与分类列的右侧插入一空列，然后利用 WPS 2019 表格中提供的分列功能将其分开

7．小王要将一份通过 WPS 2019 表格整理的调查问卷统计结果送交经理审阅，这份调查问卷包含统计结果和中间数据两个工作表。他希望经理无法看到其存放中间数据的工作表，最优的操作方法是（　　）。

A．将存放中间数据的工作表删除

B．将存放中间数据的工作表移动到其他工作簿并保存

C．将存放中间数据的工作表隐藏，然后设置保护工作簿结构

D．将存放中间数据的工作表隐藏，然后设置保护工作表隐藏

8．在 WPS 2019 表格中，若要在一个单元格中输入两行数据，最优的操作方法是（　　）。

A．将单元格设置为"自动换行"，并适当调整列宽

B．输入第一行数据后，按【Enter】键换行

C．输入第一行数据后，按【Alt+Enter】组合键换行

D．输入第一行数据后，按【Shift+Enter】组合键换行

9．在 WPS 2019 表格中，需要展示公司各部门的销售额占比情况，比较合适的图表是（　　）。

A．雷达图　　　　　　B．条形图　　　　　　C．饼图　　　　　　D．柱形图

10．高一年级各班的成绩分别保存在独立的工作簿中，教师需要将这些数据合并到一个工作簿中统一管理，最优的操作方法是（　　）。

A．使用插入对象功能　　　　　　　　　B．使用合并表格功能

C．使用移动或复制工作表功能　　　　　D．使用【复制】【粘贴】命令

11．在 WPS 2019 表格中，公司的"报价单"工作表使用公式引用了商业数据，发送给客户时需要只呈现计算结果而不保留公式细节，错误的说法是（　　）。

A．将"报价单"工作表输出为 PDF 格式文件

B．通过工作表标签右键菜单的【移动或复制工作表】命令，将"报价单"工作表复制到一个新的文件中

C．复制原文件中的计算结果，以"粘贴为数值"的方式，把结果粘贴到空白报价单中

D．将"报价单"工作表输出为图片

12．在 WPS 2019 表格中，工作表中的 C 列保存了 11 位手机号码信息，为保护个人隐私，要将手机号码的后 4 位均用*表示。以 C3 单元格为例，可以实现的公式是（　　）。

A．=MID (C3,8,4,"****")　　　　　　B．=REPLACE (C3,8,4,"****")

C．=REPLACE (C3,7,4,"****")　　　　D．=MID (C3,7,4,"****")

13．在 WPS 2019 表格中，如果工作表的某单元格中有公式"=销售情况!A5"，则其中的"销售情况"是指（　　）。

A．单元格区域名称　　　　　　　　　B．单元格名称

C．工作簿名称　　　　　　　　　　　D．工作表名称

14．在 WPS 2019 表格中，某单元格公式的计算结果应为一个大于 0 的数，但却显示了错误信息"####"。要使结果正常显示，且不影响该单元格中的数据内容，应进行的操作是（　　）。

A．加大该单元格所在行的行高　　　　B．加大该单元格所在列的列宽

C．重新输入公式   D．使用【复制】命令

二、多选题

1．WPS 2019 表格的工作簿视图包括（   ）。

A．普通视图   B．分页预览   C．页面布局   D．自定义视图

2．在 WPS 2019 表格中，如果单元格中的值大于 0，则在本单元格中显示"已完成"；如果单元格中的值小于 0，则在本单元格中显示"未开始"；如果单元格中的值等于 0，则在本单元格中显示"进行中"，操作方法是（   ）。

A．使用 IF()函数

B．通过自定义单元格格式，设置数据的显示方式

C．使用条件格式命令

D．使用自定义函数

3．某公司需要在 WPS 2019 表格中统计各类商品的全年销量冠军，可以用的操作方法是（   ）。

A．在销量表中直接找到每类商品的销量冠军，并用特殊的颜色标记

B．分别对每类商品的销量进行排序，将销量冠军用特殊的颜色标记

C．通过自动筛选功能，分别找出每类商品的销量冠军，并用特殊的颜色标记

D．通过设置条件格式，分别标出每类商品的销量冠军

4．在 WPS 2019 表格中，以下公式书写正确的是（   ）。

A．=SUM(B3:E3)*$F$3   B．=SUM(B3:3E)*F3

C．=SUM(B3:$E3)*F3   D．=SUM(B3:E3)*F$3

5．可以在 WPS 2019 表格的工作表中插入的迷你图类型有（   ）。

A．迷你盈亏图   B．迷你折线图   C．迷你散点图   D．迷你柱形图

三、判断题

1．在工作表的单元格中输入公式时，F$2 的单元格引用方式称为混合地址引用。（   ）

2．对数据进行分类汇总时，不需要对数据进行排序。（   ）

3．迷你图中可以显示数据的高点（最高值）、低点（最低值）、首点（第一个值）、尾点（最后一个值）、负点（负数值）和标记（所有数据点）。（   ）

4．创建数据透视表时，源数据表中可以有空行。（   ）

5．工作表删除后可以恢复。（   ）

项目 3

演示文稿制作

项目介绍

演示文稿制作是信息化办公的重要组成部分。借助演示文稿制作工具，可以快速制作出图文并茂、富有感染力的演示文稿，并且可以通过图片、视频和动画等多媒体形式展现复杂的内容，从而使表达的内容更容易理解。本项目主要介绍 WPS 2019 演示的基础应用、演示文稿制作、动画设计、母版制作和使用、演示文稿放映和输出等内容。

任务安排

3.1 WPS 2019 演示的基本操作

3.2 WPS 2019 演示的基本制作

3.3 WPS 2019 演示的幻灯片美化

学习目标

● 了解演示文稿的应用场景，以及相关工具的功能、操作界面和制作流程。

● 掌握演示文稿的创建、打开、保存、退出等基本操作。

● 掌握演示文稿不同视图方式的应用方法。

● 掌握幻灯片的创建、移动、复制、删除等基本操作。

● 了解幻灯片的设计及布局原则，掌握智能美化功能的使用方法。

● 掌握在幻灯片中插入各类对象的方法，如文本框、图形、图片、表格、音频、视频等对象。

● 理解幻灯片母版的概念，掌握幻灯片母版、备注母版的编辑及应用方法。

● 掌握幻灯片切换中进入、强调、退出、路径、绘制自定义路径等动画的应用方法。

● 掌握幻灯片对象动画的设置方法，以及智能动画、超链接、动作按钮及触发器的应用方法。

● 了解幻灯片的放映类型，会使用排练计时进行放映。
● 掌握幻灯片不同格式的输出方法。

3.1 WPS 2019 演示的基本操作

➡ 任务描述

演示文稿是由文字、图片、形状、音频、视频等对象构成的，配合动画效果可以放映的电子文档。无论是教师授课、学生竞聘、工作汇报还是企业宣传都离不开它。

通过下面的学习，要求同学们了解演示文稿的应用场景，以及相关工具的功能、操作界面和制作流程；掌握演示文稿的创建、打开、保存、退出等基本操作；掌握演示文稿不同视图方式的应用方法；了解 WPS 2019 演示的特殊功能；掌握幻灯片的创建、移动、复制、删除等基本操作。

➡ 思路解析

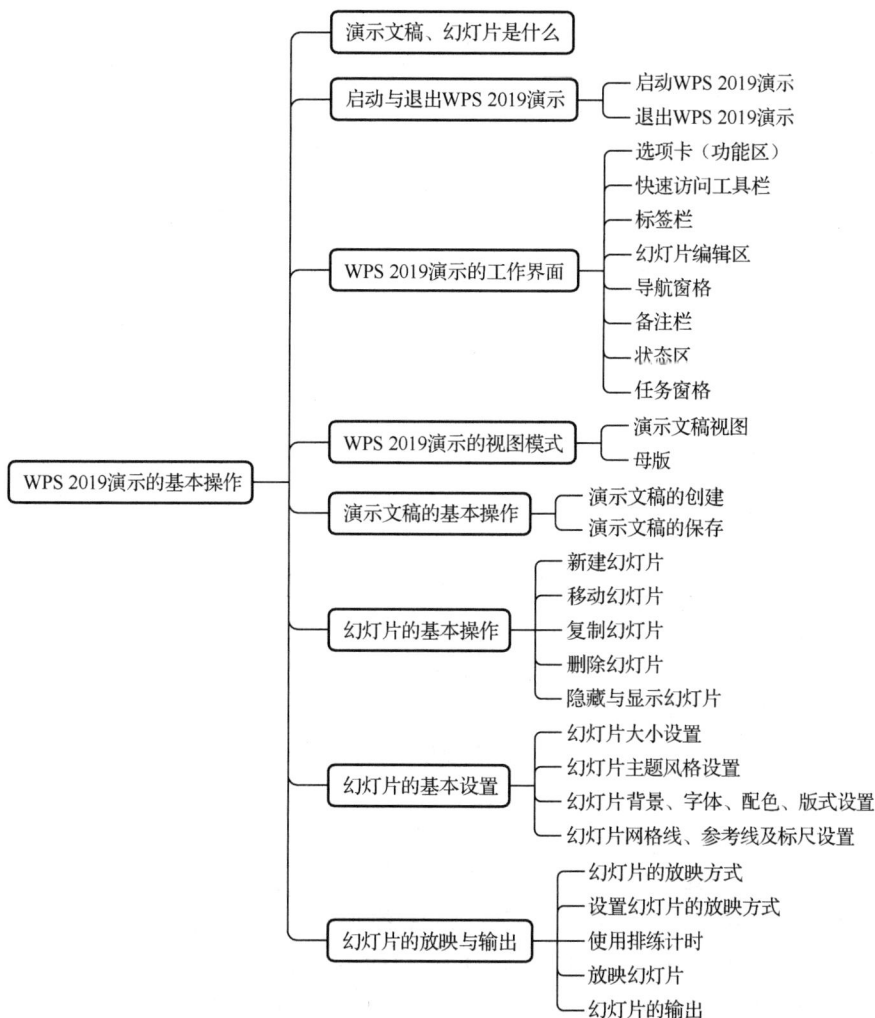

➡ **任务实施**

3.1.1 演示文稿、幻灯片是什么

演示文稿是由文字、图片、形状、音频、视频等对象构成的，配合动画效果可以放映的电子文档。

幻灯片是指演示文稿中每页。在制作演示文稿时，用户要把文字、图片、形状、表格、音频、视频等对象放在幻灯片上，由一套幻灯片组成一个演示文稿。

WPS 2019 演示是金山公司开发的演示文稿制作软件。用户可以在投影仪或计算机上展示演示文稿，也可以将演示文稿打印出来，制作成胶片，以便应用到其他领域中。利用 WPS 2019 演示不仅可以创建演示文稿，还可以在互联网上召开面对面会议、远程会议或在网上给观众展示演示文稿。除了 WPS 2019 演示，还有 Focusky、Keynote、PowerPoint 等演示文稿制作软件。

通过 WPS 2019 演示制作出来的东西叫演示文稿，它是一个文件，其文件名后缀为".dps"，也可以保存为".ppt"或".pptx"文件，还可以保存为".pdf"图片格式或视频格式等。演示文稿中的每页叫幻灯片，每张幻灯片都是演示文稿中既相互独立又相互联系的内容。

一套完整的演示文件一般包括片头动画，演示文稿封面、前言、目录、过渡页、图表页、图片页、文字页、封底，片尾动画等，所采用的素材有文字、图片、图表、动画、声音、视频等。近年来，我国多媒体演示文稿的应用水平逐步提高，应用领域越来越多。多媒体演示文稿正成为人们工作生活的重要组成部分，在工作汇报、企业宣传、产品推介、婚礼庆典、项目竞标、管理咨询等领域发挥重要作用。

3.1.2 启动与退出 WPS 2019 演示

1. 启动 WPS 2019 演示

启动 WPS 2019 演示的方法有以下四种。

方法一：选择【开始】菜单中的【WPS Office】。

方法二：双击桌面上 WPS Office 应用程序的快捷方式图标。

方法三：在桌面空白处右击，在弹出的快捷菜单中选择【新建】命令，在子菜单中选择【PPT 演示文稿】或【PPTX 演示文稿】命令，然后双击打开该文件。

方法四：直接双击要打开的 WPS 演示文稿。

2. 退出 WPS 2019 演示

退出 WPS 2019 演示的方法很多，常用的方法有以下三种。

方法一：选择【文件】菜单中的【退出】命令。

方法二：单击标签栏最右端的【关闭】按钮。

方法三：使用快捷键【Alt+F4】。

当 WPS 演示文稿退出时，若演示文稿改动后没有保存，系统会询问在退出之前是否要保存这些文档。单击【是】按钮，保存修改后的当前演示文稿并退出；单击【否】按钮，不保存本次修改并退出；单击【取消】按钮或按【Esc】键，取消本次退出操作。

3.1.3 WPS 2019 演示的工作界面

启动 WPS 2019 演示后，进入其工作界面，该界面主要由选项卡（功能区）、快速访问工具栏、标签栏、编辑区、导航窗格、备注栏、状态区和任务窗格等组成，如图 3-1 所示。

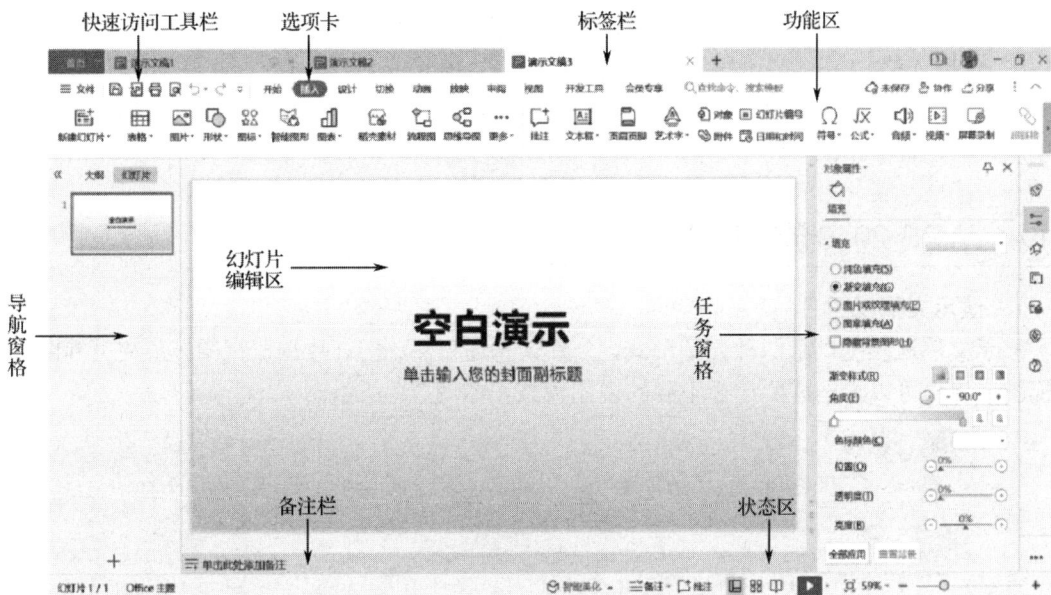

图 3-1 WPS 2019 演示的工作界面

1. 选项卡（功能区）

选项卡位于标签栏的下方，有开始、插入、设计、切换、动画、放映、审阅、视图选项卡，以及开发工具等。选项卡是对下一级工具的索引，功能区有该选项卡下的具体命令，包括多个组，每个组中又包括多个命令按钮。

2. 快速访问工具栏

程序窗口左上角为快速访问工具栏，用于显示常用的工具。在默认情况下，快速访问工具栏中有保存、打印、打印预览、撤销、恢复五个快捷按钮，用户还可以根据需要进行添加。单击某个按钮即可实现相应的功能。

3. 标签栏

WPS 2019 为每个文档都建立了一个独立的标签。标签栏主要由标题和窗口关闭按钮组成。标题用于显示当前编辑的演示文稿名称，关闭按钮用于关闭当前打开的文档。

4. 幻灯片编辑区

WPS 2019 演示工作界面中间的白色区域为幻灯片编辑区，该部分是演示文稿的核心部分，主要用于显示和编辑当前显示的幻灯片。

5. 导航窗格

导航窗格位于幻灯片编辑区的左侧，用于显示演示文稿的幻灯片数量及位置。

6. 备注栏

备注栏位于幻灯片编辑区的下方，通常用于为幻灯片添加注释说明，如幻灯片的内容摘要等。将鼠标指针放在视图区或备注窗格与幻灯片编辑区之间的窗格边界线上，拖动鼠标可调整窗格的大小。

7. 状态区

状态栏位于工作界面的底部，用于显示当前幻灯片的页面信息。状态区右侧有视图按钮和缩放比例按钮，用鼠标拖动状态区右侧的缩放比例滑块，可以调节幻灯片的显示比例。单击状态区左侧的按钮，可以使幻灯片显示比例自动适应当前窗口的大小。

8. 任务窗格

在设置某些对象属性时，单击功能区右下角的功能按钮，会在幻灯片编辑区的右侧出现该对象属性的设置窗格或帮助中心。

3.1.4 WPS 2019 演示的视图模式

1. 演示文稿视图

演示文稿视图提供了四种视图模式，分别为普通视图、幻灯片浏览视图、备注页视图和阅读视图，用户可以根据需要选择不同的视图模式，如图 3-2 所示。

图 3-2 演示文稿视图模式

（1）普通视图。

普通视图是 WPS 2019 演示的默认视图模式，包含大纲窗格、幻灯片窗格和备注窗格三种窗格。这些窗格可以让用户在同一位置使用演示文稿的各种特征。拖动窗格的边框可以调整窗格的大小。

（2）幻灯片浏览视图。

在幻灯片浏览视图中，可以在屏幕上同时看到演示文稿中的所有幻灯片，这些幻灯片是以缩略图方式整齐地显示在同一窗口中的，可以很容易地在幻灯片之间添加、删除和移动幻灯片的前后顺序，以及进行幻灯片之间的动画切换。

（3）备注页视图。

备注页视图主要用于为演示文稿中的幻灯片添加备注内容或对备注内容进行编辑和修改，在该视图模式下无法对幻灯片的内容进行编辑。切换到备注页视图后，页面上方显示当前幻灯片的内容缩略图，下方显示备注内容占位符，单击该占位符，向占位符中输入内容，即可为幻灯片添加备注内容。

（4）阅读视图。

阅读视图是对演示文稿中的幻灯片进行放映的视图模式，在阅读视图中不能对幻灯片内容进行编辑和修改。

2. 母版

母版是幻灯片层次结构中的顶层幻灯片，它存储有关演示文稿的主题和幻灯片版式的所有信息，包括背景、颜色、字体、效果、占位符大小和位置。当用户需要快速对每页幻灯片设置

Logo、名称、日期等相同元素时，可以使用母版对演示文稿中的每张幻灯片进行统一的样式更改，以提高工作效率。

选择【视图】选项卡，可以在该功能区中看到三种母版，即幻灯片母版、讲义母版、备注母版，如图 3-3 所示。

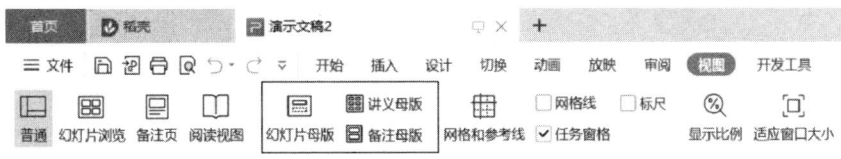

图 3-3　三种母版

（1）幻灯片母版。

幻灯片母版是存储有关应用的设计模板信息的幻灯片，包括字形、占位符大小或位置、背景设计和配色方案。单击【幻灯片母版】按钮，进入幻灯片母版视图，在这里可以对幻灯片母版进行编辑。

该视图的顶端第一个大的页面称为母版或者总版，下面小一些的页面，都是基于这个母版的幻灯片母版版式（与幻灯片版式对应）。幻灯片母版一般有多种版式，幻灯片母版上的设计变化会同步到其下所有版式，如图 3-4 所示。

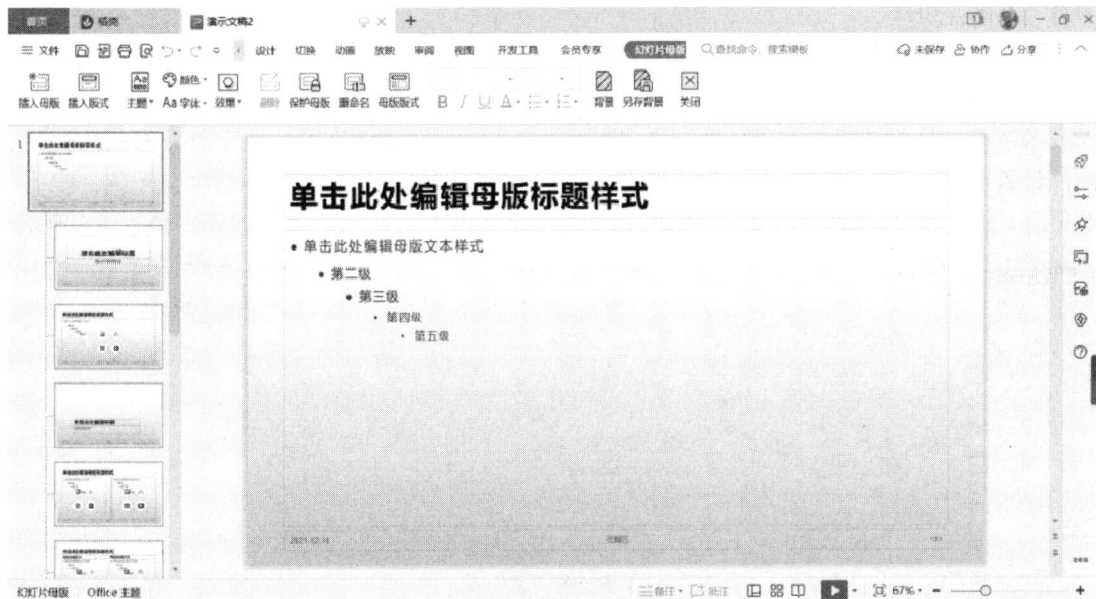

图 3-4　幻灯片母版

用户可以根据需要插入新的幻灯片母版，或者在当前幻灯片母版下插入需要的版式。在默认的母版及其下各版式中，有各种类型的占位符（标题占位符、文本占位符、竖排文字占位符、内容占位符、图片占位符），用户可以根据需要增加、删除、修改这些占位符。

（2）讲义母版。

讲义母版用来设置演示文稿打印成讲义时的外观，如讲义的方向、幻灯片的大小、每页讲义幻灯片的数量、页眉和页脚等的设置，如图 3-5 所示。

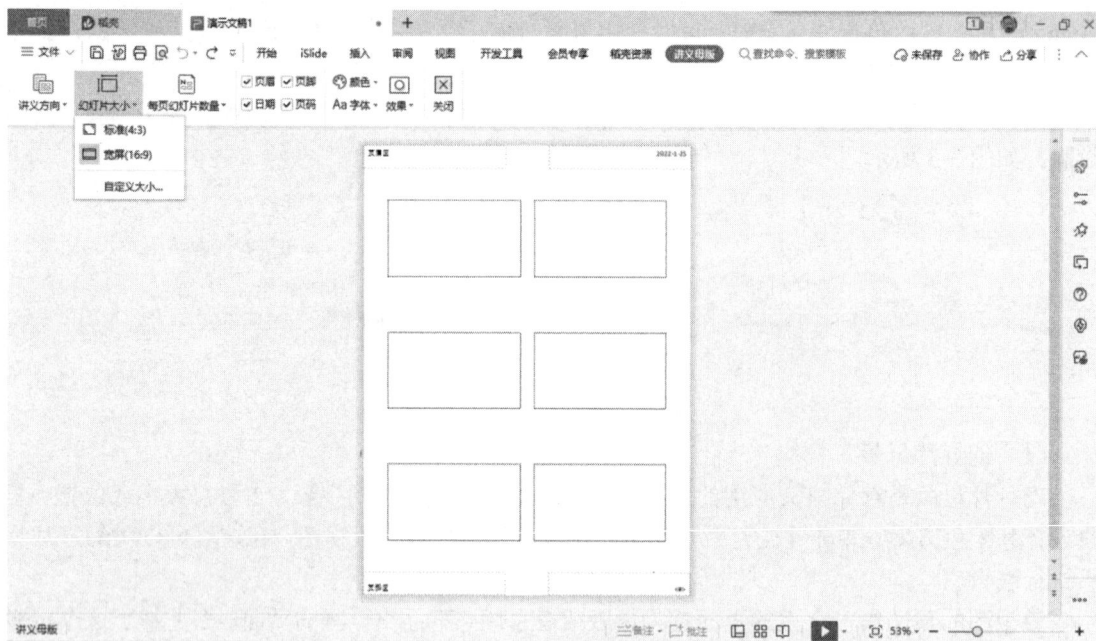

图 3-5　讲义母版

（3）备注母版。

备注窗格在普通视图幻灯片窗格的下方，在其中可以输入该页幻灯片的说明性文字、提醒，以及该页幻灯片的详细内容等，以作为演示者放映时的参考或打印后的参考。

备注母版是对打印的备注页进行格式设计的，可以根据需要设置幻灯片的大小、备注页方向，设置页眉、页脚、日期、页码等格式，更换幻灯片主题或设置幻灯片的主题颜色、字体、效果等，同时还可以插入图片、文本框、表格等，让它们在所有备注页中显示，如图 3-6 所示。

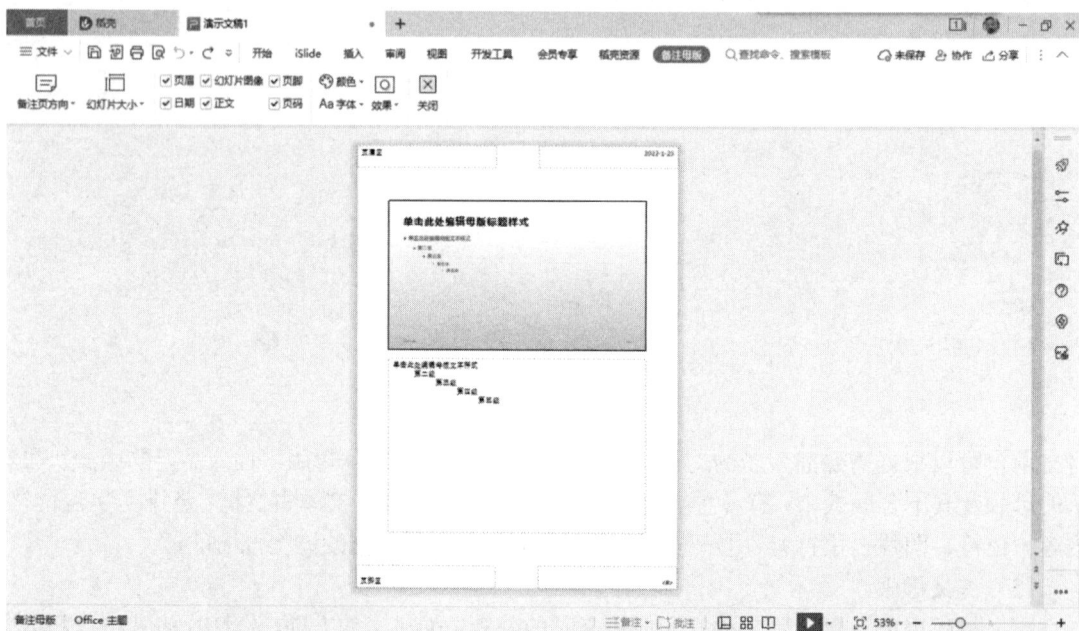

图 3-6　备注母版

3.1.5 演示文稿的基本操作

1. 演示文稿的创建

（1）创建空白演示文稿。

启动 WPS 2019 演示后，可以在其工作界面的顶端单击【+】按钮，然后在左侧菜单栏中选择【新建演示】命令，接下来用户可以根据需要创建空白演示文稿或者根据模板创建演示文稿，单击【新建空白演示】中的【+】按钮，如图 3-7 所示，即可创建一个空白的演示文稿，默认文件名为【演示文稿 1】，如图 3-8 所示。

图 3-7　创建空白演示文稿

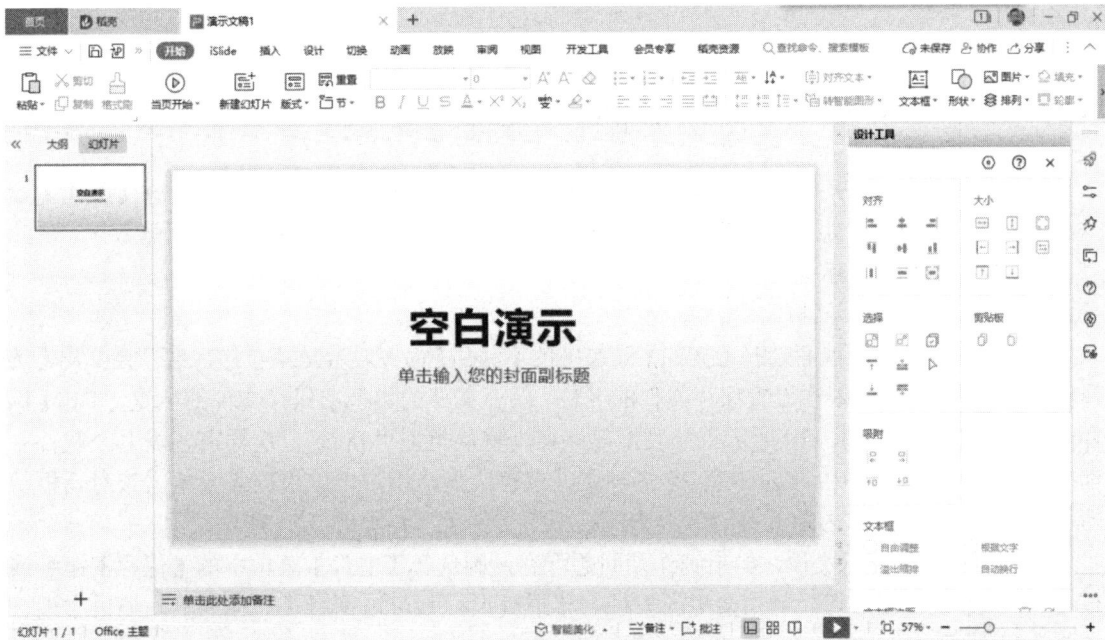

图 3-8　空白演示文稿 1

（2）根据模板创建演示文稿。

WPS 2019 演示中提供了很多在线稻壳模板，用户可以根据演示文稿的主题内容选择不同类别的模板，以提高工作效率。

选择【新建演示】命令后，在该界面右侧的【从稻壳模板新建】下通过输入关键字进行搜索，或者通过拖动右侧的滚动条选择模板来创建演示文稿，如图 3-9 所示。

图 3-9 基于模板创建演示文稿

除了通过标签栏创建演示文稿，还可以通过选择【文件】菜单中的【新建】→【新建】命令，或者按【Ctrl+N】组合键来创建演示文稿。用户可以根据使用习惯来选择创建方式。

2. 演示文稿的保存

（1）手动保存演示文稿。

单击【保存】按钮或者选择【文件】菜单中的【保存】命令，若是第一次保存，会弹出【选择保存位置】对话框，依次设置保存文件的名称、保存文件的类型及保存文件的位置，单击【保存至本地】按钮，如图 3-10 所示。一般将其保存为默认类型".pptx"，这样在各类办公软件中都能通用。在 WPS 2019 演示中有 20 多种文件保存类型，用户可以根据需要单击该对话框中的【pptx】按钮，在弹出的下拉菜单中选择相应的文件类型，如图 3-11 所示。

对于保存过的演示文稿，如果制作期间想保存，则选择【文件】菜单中的【保存】命令或按【Ctrl+S】组合键即可。如果要更改文件名称或类型，则可以使用【另存为】功能来实现，如图 3-12 所示。

（2）设置自动备份演示文稿。

在制作演示文稿时，如果没有随时进行保存，遇到停电等情况，自己的成果就会前功尽弃。有没有什么妙招可以解决这个问题呢？有，就是使用自动备份功能。

图 3-10 手动保存演示文稿

图 3-11 选择文件类型

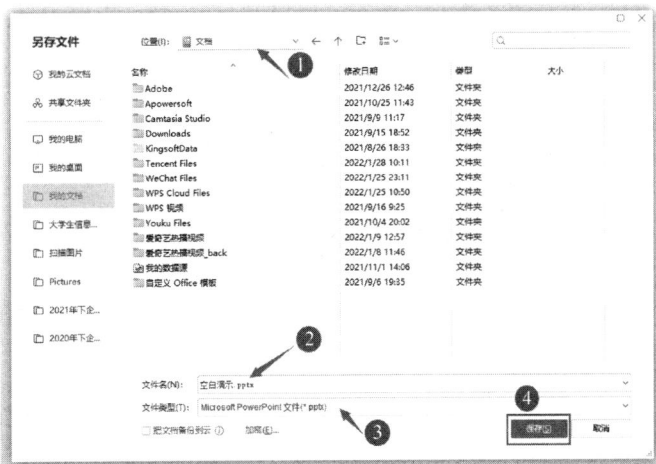

图 3-12 文件另存为

选择【文件】菜单中的【备份与恢复】→【备份中心】命令，在弹出的【备份中心】对话框中，单击【本地备份设置】按钮，在弹出的【本地备份设置】对话框中，设置备份的模式、时间间隔及备份位置，如图 3-13 所示。

图 3-13 设置自动保存演示文稿

（3）文件打包。

当演示文稿有链接外部的图片或音频、视频时，可以使用文件打包功能将幻灯片打包，以免多媒体文件丢失。此功能可以将演示文稿及其相关的媒体文件全部打包至指定文件夹或者指定压缩文件夹中，以便日后单独使用演示文稿中插入的各类媒体文件，如图 3-14 所示。

图 3-14　文件打包

3.1.6　幻灯片的基本操作

幻灯片的新建、移动、复制、删除、隐藏和显示等操作可以通过选项卡、右键菜单、快捷键等方式来完成。

1．新建幻灯片

方法一：使用选项卡。

启动 WPS 2019 演示，单击【开始】或者【插入】选项卡中的【新建幻灯片】按钮，在下拉列表中，根据需要选择母版版式或基于在线模板新建幻灯片，如图 3-15 所示。

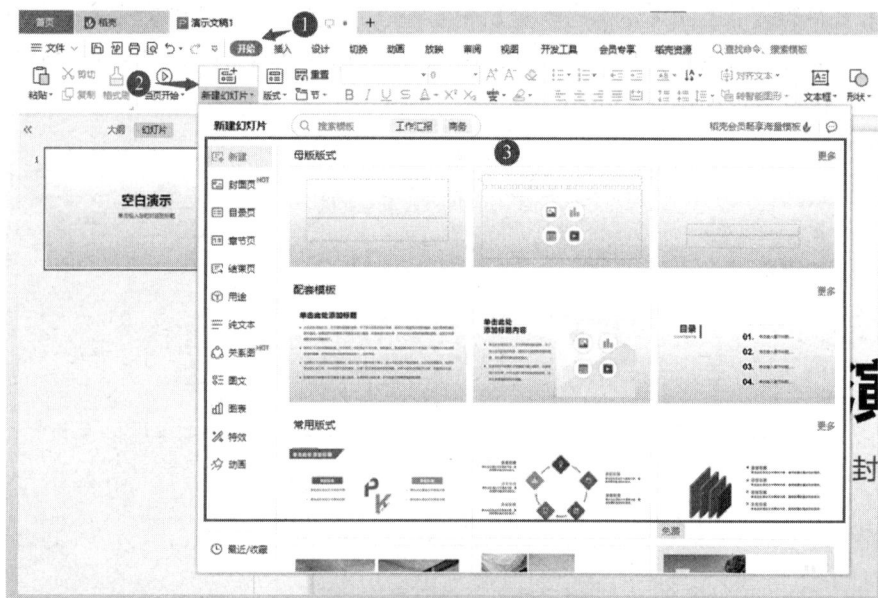

图 3-15　使用选项卡新建幻灯片

方法二：使用右键菜单。

启动 WPS 2019 演示，将光标移到左侧导航窗格中的缩略图上，右击，在弹出的快捷菜单中选择【新建幻灯片】命令，如图 3-16 所示。

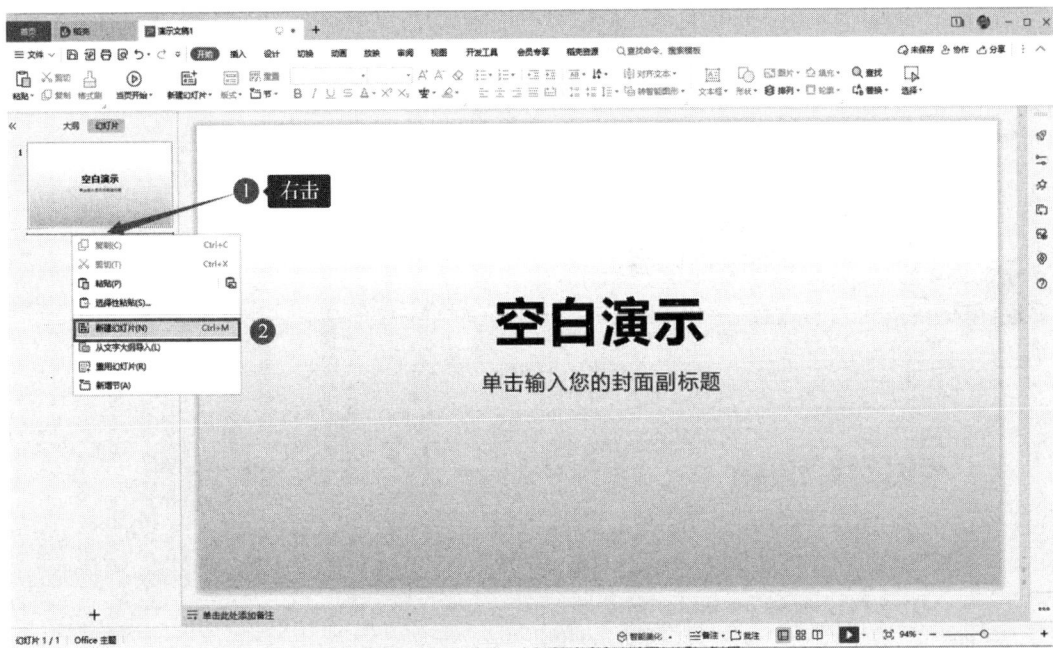

图 3-16　使用右键菜单新建幻灯片

方法三：使用快捷键。

启动 WPS 2019 演示，将光标移到左侧导航窗格中要新建幻灯片的空白处，按【Ctrl+M】组合键即可完成新建幻灯片，如图 3-17 所示。

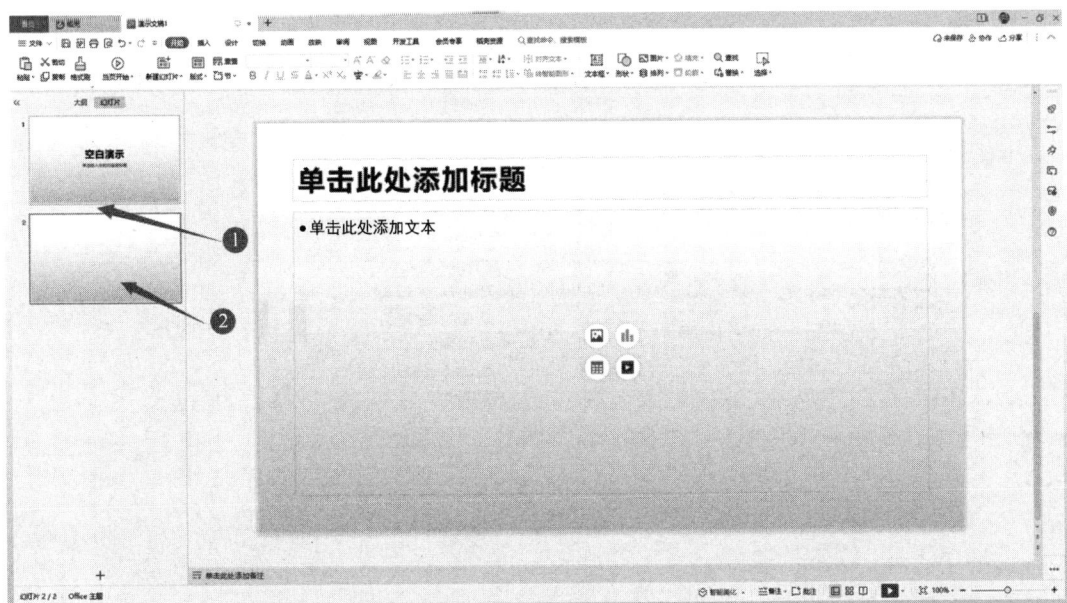

图 3-17　使用快捷键新建幻灯片

2. 移动幻灯片

方法一：使用选项卡。

选中要移动的幻灯片，单击【开始】选项卡中的【剪切】按钮，将光标移到左侧导航窗格中幻灯片要移动到的位置，单击【粘贴】按钮，如图 3-18 所示。

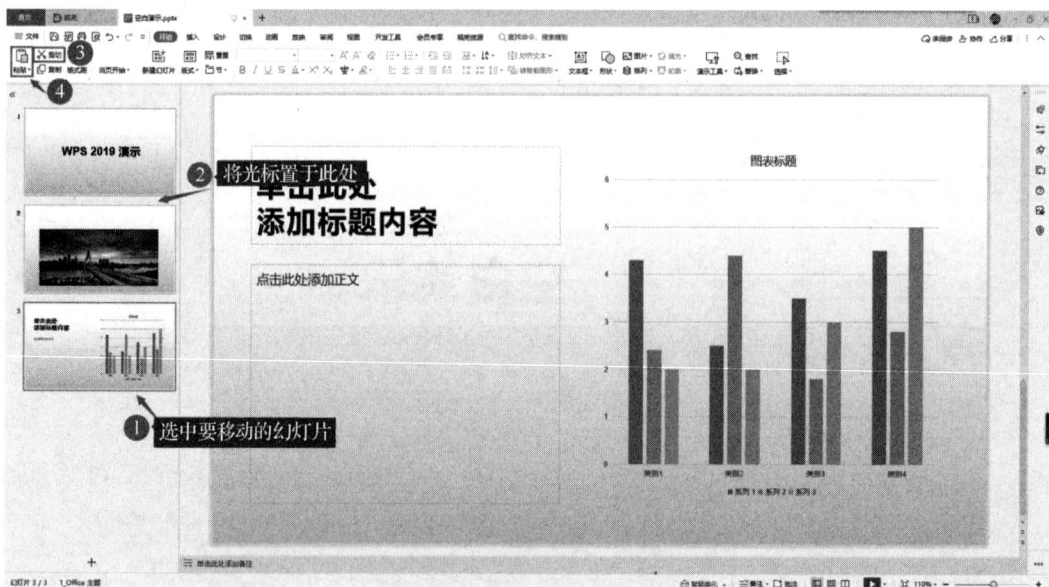

图 3-18　使用选项卡移动幻灯片

方法二：使用右键菜单。

在要移动的幻灯片上右击，在弹出的快捷菜单中选择【剪切】命令，将光标移到幻灯片要移动到的位置，右击，在弹出的快捷菜单中选择【粘贴】命令，或者选择【选择性粘贴】命令，在弹出的对话框中进行相关设置，如图 3-19 所示。

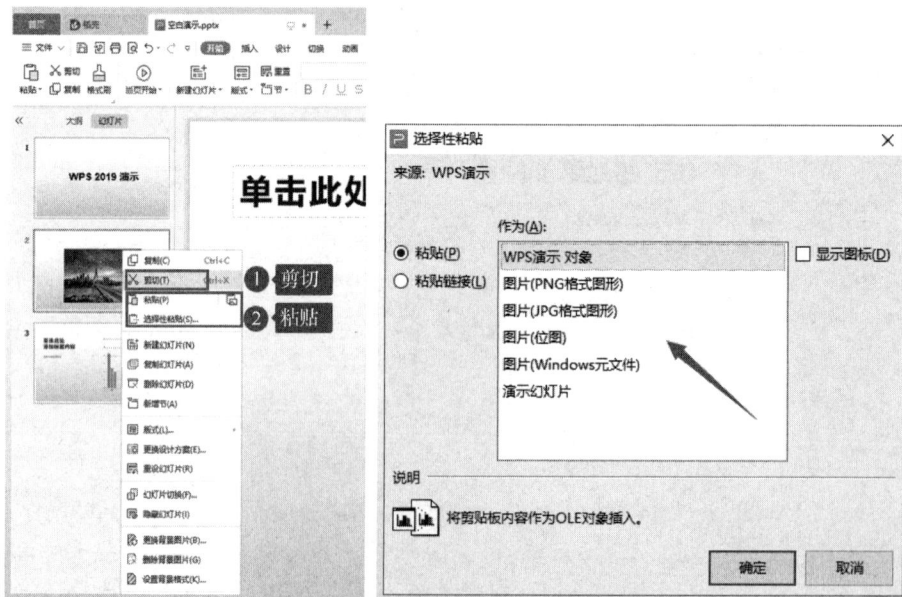

图 3-19　使用右键菜单移动幻灯片

方法三：使用快捷键。

选中要移动的幻灯片，按【Ctrl+X】组合键，将光标移到幻灯片要移动到的位置，按【Ctrl+V】组合键。

方法四：使用鼠标拖动。

选中要移动的幻灯片，按下鼠标左键不放，将幻灯片拖动到合适的位置。

3. 复制幻灯片

方法一：使用选项卡。

选中要复制的幻灯片，单击【开始】选项卡中的【复制】按钮，将光标移到幻灯片要粘贴到的位置，单击【粘贴】下拉按钮，在下拉列表中根据需要选择相关命令，如图3-20所示。

图 3-20 使用选项卡复制幻灯片

方法二：使用右键菜单。

在要复制的幻灯片上右击，在弹出的快捷菜单中选择【复制】命令，将光标移到幻灯片要粘贴到的位置，右击，在弹出的快捷菜单中选择【粘贴】命令或者【选择性粘贴】命令，如图3-21所示。

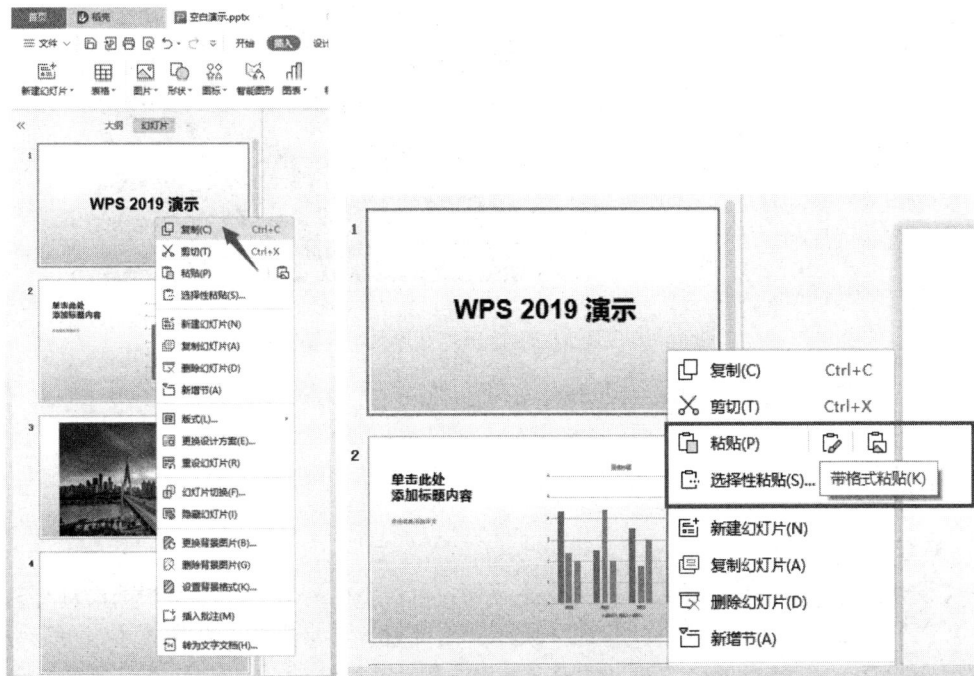

图 3-21 使用右键菜单复制幻灯片

图 3-22　使用右键菜单
删除幻灯片

方法三：使用快捷键。

选中要复制的幻灯片，按【Ctrl+C】组合键，将光标移到幻灯片要粘贴到的位置，按【Ctrl+V】组合键。

4．删除幻灯片

选中要删除的幻灯片，可以使用右键菜单，或者【Delete】键或【Backspace】键来完成操作，如图 3-22 所示。

如果要删除不连续的多张幻灯片，可按住【Ctrl】键不放，选中要删除的幻灯片，按照上述方法删除；如果要删除连续的多张幻灯片，可按住【Shift】键不放，选中要连续删除的幻灯片的首张和最后一张，按照上述方法删除。

5．隐藏与显示幻灯片

用户不需要放映某些幻灯片时，可以将这些幻灯片隐藏。在左侧导航窗格中选中要隐藏的幻灯片，右击，在弹出的快捷菜单中选择【隐藏幻灯片】命令，即可看到该幻灯片的编号呈现被划掉的状态，如图 3-23 所示，即该幻灯片被隐藏。

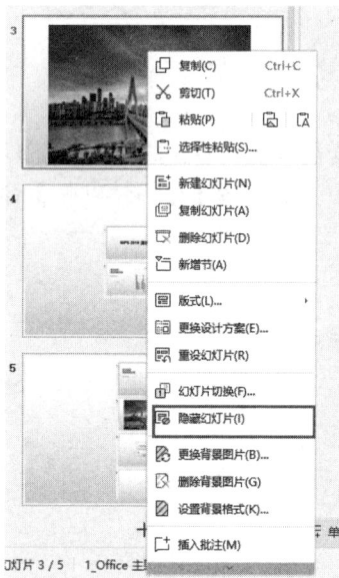

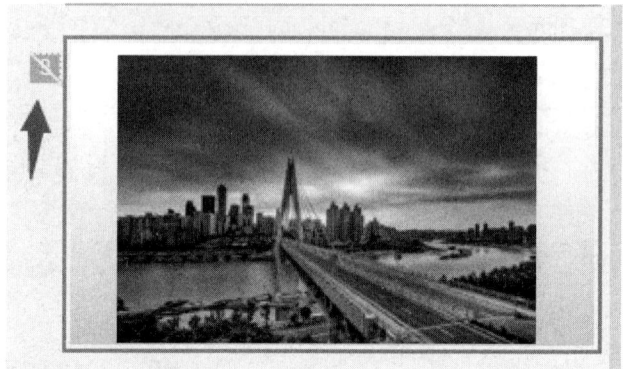

图 3-23　隐藏幻灯片

若要取消幻灯片隐藏，其操作与隐藏幻灯片一样。

3.1.7　幻灯片的基本设置

1．幻灯片大小设置

在【设计】选项卡中单击【幻灯片大小】按钮，可在下拉列表中选择常用的幻灯片大小即【标准(4∶3)】和【宽屏(16∶9)】，如图 3-24 所示；若要设置不常用的幻灯片大小，可选择【自定义大小】命令，在弹出的【页面设置】对话框中，对幻灯片的大小及方向等进行设置，如图 3-25 所示。

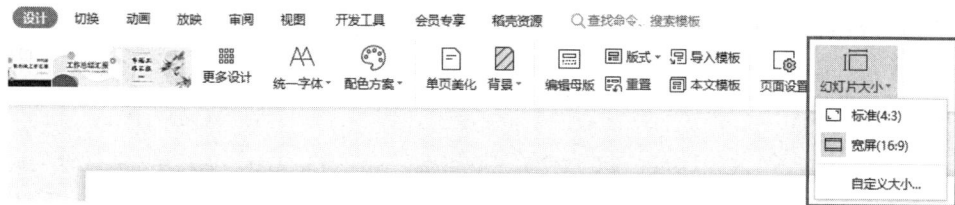

图 3-24　单击【幻灯片大小】按钮

2. 幻灯片主题风格设置

默认的演示文稿都是白底黑字的演示文稿，样式太单调。要使幻灯片更加美观，可以在【设计】选项卡中选择合适的主题模板，实现"一键换肤"的目的。

单击【设计】选项卡中的任意主题模板，或者单击【更多设计】按钮，如图 3-26 所示，在弹出的【全文美化】对话框中选择相关主题模板，单击【预览换肤效果】按钮，便可在该对话框的右侧看到换肤后的效果，同时可以浏览该主题模板中每张幻灯片的设计样式，如果确定使用该主题模板，则单击右侧的【应用美化】按钮，即可将选中的主题模板应用于本演示文稿中，如图 3-27 所示。

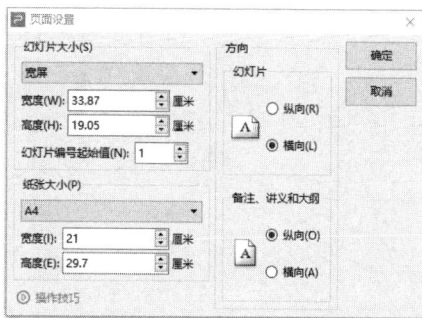

图 3-25　【页面设置】对话框

图 3-26　【设计】选项卡

图 3-27　选用主题模板美化幻灯片

3. 幻灯片背景、字体、配色、版式设置

（1）在【设计】选项卡中，如图 3-28 所示，可以对幻灯片的背景、统一字体、配色方案及统一版式进行设置。

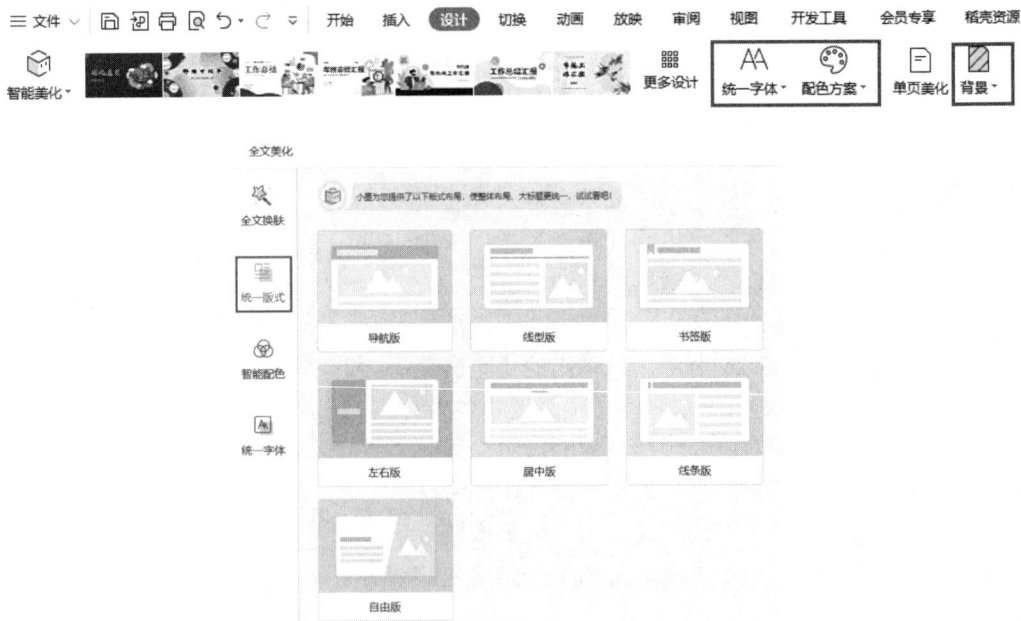

图 3-28　【设计】选项卡

（2）在【设计】选项卡中单击【背景】按钮，在弹出的颜色和图片中，可以选择合适的颜色或图片作为背景，或者选择下方的【背景】命令，在右侧的【对象属性】任务窗格中可以进行进一步设置，如图 3-29 所示。

图 3-29　设置幻灯片背景

（3）在【设计】选项卡中单击【统一字体】按钮，在弹出的统一字体中，可以选择合适的字体，实现字体"一键美化"，如图 3-30 所示。

（4）在【设计】选项卡中单击【配色方案】按钮，在弹出的配色方案中，选择合适的配色方案，整个演示文稿便可实现"一键换色"，如图 3-31 所示。

图 3-30　设置幻灯片统一字体

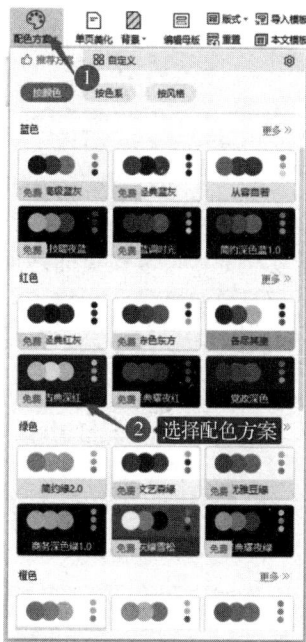

图 3-31　设置幻灯片配色方案

（5）在【设计】选项卡中单击【更多设计】按钮，在弹出的【全文美化】对话框中选择【统一版式】命令，然后选择合适的版式，并单击【预览版式效果】按钮，在右侧可以看到版式应用后的效果，单击【应用美化】按钮便可对整个演示文稿实现"一键版式美化"，如图 3-32 所示。

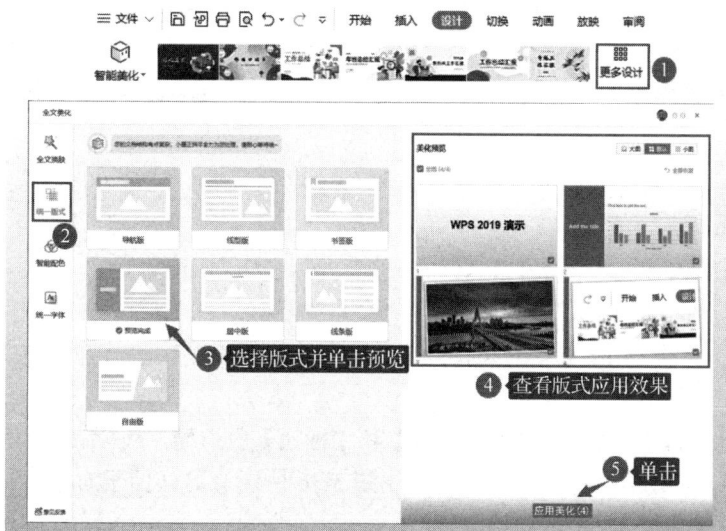

图 3-32　设置幻灯片统一版式

4. 幻灯片网格线、参考线及标尺设置

在设计幻灯片的过程中，为方便对对象进行对齐等相应调整，可以在【视图】选项卡中，如图 3-33 所示，设置幻灯片的网格线、参考线及标尺。

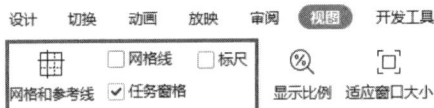

图 3-33 【视图】选项卡

制作演示文稿时，可以在页面四周留出适量空白区域，以使整个页面看起来更舒服，也可以使用参考线来辅助设计。

（1）创建一个空白演示文稿，单击【视图】选项卡中的【网格和参考线】按钮，在弹出的【网格线和参考线】对话框中勾选【屏幕上显示绘图参考线】复选框，如图 3-34 所示，在幻灯片中会出现水平和垂直的两条参考线，效果如图 3-35 所示。

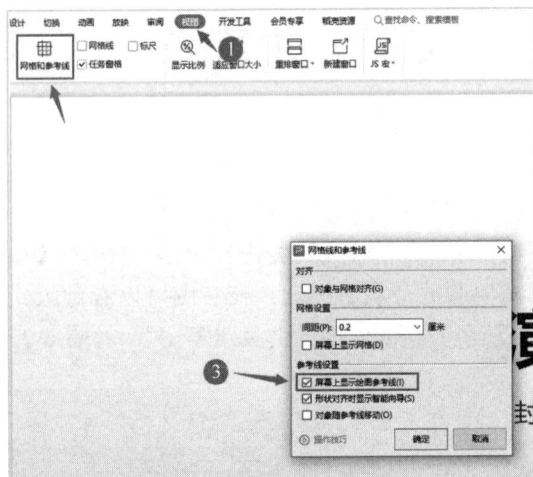

图 3-34 设置幻灯片的参考线

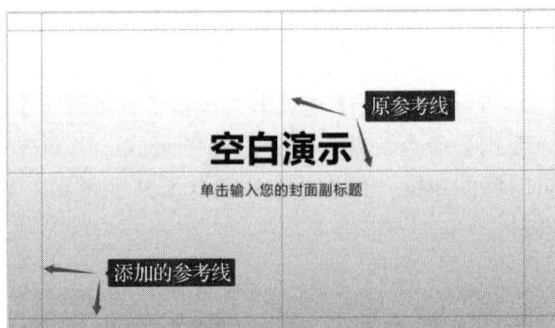

图 3-35 添加参考线后的效果

（2）按住【Ctrl】键不放，单击已有的参考线，移动鼠标后，可以根据需要添加垂直参考线或水平参考线。

（3）若要删除参考线，可以将参考线移动到边界，实现快速删除。

智能参考线是指在移动幻灯片中的元素时会自动进行对齐。在图 3-34 中可以看到在【网络线和参考线】对话框中的【参考线设置】下，【形状对齐时显示智能向导】默认处于勾选状态。

依次勾选【视图】选项卡中的【网格线】和【标尺】复选框，可以在幻灯片编辑区域看到均匀的网格线，并在幻灯片上方看到标尺，如图 3-36 所示，这样便于对齐对象。

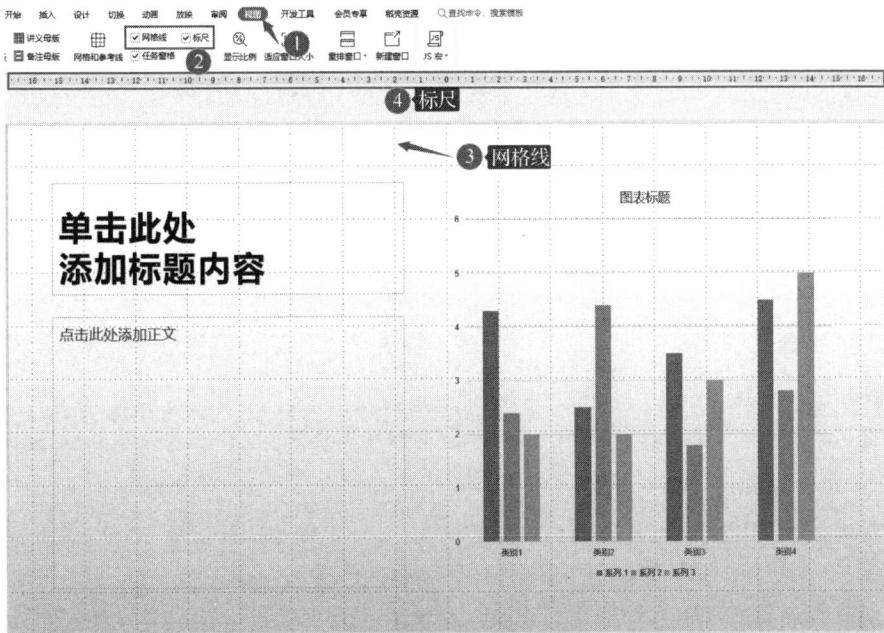

图 3-36 设置幻灯片的网格线和标尺

3.1.8 幻灯片的放映与输出

制作演示文稿的目的是通过对幻灯片的放映，将幻灯片中的内容展示给观众。下面对幻灯片放映设置和与放映相关的知识进行介绍。

1. 幻灯片的放映方式

WPS 2019 演示提供了"从头开始""当页开始""自定义放映"三种放映方式，用户可根据具体情况来选择相应的放映方式，如图 3-37 所示。

图 3-37 幻灯片的放映方式

（1）从头开始放映。

从第一张幻灯片开始放映，在【放映】选项卡中单击【从头开始】按钮或按【F5】键。

（2）当页开始放映。

从当前选中的幻灯片开始放映，在状态栏的幻灯片视图切换按钮区域中单击【播放】按钮，或在【放映】选项卡中单击【当页开始】按钮，或按【Shift+F5】组合键。

（3）自定义放映幻灯片。

自定义放映是指用户可以自定义演示文稿放映的张数，使一个演示文稿适用于各种观众，即可以将一个演示文稿中的多张幻灯片进行分组，以便对特定的观众放映演示文稿中的特定部分。用户可以用超链接分别指向演示文稿中的各个自定义放映，也可以在放映整个演示文稿时只放映其中的某个自定义放映。

2. 设置幻灯片的放映方式

若要设置放映方式，可以单击【放映】选项卡中的【放映设置】按钮，在下拉列表中选择【放映设置】命令，在弹出的【设置放映方式】对话框中进行进一步设置，如图3-38所示。

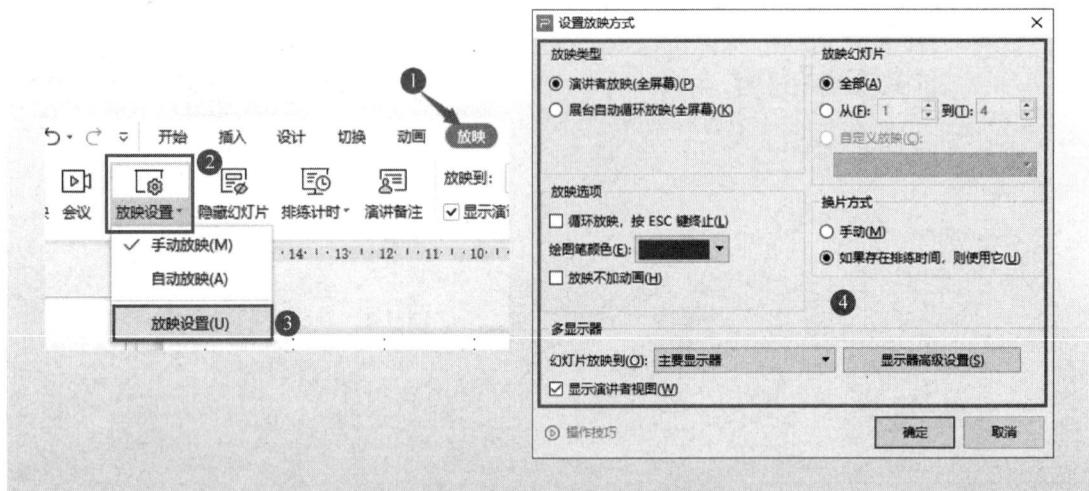

图3-38　设置幻灯片的放映方式

幻灯片的放映类型有【演讲者放映(全屏幕)】和【展台自动循环放映(全屏幕)】两种。

（1）演讲者放映（全屏幕）。

这是常规的全屏幻灯片放映方式。可以人工控制换片和动画，或使用【幻灯片放映】菜单中的【排练计时】命令设置时间。

（2）展台自动循环放映（全屏幕）。

这是自动全屏放映方式，观众可以更换幻灯片，或者单击超链接和动作按钮，但不能更换演示文稿。如果选中此单选按钮，WPS 2019演示会自动勾选【循环放映，按ESC键终止】复选框。

放映幻灯片时，默认是全部放映，用户可以指定放映连续的部分幻灯片，也可以自定义放映指定的幻灯片。在幻灯片放映时，用户可以使用幻灯片切换动画、自定义动画等功能，还可以使用绘图笔在幻灯片中绘制重点，书写文字等。

3. 使用排练计时

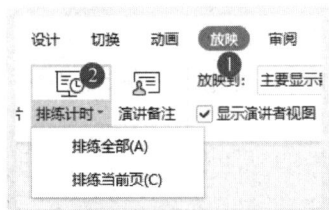

图3-39　使用排练计时

使用WPS 2019演示提供的排练计时功能，可模拟演示文稿的放映过程，自动记录每张幻灯片的放映时间，从而达到自动播放演示文稿的目的。单击【放映】选项卡中的【排练计时】按钮，根据需要选择【排练全部】或【排练当前页】命令，如图3-39所示。

4. 放映幻灯片

放映幻灯片的同时，可以使用放映界面下方的前后播放按钮，以及墨迹注释、放大等功能，如图3-40所示。

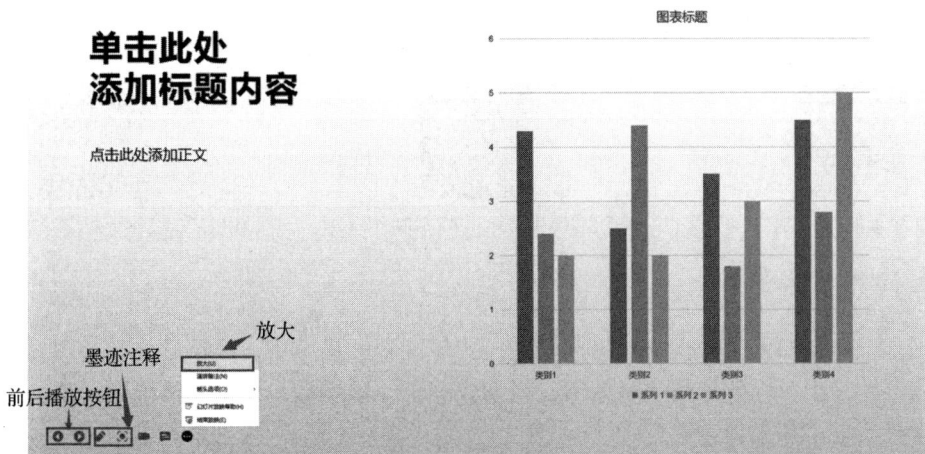

图 3-40　幻灯片放映

5. 幻灯片的输出

制作完的演示文稿除了可以保存为 PPT 文件，还可以输出为视频、图片及 PDF（便携式文档格式）。用户可以根据需求选择输出的类型。单击【文件】菜单，在下拉菜单中根据需要选择【输出为 PDF】或【输出为图片】命令，要输出为视频，选择【另存为】命令，在子菜单中选择【输出为视频】命令，如图 3-41 所示。

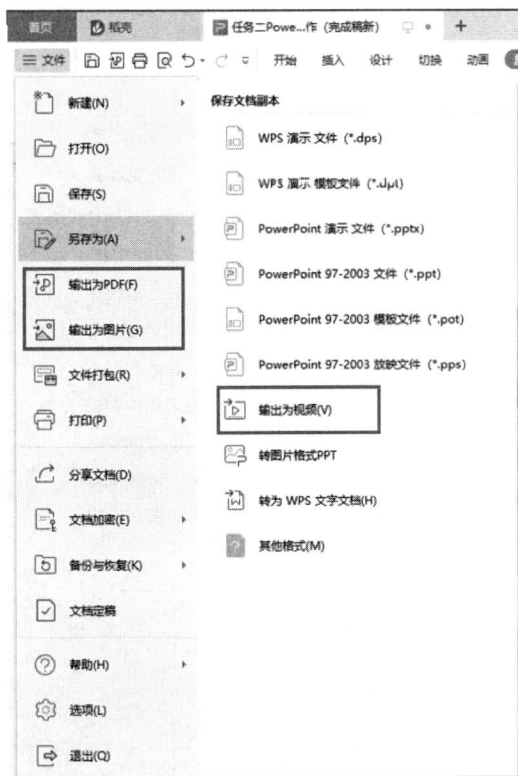

图 3-41　幻灯片的输出

3.2 WPS 2019 演示的基本制作

WPS 2019 演示的基本制作（上）

WPS 2019 演示的基本制作（中）

WPS 2019 演示的基本制作（下）

任务描述

我国是一个人口大国，也是垃圾产出大国。垃圾的大量产出、简单堆放和处理，使环境与健康问题日益突出。垃圾分类能有效节约资源，改善环境质量。在这种情况下，我国相关部门陆续出台相关政策和文件。

下面以"垃圾分类主题班会活动"为例，以制作封面页、目录页、内容页、封底页为线索，将垃圾分类的理念融入其中，使同学们掌握 WPS 2019 演示的基本技能，制作一套完整的幻灯片。

垃圾分类一小步，健康文明一大步，通过下面的学习，同学们在掌握专业知识的同时，应该提高环保意识，养成垃圾分类的好习惯。

思路解析

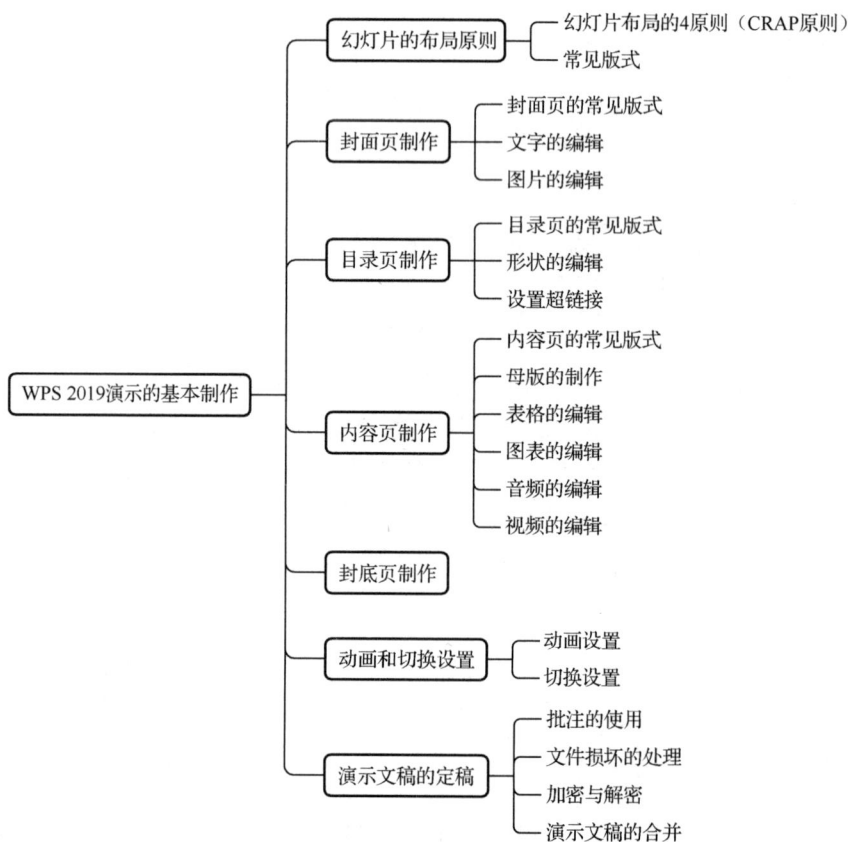

→ **任务实施**

3.2.1 幻灯片的布局原则

1. 幻灯片布局的 4 原则（CRAP 原则）

（1）C：Contrast 对比。

一张幻灯片中不同的内容有不同的区分，例如，小标题和内容之间的区分，内容和内容之间的区分，标题和标题之间的区分。可以通过调节字体颜色、字号、字体粗细等来对它们进行展示，形成对比。

在如图 3-42 所示的一张幻灯片中，标题和标题之间的区分，小标题和内容之间的区分，是将字号、字体颜色和字体粗细进行更改，以突出不同标题，使观众能轻而易举地辨识标题部分与内容部分。

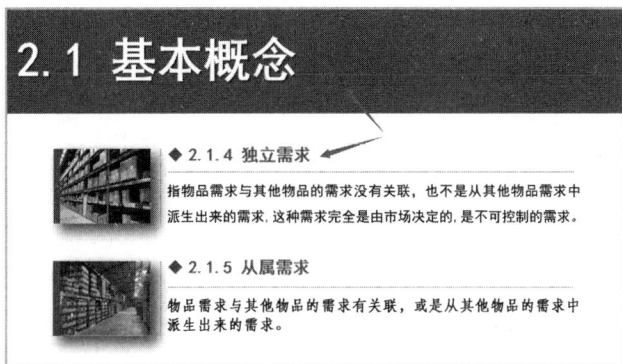

图 3-42　Contrast 对比

（2）R：Repetition 重复。

幻灯片中相同逻辑层级的内容可以使用相同的样式，这样可提高作品的一致性。在图 3-42 中，"独立需求"与"从属需求"是一样的逻辑层级，所以这两个小标题使用相同的字体样式；而其下方的内容分别是对这两个小标题的详细介绍，所以这些内容也使用相同的字体样式，如图 3-43 所示。

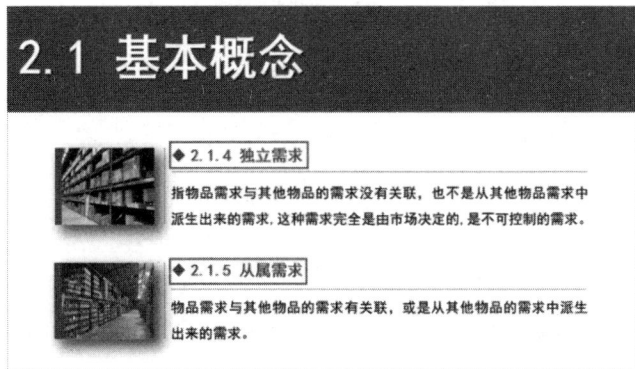

图 3-43　Repetition 重复

（3）A：Alignment 对齐。

排版中对齐是一个很重要的要素。内容的对齐可以使杂乱无章的幻灯片变得整齐，如图 3-44 所示。

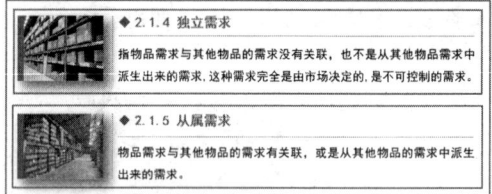

（4）P：Proximity 亲密。

为了使幻灯片中的逻辑感更清晰，联系比较密切的内容可以放得近一些，联系比较远的内容可以间隔得远一些，将相关的部分组织在一起。将"独立需求"与其详细内容放在一起，【从属需求】也与其详细内容放在一起，这样哪部分讲的是什么内容，一目了然，且这两部分内容与标题之间的间隔也清晰地说明这是总标题下的依据，如图 3-45 所示。

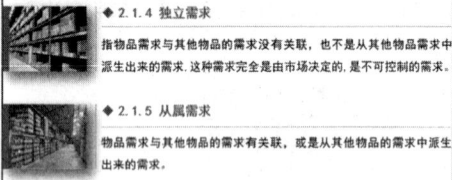

图 3-44　Alignment 对齐　　　　　　　图 3-45　Proximity 亲密

2. 常见版式

（1）分栏排版。

对分栏排版的总结如图 3-46 所示。

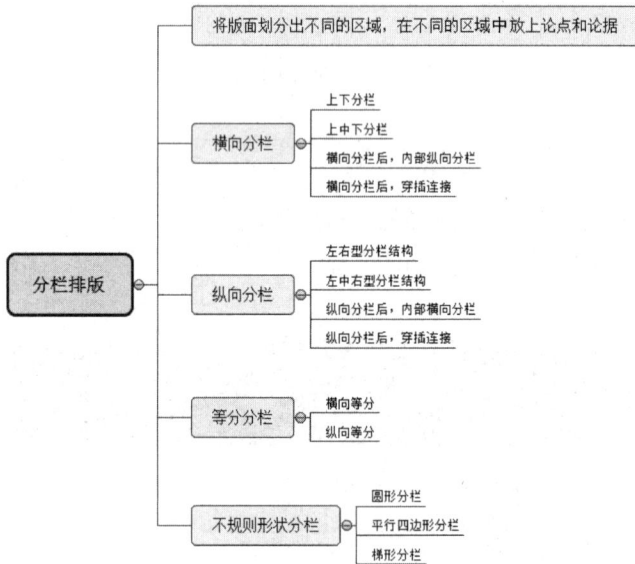

图 3-46　分栏排版总结

对幻灯片内容进行梳理后，对页面进行分栏排版。分栏排版的版式有横向分栏、纵向分栏、等分分栏和不规则分栏等，如图 3-47 所示。

图 3-47 分栏排版的版式

（2）环绕排版。

环绕排版是从中间向四周扩散的一种排版方式，包括中心环绕排版和半圆式分散排版，如图 3-48 所示。

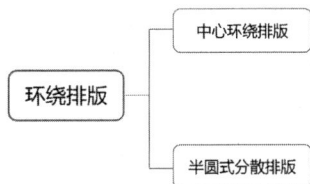

图 3-48 环绕排版分类

环绕排版的版式如图 3-49 所示。

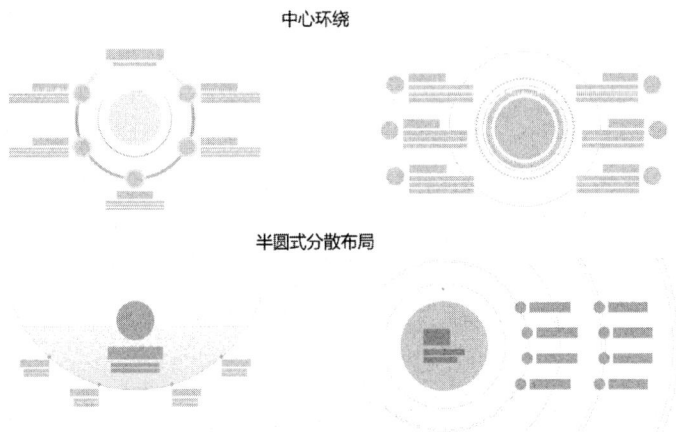

图 3-49 环绕排版的版式

（3）卡片排版。

在对幻灯片进行排版时，有时会用到卡片划分区域的方式，也可以将卡片重叠，增加排版的层次感。在使用卡片排版方式时，对图形阴影的使用可增加卡片的层次感，如图 3-50 所示。

卡片排版

图 3-50　卡片排版的版式

3.2.2　封面页制作

1. 封面页的常见版式

封面页的常见版式如图 3-51 所示。

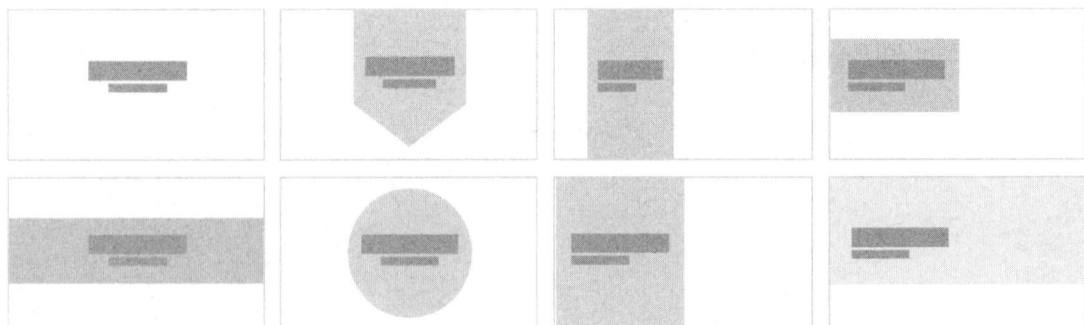

图 3-51　封面页的常见版式

这里，封面页采用左右分布的版式，如图 3-52 所示。

图 3-52　封面页

2. 文字的编辑

（1）插入文本框。

① 在【插入】选项卡中单击【文本框】按钮，在下拉列表中可选择【横向文本框】或【竖向文本框】命令，这里选择【竖向文本框】命令，如图3-53所示。

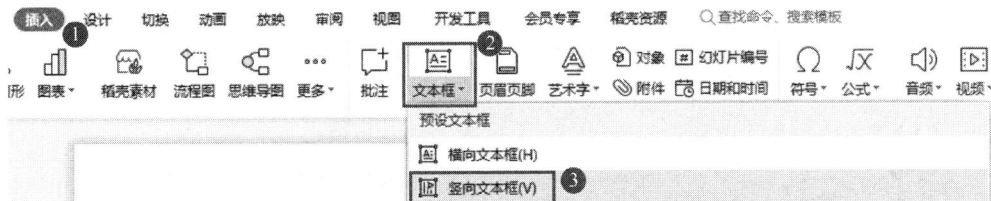

图3-53 选择【竖向文本框】命令

② 在幻灯片上拖出文本框，输入文字即可，如图3-54所示。

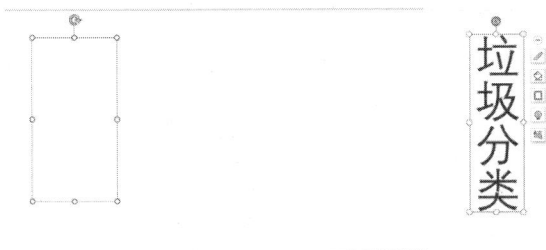

图3-54 在文本框中输入文字

（2）插入艺术字。

① 在【插入】选项卡中单击【艺术字】按钮，在弹出的预设样式中选择一种艺术字样式并单击，系统会自动插入一个文本框，直接输入文字，文字样式即为所选的艺术字样式，如图3-55所示。

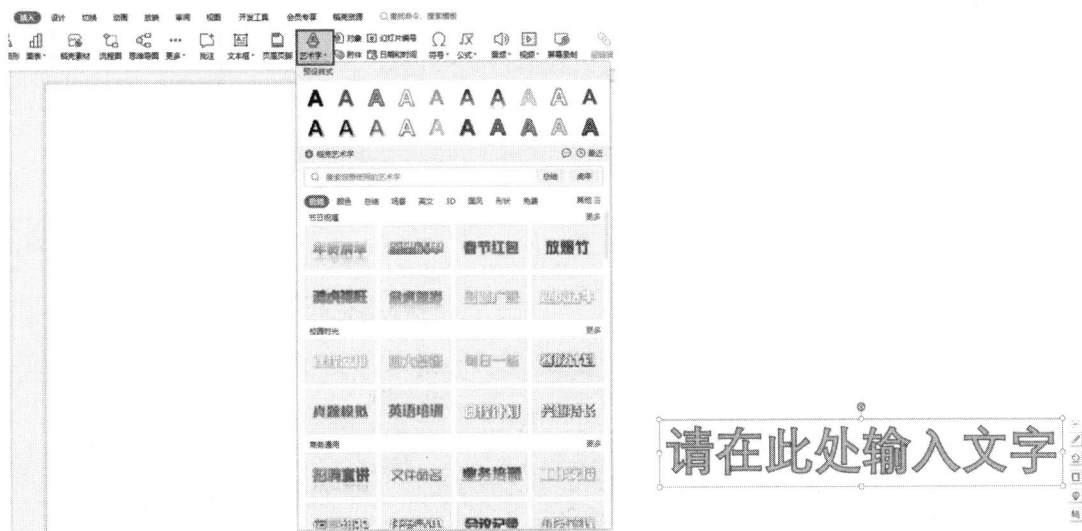

图3-55 插入艺术字

② 已经输入的文字想改成艺术字，只需选中目标文字，然后单击【文本工具】选项卡中的【预设样式】列表，选中适合的艺术字样式即可，如图 3-56 所示。

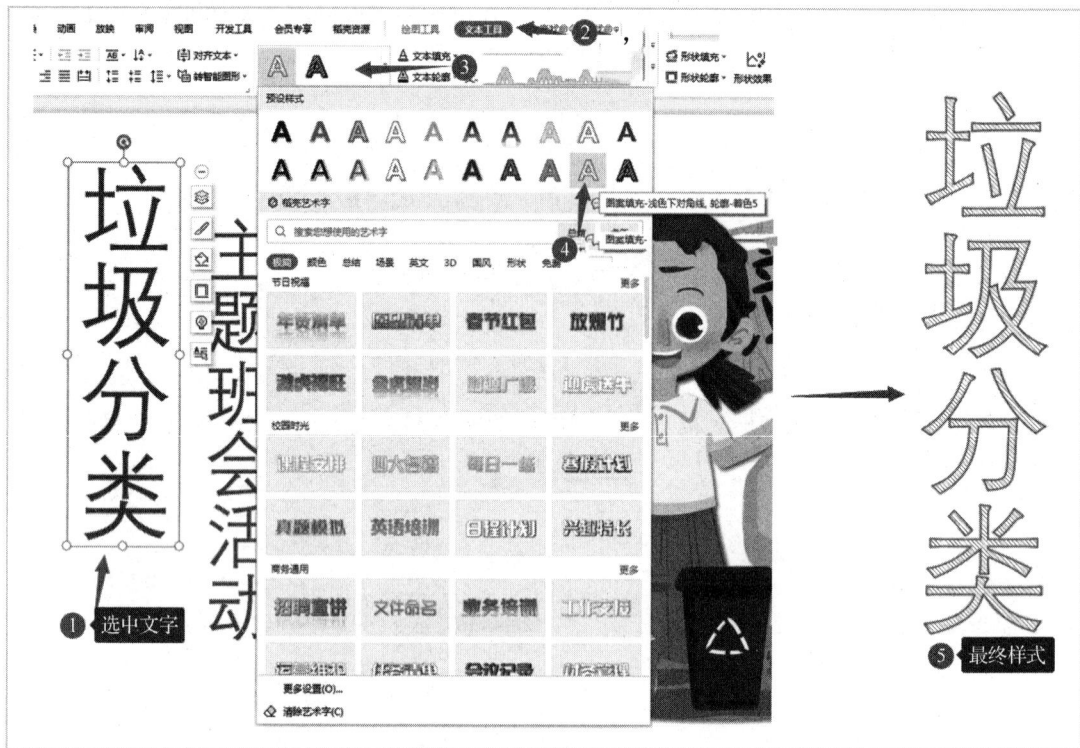

图 3-56　将文字改成艺术字

（3）设置文本格式。

选中文本后，选择【开始】选项卡或【文本工具】选项卡中的【字体】栏，可对字体的类型、字号等进行设置，单击【字体】栏右下角的【竖折】按钮，可在弹出的对话框中进行更多文本格式的设置，如图 3-57 所示。

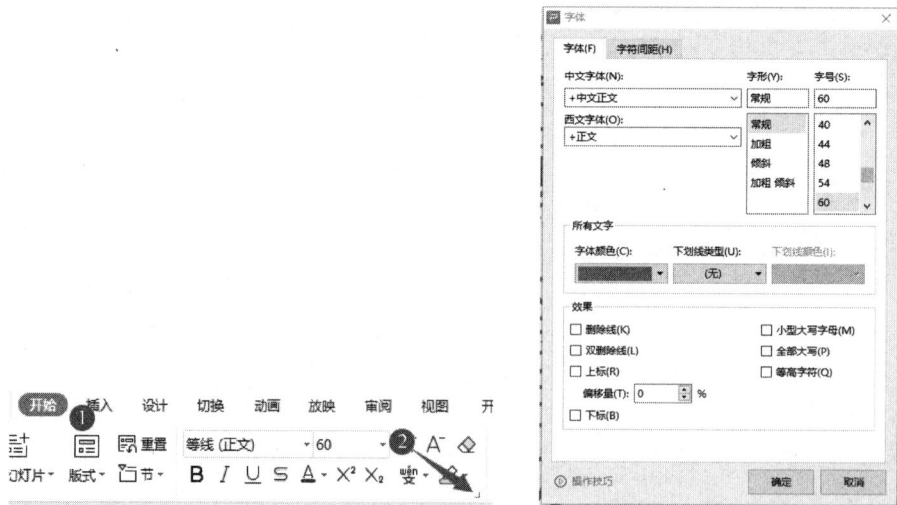

图 3-57　设置文本格式

3. 图片的编辑

（1）插入图片。

① 在【插入】选项卡中单击【图片】按钮，可以插入本地图片、分页插图、手机传图，也可以联网在稻壳中搜索图片，然后插入图片，如图 3-58 所示。

图 3-58　插入图片

② 插入本地图片时，单击【本地图片】按钮，在弹出的【插入图片】对话框中选择目标图片所在路径，单击目标图片即可将其选中，然后单击【打开】按钮，即可完成本地图片的插入，如图 3-59 所示。

图 3-59　插入本地图片

（2）设置图片。

① 使用以上方法，再插入四张图片，然后插入文本框并输入文字"污染触目惊心"进行说明，如图 3-60 所示。

图 3-60　待制作幻灯片的样式

② 选中图片，会出现【图片工具】选项卡，如图 3-61 所示，选择该选项卡，在其功能区中可以对图片应用效果，对其大小、位置进行调整，对其进行旋转、裁剪，设置图片的对比度、亮度、色彩、边框等，还能对对象进行组合，批量调整对象的大小。

图 3-61　【图片工具】选项卡

③ 应用图片效果设置。

为了让图片更加立体形象，可以为图片应用效果。以倒影效果为例，选中图片，在出现的【图片工具】选项卡中单击【效果】按钮，在下拉列表中选择【倒影】，然后选中合适的倒影效果并单击，即可为该图片添加倒影效果，如图 3-62 所示。

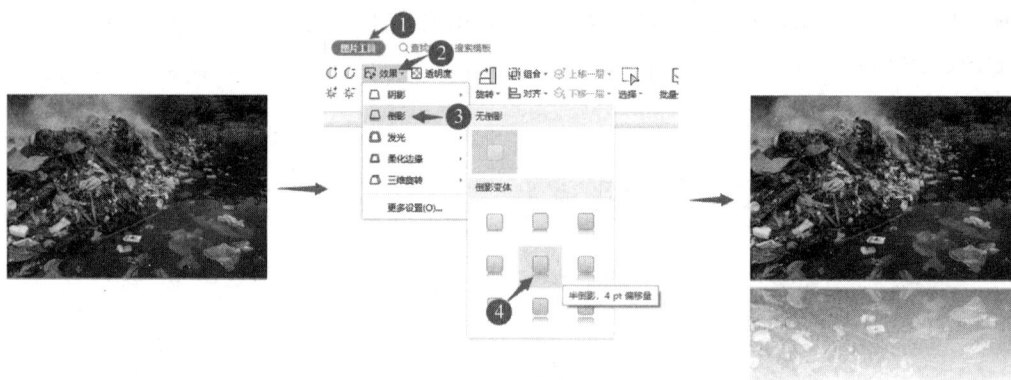

图 3-62　为图片添加倒影效果

④ 图片大小、位置、旋转、对比度和亮度及色彩设置。

图片大小设置：设置图片大小时，可以在【图片工具】选项卡中直接调整图片的高度和宽度，也可以单击【大小和位置对话框启动器】按钮，在右侧的任务窗格中进行相应的设置，如图 3-63 所示。若要批量调整图片的大小，可同时选中多张图片按照以上方式调整为统一大小。

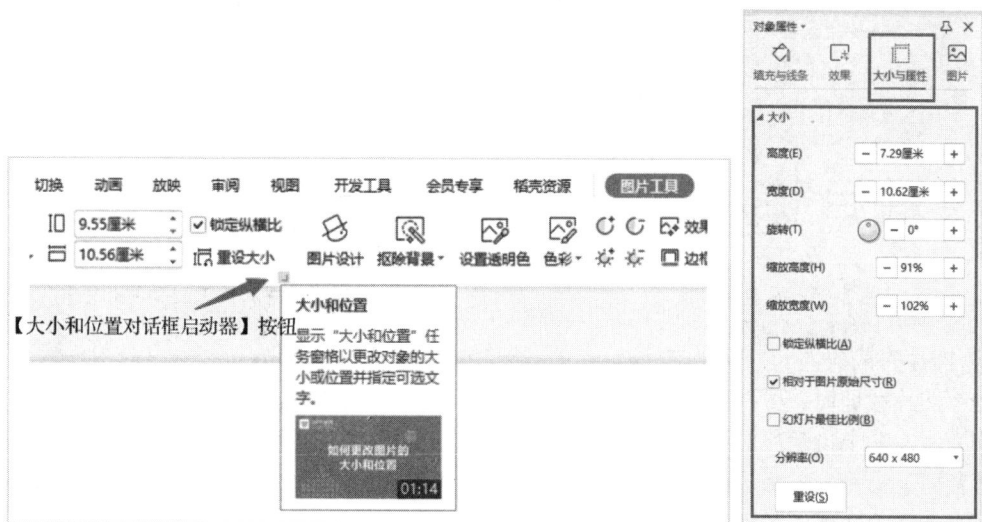

图 3-63　设置图片大小

图片位置设置：设置图片位置时，可以单击【大小和位置对话框启动器】按钮，在右侧的任务窗格中进行相应的设置，如图 3-64 所示。

图 3-64　设置图片位置

图片旋转设置：可以在【图片工具】选项卡中单击【旋转】按钮，在下拉列表中选择合适的旋转命令，如图 3-65 所示。

图片对比度和亮度及色彩设置：可以在【图片工具】选项卡中单击【色彩】按钮及调整亮

度和对比度的相应按钮，来完成图片对比度、亮度和色彩的设置，如图 3-66 所示。

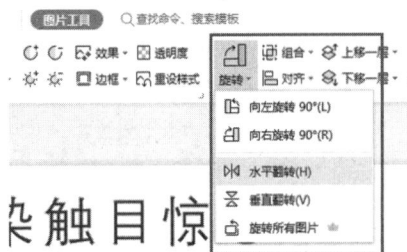

图 3-65　设置图片旋转

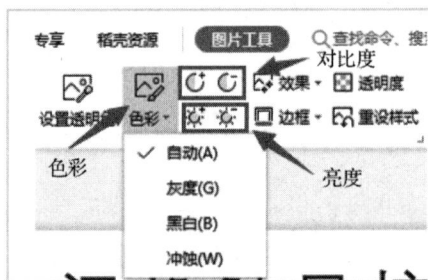

图 3-66　设置图片对比度、亮度和色彩

⑤ 图片的裁剪。

进行图片裁剪时，可以将图片裁剪成各种形状，也可以进行创意裁剪。以将矩形图片裁剪成圆形为例，选中待裁剪的图片，在【图片工具】选项卡中单击【裁剪】按钮，在下拉列表中选择【裁剪】命令，然后在弹出的基本形状中选择【椭圆】，接下来在下拉列表中选择【按比例裁剪】命令，在弹出的选项中选择【1：1】，即可完成对圆形图片的裁剪，如图 3-67 所示。

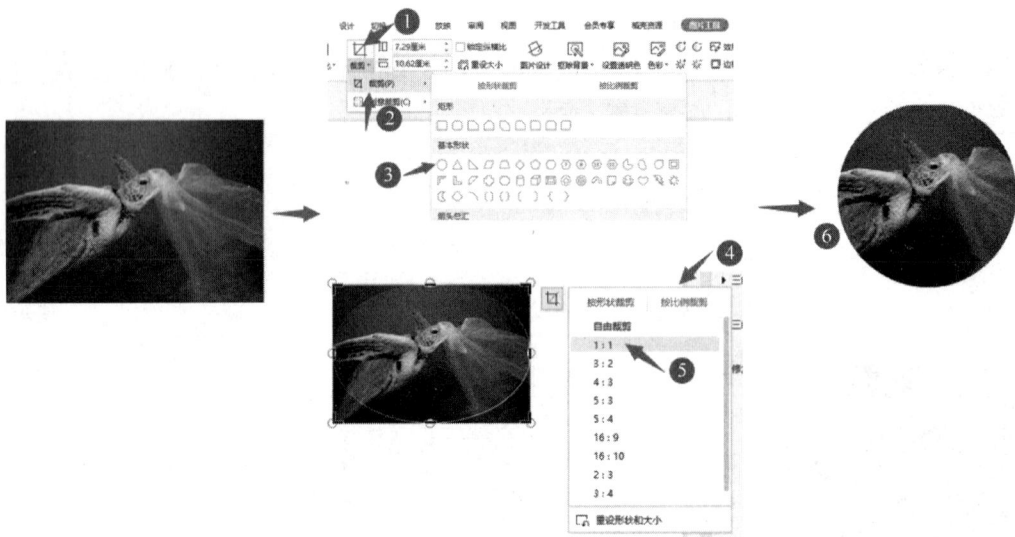

图 3-67　裁剪图片

⑥ 图片的边框设置。

为图片设置边框时，可以单击【图片工具】选项卡中的【边框】按钮进行相应的设置。例如，若要为图片添加"橙色、2.25 磅、方点虚线边框"，先选中图片，单击【图片工具】选项卡中的【边框】按钮，在弹出的颜色中选择【标准色-橙色】，然后在线型中选择【线型-2.25 磅】，最后在【虚线线型】中选择【方点】，即可完成对指定图片边框的设置，如图 3-68 所示。

⑦ 图片的组合。

当幻灯片中有多张图片时，为统一处理图片的大小和位置等，可以将多张图片组合在一起。

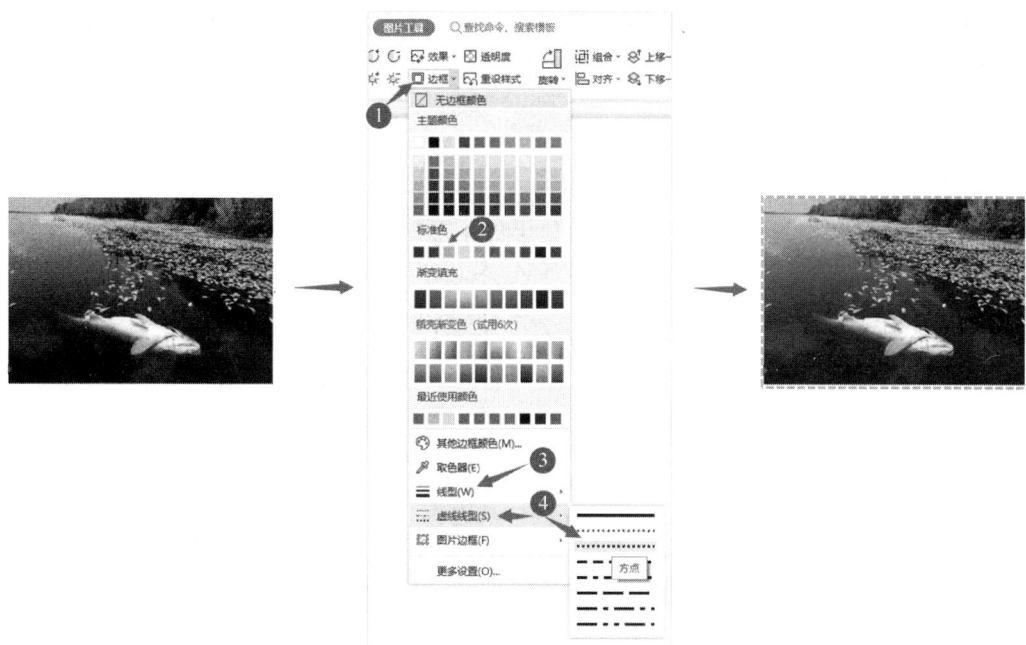

图 3-68　设置图片的边框

同时选中要组合的图片，右击，在弹出的快捷菜单中选择【组合】命令，即可将选中的所有图片组合在一起，如图 3-69 所示。

图 3-69　组合图片

⑧ 批量对齐图片。

当幻灯片中有多张图片时，将其对齐就成了一件麻烦事，但是只要掌握技巧，烦琐的对齐操作也可以很快解决。

在选中多张图片后，单击【图片工具】选项卡中的【对齐】按钮，根据需要选择下拉列表中的对齐命令即可，如图 3-70 所示。

图 3-70　批量对齐图片

3.2.3　目录页制作

1. 目录页的常见版式

目录页的常见版式如图 3-71 所示。

这里，目录页采用左右分布的版式，如图 3-72 所示。

图 3-71　目录页的常见版式

图 3-72　目录页

2. 形状的编辑

（1）插入形状。

① 在【插入】选项卡中单击【形状】按钮，在弹出的形状中找到需要的形状并单击，如图 3-73 所示。

② 这里，选择【矩形】，鼠标指针立刻变成十字形状，按住鼠标左键在幻灯片上拖动，便可绘制一个矩形，如图3-74所示。

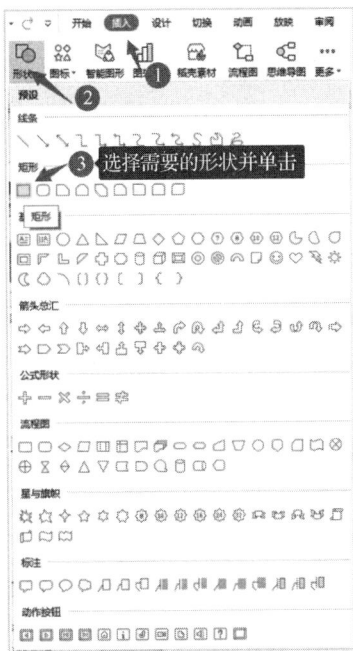

图 3-73　插入形状

图 3-74　绘制矩形

（2）设置形状的格式。

① 与图片同理，选择矩形后，会出现【绘图工具】选项卡，在该选项卡的功能区中，可以更改矩形的样式、填充颜色和轮廓，如图3-75所示。

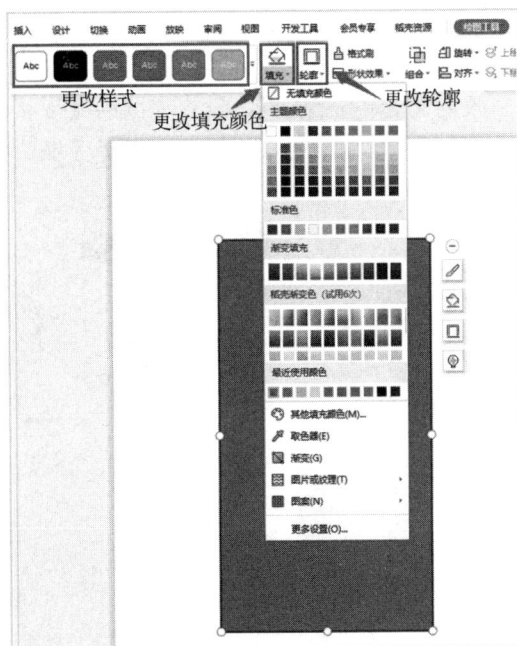

图 3-75　更改矩形的样式、填充颜色和轮廓

② 在【插入】选项卡中单击【文本框】按钮，在下拉列表中可以选择【横向文本框】或【竖向文本框】命令，如图 3-76 所示。

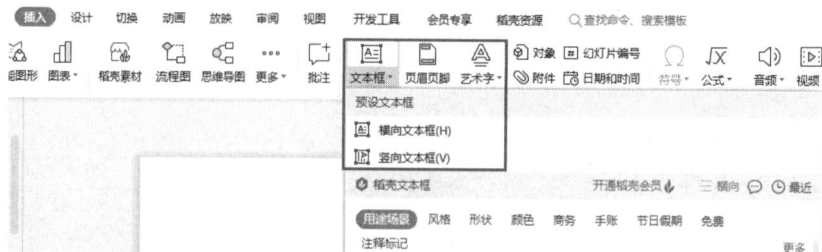

图 3-76　在形状上插入文本框

这里，选择【竖向文本框】命令，并输入文字"目录 CONTENTS"，并设置艺术字的效果，如图 3-77 所示。

③ 在【插入】选项卡中单击【形状】按钮，在弹出的形状中选择【椭圆】，如图 3-78 所示，按住【Shift】键不放拖动鼠标即可画出正圆形。

图 3-77　在形状上插入文本框样图

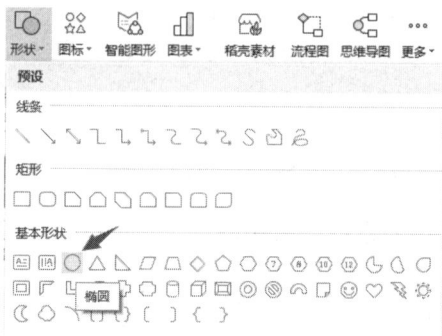

图 3-78　插入椭圆形状

将该圆形的填充颜色更改为【无填充颜色】，设置该圆的【形状效果】为【阴影】→【右下斜偏移】，最后选中该圆，右击，在弹出的快捷菜单中选择【编辑文字】命令，并输入文字"壹"，如图 3-79 所示。

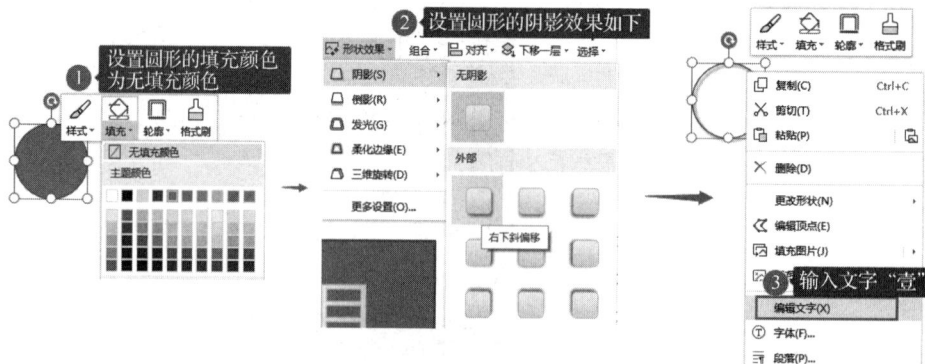

图 3-79　设置圆的样式

可以适当地调整文字"壹"的样式使其更加美观，接下来在圆的右侧插入"横向文本框"输入标题"垃圾分类的意义"。要更加高效地完成目录页，可以将圆及其右侧的横向文本框组合在一起，通过复制、粘贴的方式快速完成剩下三个标题的制作。对于多个对象的快速对齐可以参考图 3-70 提供的对齐方法，完成后的目录页如图 3-72 所示。

3. 设置超链接

（1）选中要插入超链接的对象，这里，选择目录中的第一个标题"垃圾分类的意义"，在【插入】选项卡中单击【超链接】按钮，如图 3-80 所示。或者右击，在弹出的快捷菜单中选择【超链接】命令。在【超链接】下拉列表中选择【本文档幻灯片页】命令。

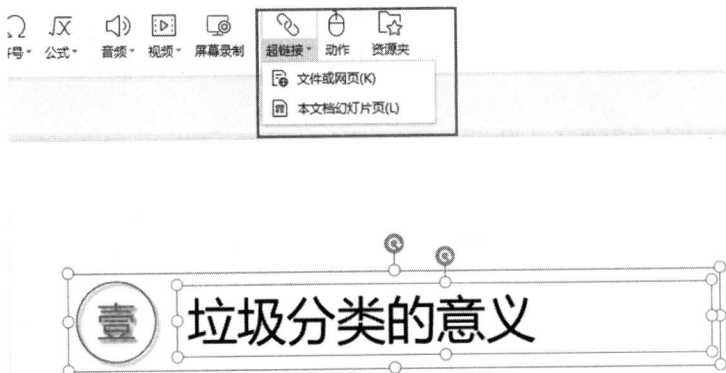

图 3-80　插入超链接

（2）在弹出的【插入超链接】对话框中选择【本文档中的位置】命令，再选择要链接到的幻灯片，在【幻灯片预览】中查看链接的目标是否正确，单击【确定】按钮，如图 3-81 所示。

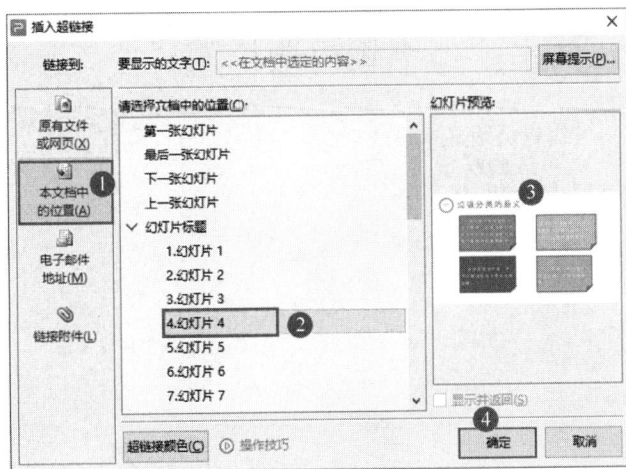

图 3-81　设置超链接

3.2.4　内容页制作

1. 内容页的常见版式

内容页的常见版式如图 3-82 所示。

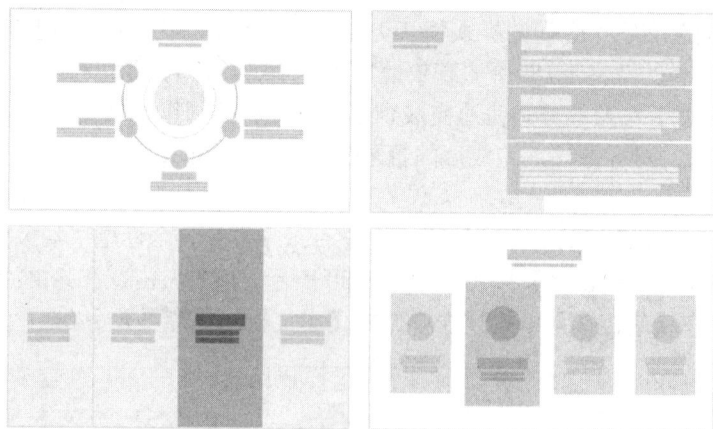

图 3-82　内容页的常见版式

2. 母版的制作

为统一内容页幻灯片的设计风格并提高制作幻灯片的效率，可以使用母版来快速统一幻灯片中的元素，这样便于对演示文稿进行批量修改。同一个演示文稿文件允许多个母版共存。版式的设计和编辑是在幻灯片母版编辑视图中进行的，占位符是母版或版式幻灯片中预先添加的文本框等对象。

要使用母版，可以单击【视图】选项卡中的【幻灯片母版】按钮，即可进入幻灯片母版编辑视图，如图 3-83 所示。

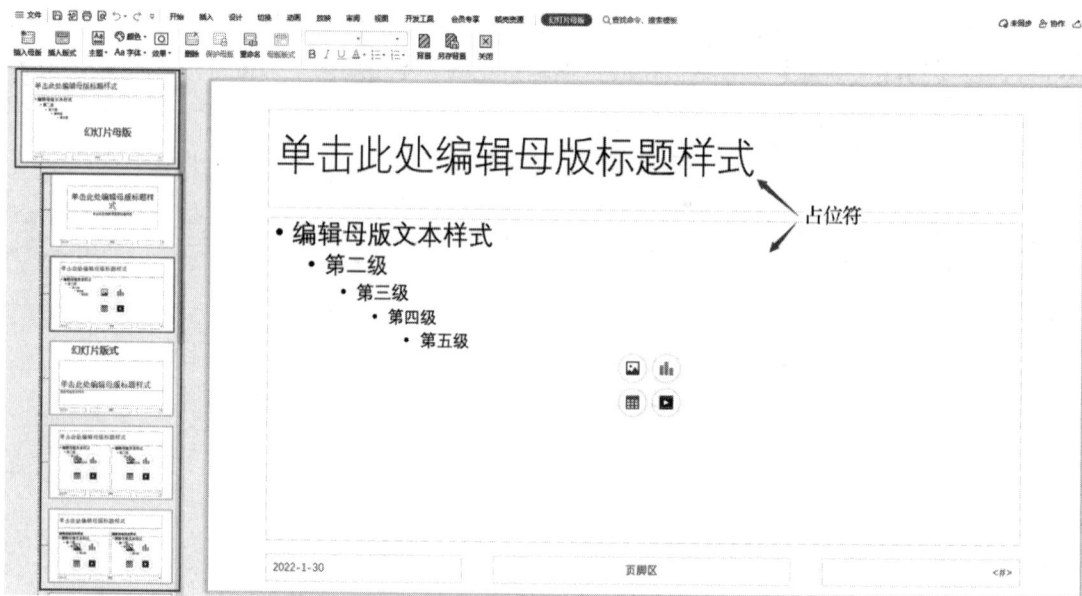

图 3-83　幻灯片母版编辑视图

下面为内容页设计统一的版式。

（1）新建版式。

将光标置于幻灯片母版编辑视图左侧的导航窗格中，在两张版式中间的空白区域上右击，在弹出的快捷菜单中选择【新幻灯片版式】命令，如图 3-84 所示。

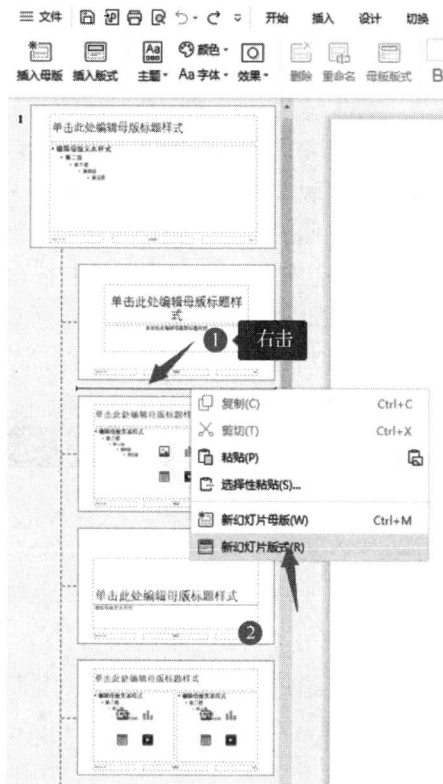

图 3-84 新建版式

（2）编辑版式。

去掉版式中不需要的占位符，并根据需要插入各种形状、图片或文字等对象，以便设计该版式。这里，在该版式中上下各插入两个矩形色块，颜色的选择符合整个演示文稿的基调即可，具体设计样式如图 3-85 所示。

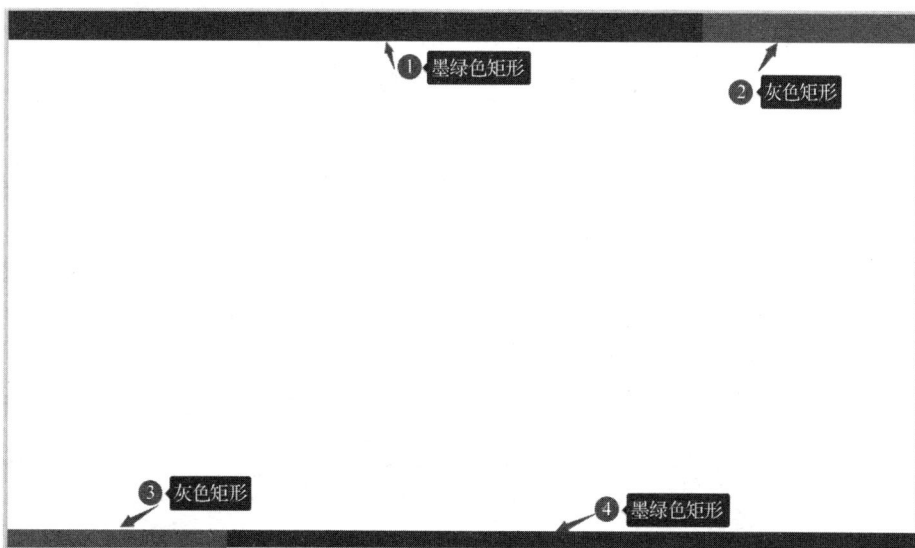

图 3-85 新版式设计样式

专享 稻壳资源 【幻灯片母版】 Q查

⊠
关闭

关闭母版视图
关闭幻灯片母版视图，
并返回演示文稿编辑模
式。

图 3-86　关闭母版编辑视图

版式设计完后，单击【幻灯片母版】选项卡中的【关闭】按钮，即可关闭幻灯片母版编辑视图，如图 3-86 所示。

（3）应用新版式。

下面将本演示文稿的所有内容页幻灯片的版式都更改为刚设计的新版式，即可实现内容页样式的统一。

在左侧的导航窗格中将所有内容页幻灯片全部选中，然后在【开始】选项卡中单击【版式】按钮，在弹出的版式中选中新建的版式，如图 3-87 所示。这样，所有内容页幻灯片即可统一套用新建的版式，内容页的效果图如图 3-88 所示。

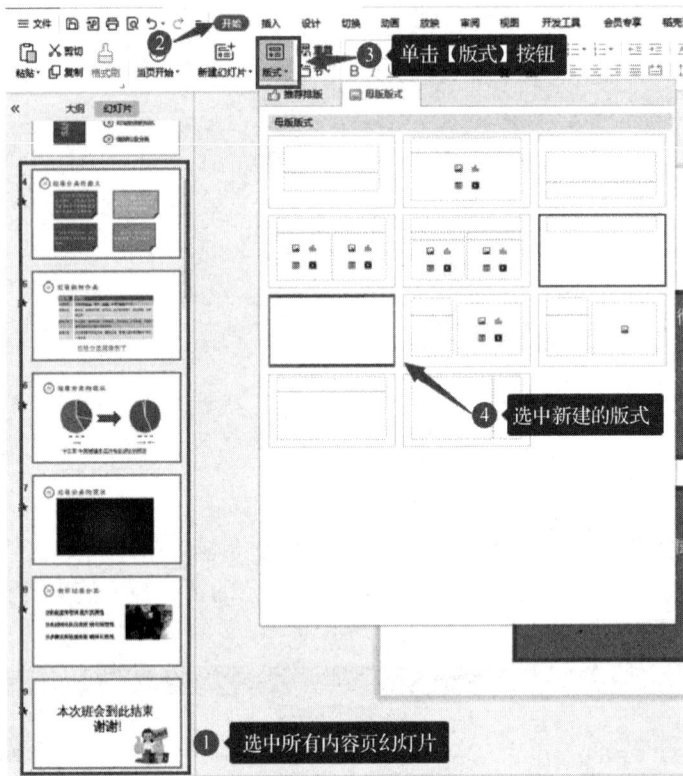

图 3-87　更改版式

图 3-88　内容页的效果图

（4）修改幻灯片母版。

如果要为整个演示文稿中的每张幻灯片（包括封面、目录页、内容页等）都添加某个固定对象，如公司或学校的 Logo，则需要在幻灯片母版编辑视图的幻灯片母版中进行修改。

单击【视图】选项卡中的【幻灯片母版】按钮，进入幻灯片母版编辑视图后，选中左侧导航窗格中的第一张也是最大的幻灯片，即整个演示文稿的幻灯片母版。需要注意的是，在此幻灯片中所做的所有修改，将影响整个演示文稿中的所有幻灯片。接下来，在幻灯片母版的右上角插入一个"垃圾桶"图标，如图 3-89 所示，然后退出幻灯片母版编辑视图，可以看到所有幻灯片的右上角都出现了该图标，如图 3-90 所示。

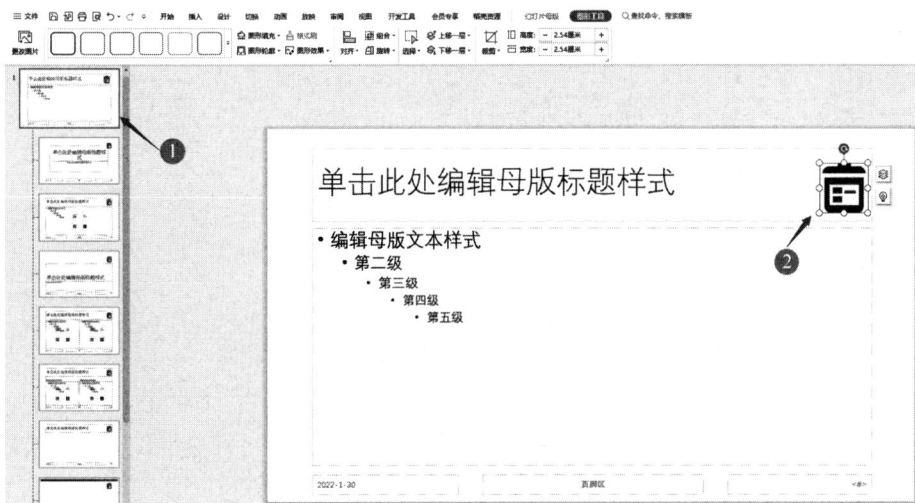

图 3-89　在母版中插入图标

图 3-90　修改母版后的效果

用户可以根据需要适当地修改幻灯片母版，以实现设计风格的统一。

3. 表格的编辑

（1）插入表格。

① 在【插入】选项卡中单击【表格】按钮，插入表格的行数和列数较少时，可以直接在弹出的方格中选择方格数；行数和列数较多时，选择【插入表格】命令，在弹出的对话框中输入表格的行数和列数，然后单击【确定】按钮，这里，选择 2 行×5 列的表格，如图 3-91 所示。

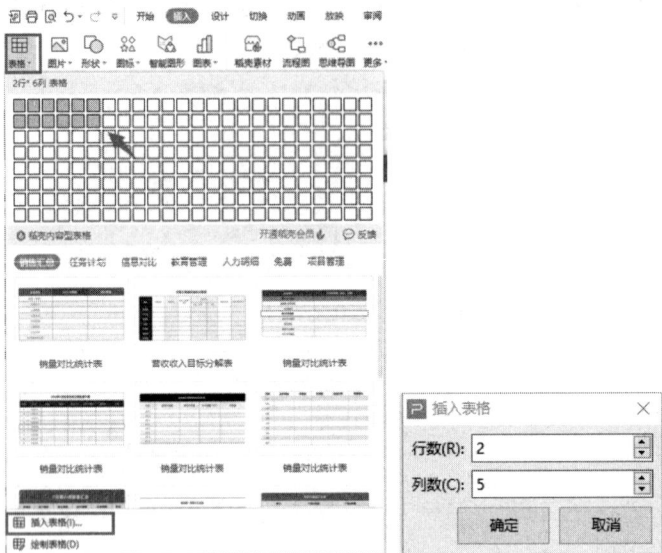

图 3-91　插入表格

② 在插入的表格中输入文本后，将光标置于两个单元格的中间拖动，可以改变整行或整列单元格的大小；将光标置于表格的四个角处拖动，可以放大或缩小整个表格，如图 3-92 所示。

图 3-92　表格页

（2）设置表格。

① 修改表格样式。

选中表格，会出现【表格工具】和【表格样式】两个选项卡，用于对表格进行进一步设置。选中表格的同时，在【表格样式】选项卡中可对表格样式进行修改，如图 3-93 所示。

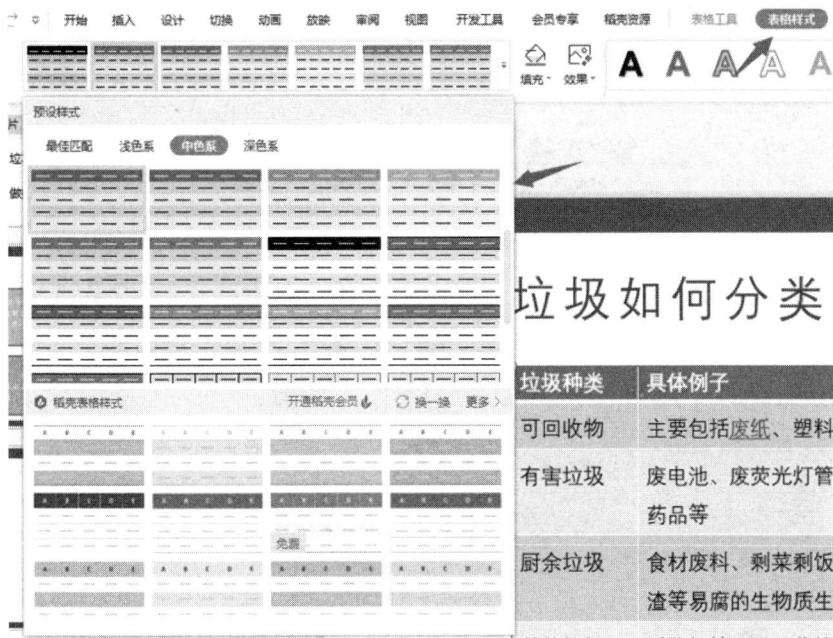

图 3-93 修改表格样式

② 单元格填充颜色、边框线及文本效果设置。

选中表格，选择【表格样式】选项卡，可对单元格的填充颜色、边框及单元格内的文本效果进行设置，如图 3-94 所示。

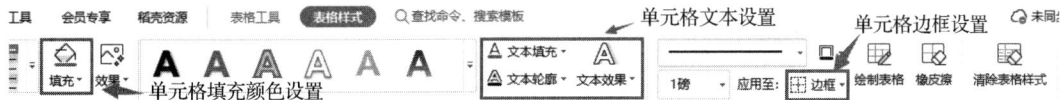

图 3-94 单元格填充颜色、边框线及文本效果设置

③ 表格的其他设置。

选中表格，在【表格工具】选项卡中，可以调整表格的行高和列宽，可以合并及拆分单元格，设置表格内容对齐，还可以对表格的行和列进行增删等，如图 3-95 所示。

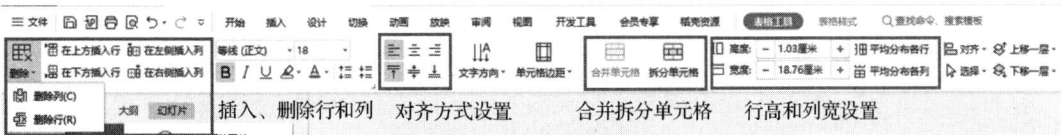

图 3-95 【表格工具】选项卡

4．图表的编辑

（1）插入图表。

① 在【插入】选项卡中单击【图表】按钮，在下拉列表中选择【图表】命令，如图 3-96 所示。

② 在弹出的【图表】对话框中，可以选择插入图表类型和具体样式，如图 3-97 所示，选择【饼图】并单击后，即可完成饼图的插入。

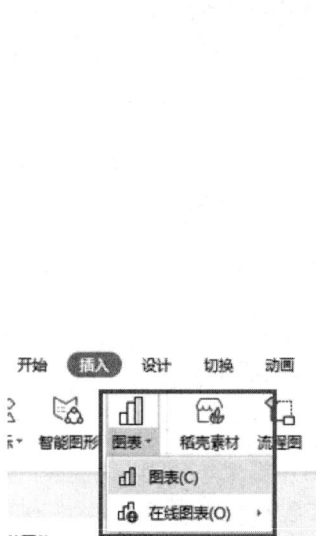

图 3-96 【图表】下拉列表

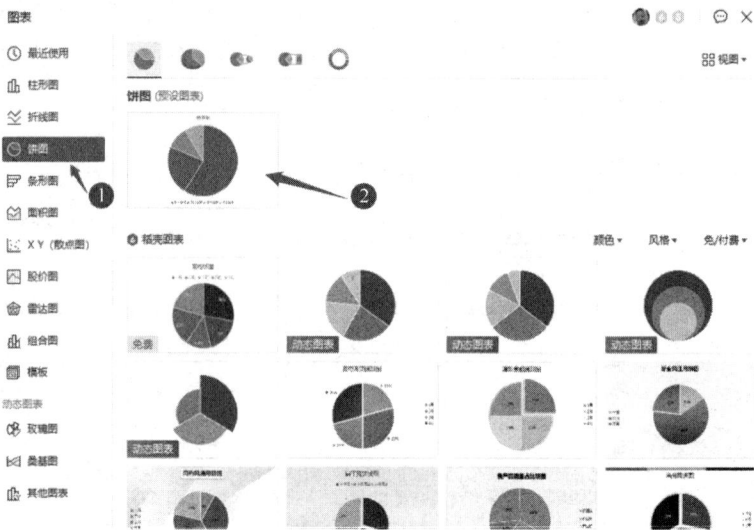

图 3-97 插入饼图

③ 选中插入的图表，右击，在弹出的快捷菜单中选择【编辑数据】命令，弹出与该饼图对应的 Excel 表格，在 Excel 表格中输入饼图数据（填埋 66%、焚烧 31%、其他 3%），如图 3-98 所示。

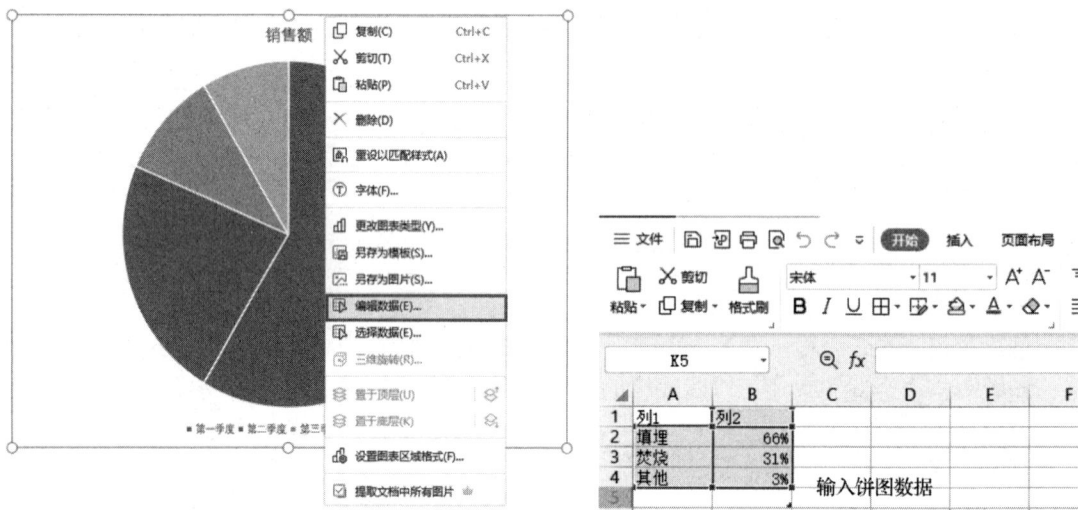

图 3-98 输入饼图数据

输入数据后，即可得到如图 3-99 所示的饼图。

④ 使用同样的方法，在幻灯片的右侧插入另一个饼图（饼图数据为填埋 43%、焚烧 54%、其他 3%），在中间插入【形状】→【燕尾形箭头】，然后插入文本框并输入标题文字，如图 3-100 所示。

（2）设置图表。

选中图表，在【图表工具】选项卡中（见图 3-101），可以更改图表样式、颜色，编辑数据源，更改图片类型，为图表添加标题、数据标签、图例元素，等等。

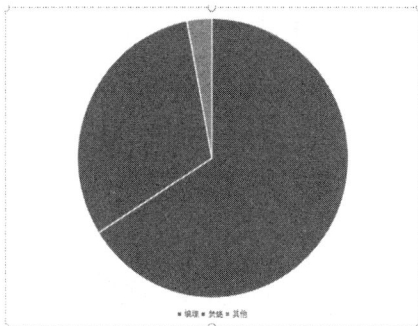

图 3-99 饼图

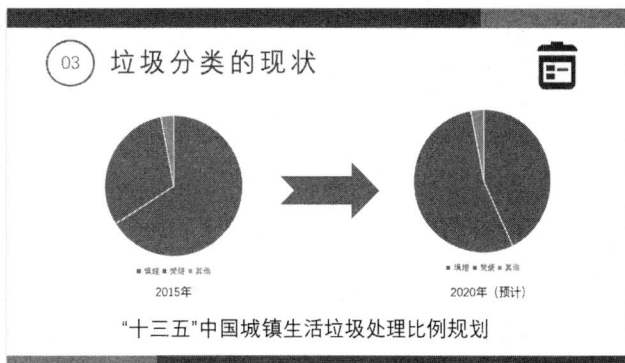

图 3-100 图表页

图 3-101 【图表工具】选项卡

5. 音频的编辑

（1）插入音频。

① 单击【插入】选项卡中的【音频】按钮，在下拉列表中选择【嵌入音频】命令，如图 3-102 所示。

② 在弹出的【插入音频】对话框中找到音频所在路径，选中待插入的音频，单击【打开】按钮，如图 3-103 所示。

图 3-102 选择【嵌入音频】命令

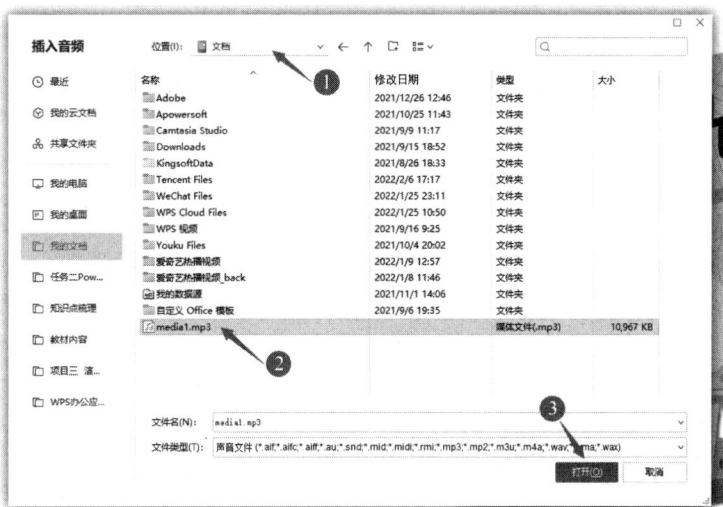

图 3-103 【插入音频】对话框

③ 在幻灯片中央出现一个"小喇叭"图标即音频图标，将光标置于其上会出现进度条，可以对音频进行播放或暂停播放，插入音频后的效果图如图 3-104 所示。

图 3-104　插入音频后的效果图

（2）设置音频。

① 为不遮挡幻灯片中央的图片，可以将音频图标拖动到幻灯片可视范围之外，以便进一步编辑时不影响画面中的其他对象。

选中音频图标，选择【图片工具】选项卡，可将音频图标当作图片，对其外观进行相应的调整，如图 3-105 所示。

图 3-105　设置音频图标的外观

② 选中音频，选择【音频工具】选项卡，设置音频播放的开始方式是默认的【自动】还是【单击】，接下来如果将音频作为班级活动期间的背景音乐，则选中【跨幻灯片播放】单选按钮，并设置结束位置或勾选【循环播放，直至停止】复选框，如图 3-106 所示。

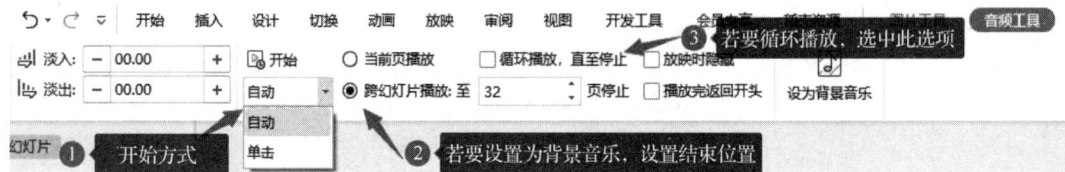

图 3-106　【音频工具】选项卡

③ 如果插入的音频很长，而使用时仅需要播放其中的一段，则可以对插入的音频进行剪辑。

选中音频，单击【音频工具】选项卡中的【裁剪音频】按钮，如图 3-107 所示，弹出【裁剪音频】对话框。

④ 在【裁剪音频】对话框中，可以在进度条上拖动前后两个剪辑标记进行剪辑，绿色为开始标记，红色为结束标记。两个标记之间的音频为剪辑后留下的音频。也可以更改音频的【开始时间】和【结束时间】来完成对音频的剪辑，如图 3-108 所示。

6. 视频的编辑

（1）插入视频。

在【插入】选项卡中单击【视频】按钮，在下拉列表中选择【嵌入视频】命令，在弹出的【插入视频】对话框中选择待插入视频所在路径，选择待插入视频，然后单击【打开】按钮，即可插入视频,如图 3-109 所示。

图 3-107 单击【裁剪音频】按钮   图 3-108 【剪辑音频】对话框

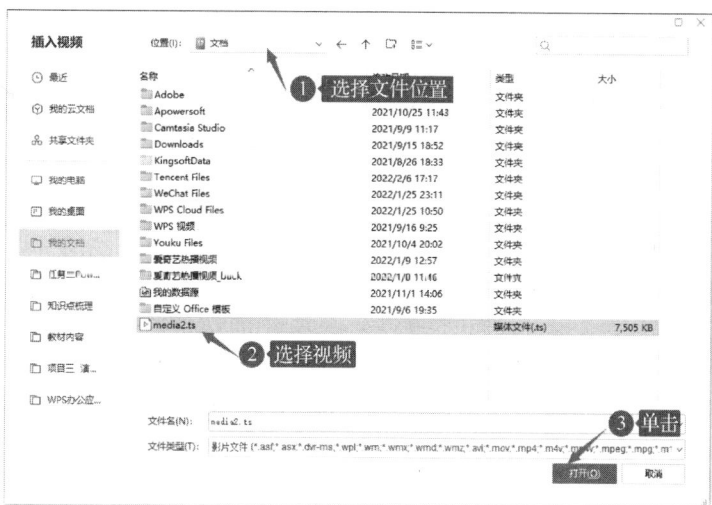

图 3-109 插入视频

(2)设置视频。

① 如果插入的视频画面过大或过小,则可以通过拖曳视频外边缘的 8 个空心圆句柄来调整视频画面的大小,使其与其他对象和谐布局。

选中视频,选择【图片工具】选项卡,可将视频当作图片,对其外观进行相应的调整,如图 3-110 所示。

图 3-110 设置视频的外观

② 选中视频，选择【视频工具】选项卡，可以根据需要设置视频播放的开始方式是默认的【单击】还是【自动】，如图 3-111 所示。

图 3-111　【视频工具】选项卡

③ 与音频类似，也可以对视频的长短进行剪辑。选中视频，在【视频工具】选项卡中单击【裁剪视频】按钮，如图 3-112 所示，弹出【裁剪视频】对话框。

④ 在【裁剪视频】对话框中，可以在进度条上拖动前后两个剪辑标记进行剪辑，绿色为开始标记，红色为结束标记。两个标记之间的视频为剪辑后留下的视频。也可以更改视频的【开始时间】和【结束时间】来完成对视频的剪辑。插入的视频音量过小或过大时，可以单击【视频工具】选项卡中的【音量】按钮，对视频的音量大小进行设置，如图 3-113 所示。

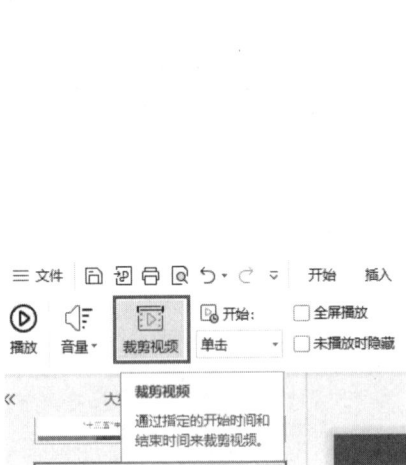

图 3-112　单击【裁剪视频】按钮

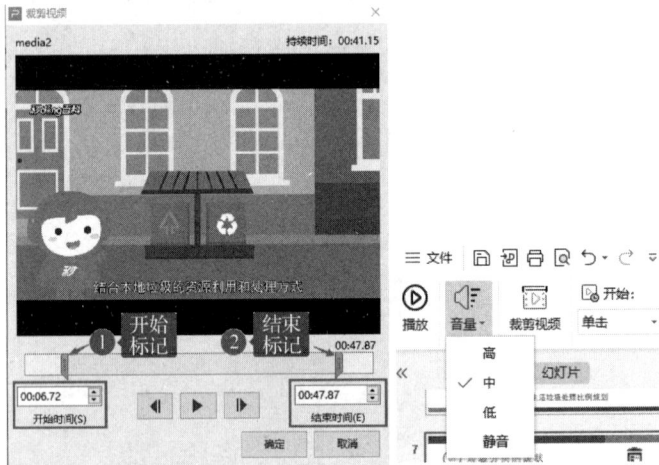

图 3-113　裁剪视频及调整视频的音量

3.2.5　封底页制作

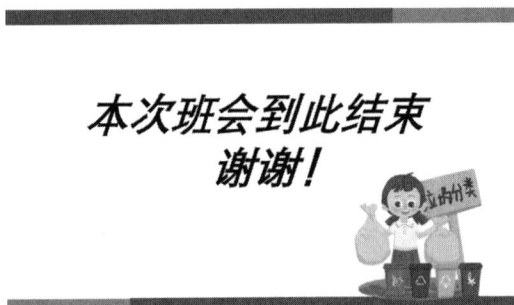

图 3-114　制作完成的封底页

演示文稿的尾页相当于一本书的封底，在版式上与封面起前后呼应的作用。封底页可以对封面页中的元素进行适当弱化，并添加表示感谢的话语、广告语、联系方式等内容。在制作封底页的过程中，将封面页中的图片调小，并添加了结束语，制作完成的封底页如图 3-114 所示。

3.2.6　动画和切换设置

1．动画设置

为幻灯片中的对象添加动画可以增加幻灯片的动感和表现力,在一些场合需要对象有序地出现或按照指令出现,这些都需要通过动画来实现。

以第二页为例,选中"污染触目惊心"这个文本框,在【动画】选项卡中选择【缩放】效果,设置开始播放为默认的【单击时】,如图3-115所示。

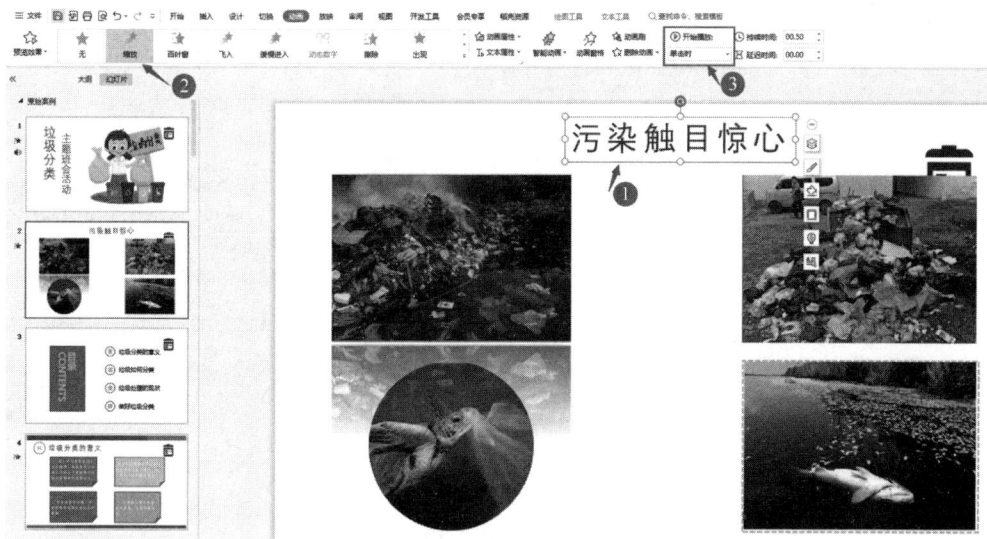

图3-115　为对象添加动画

在【动画】面板中单击右侧向下的三角形图标,会显示更多的动画效果,动画分为五种,即进入、强调、退出、动作路径、绘制自定义路径,单击每种动画右侧的下拉按钮可以看到更多的动画效果,如图3-116所示。

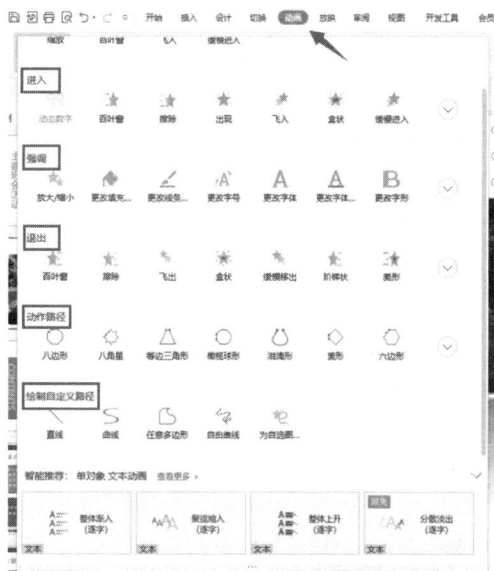

图3-116　更多动画效果

（1）进入动画。

【进入】动画是指设置的该对象在幻灯片开始放映时并没有出现，需要对其设置进入效果及开始播放方式后才会出现。选中第一行左侧的图片，为其设置【进入】→【劈裂】动画效果，在开始播放方式中选择【在上一动画之后】，即可使其在文本框"污染触目惊心"出现后跟着自动出现，如图3-117所示。

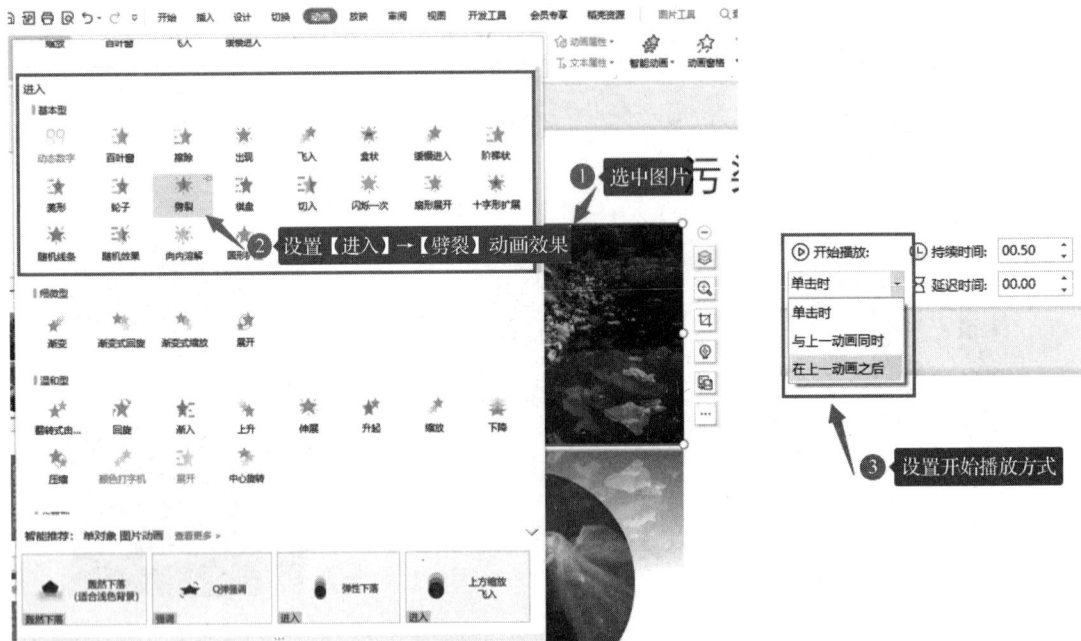

图3-117　设置进入动画效果

在【动画属性】下拉列表中，可以设置该动画的方向或运行方式等，如图3-118所示。

图3-118　设置动画属性

（2）强调动画。

强调动画是指设置的该对象出现在幻灯片上后，可以突出该对象，让该对象重点显示的动画效果。选中第一行右侧的图片，为其设置【强调】→【陀螺旋】动画效果，在开始播放方式中选择【在上一动画之后】，即可使其在左侧图片出现后出现自动旋转突出显示的效果。默认该动画的持续时间为2s，可以将其持续时间改为1s，如图3-119所示。

（3）退出动画。

退出动画与进入动画正好相反，即让出现在幻灯片上的对象按照具体设置的方式消失。退出动画的设置方法与进入动画的类似，在此不再赘述。

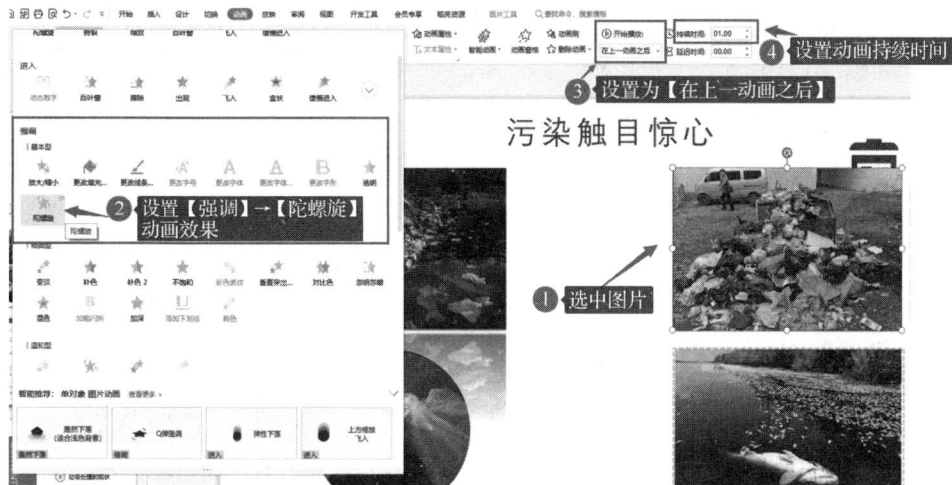

图 3-119 设置强调动画效果

（4）动作路径动画。

动作路径动画是指设置的对象按照设定好的路径进行运动的动画效果。选中第二行左侧的图片，为其设置【动作路径】→【心形】动画效果，在开始播放方式中选择【在上一动画之后】，并将其【持续时间】设置为 0.5s，使其在上一张图片动画效果完成后，延迟 0.5s 就自动按照心形的路径运动，如图 3-120 所示。

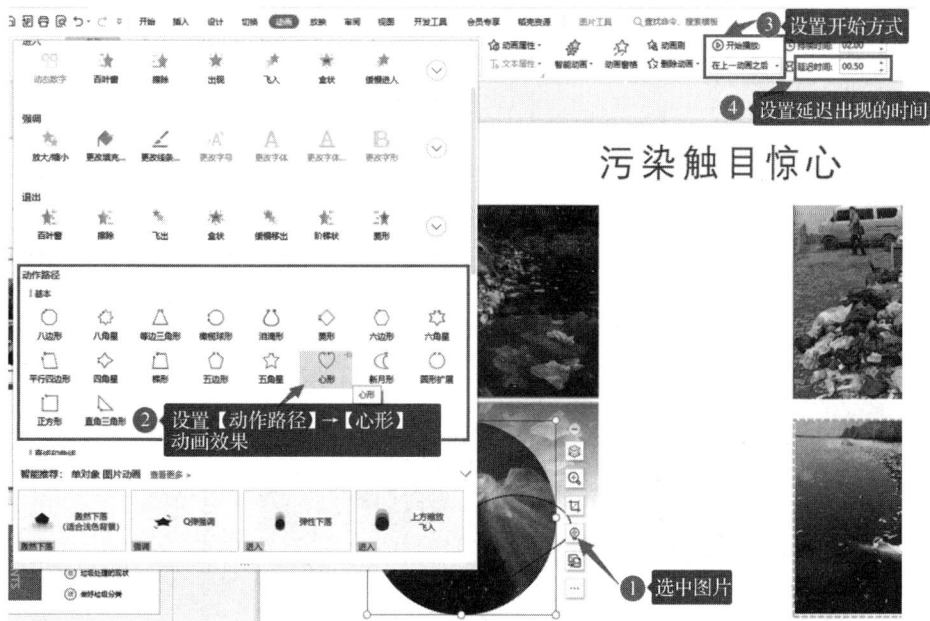

图 3-120 设置动作路径动画效果

（5）绘制自定义路径动画。

除了可以使用系统内置的动作路径，还可以设置自定义动作路径，使幻灯片中的对象完全按照用户的意愿运动。选中第二行右侧的图片，设置【绘制自定义路径】→【直线】动画效果，并在幻灯片的合适位置按住鼠标左键手动绘制动作路径的运动轨迹，接下来在开始播放方式中选择【在上一动画之后】，使其在上一张图片动画效果完成后，自动按照用户绘制的直线运动轨迹运动，如图 3-121 所示。

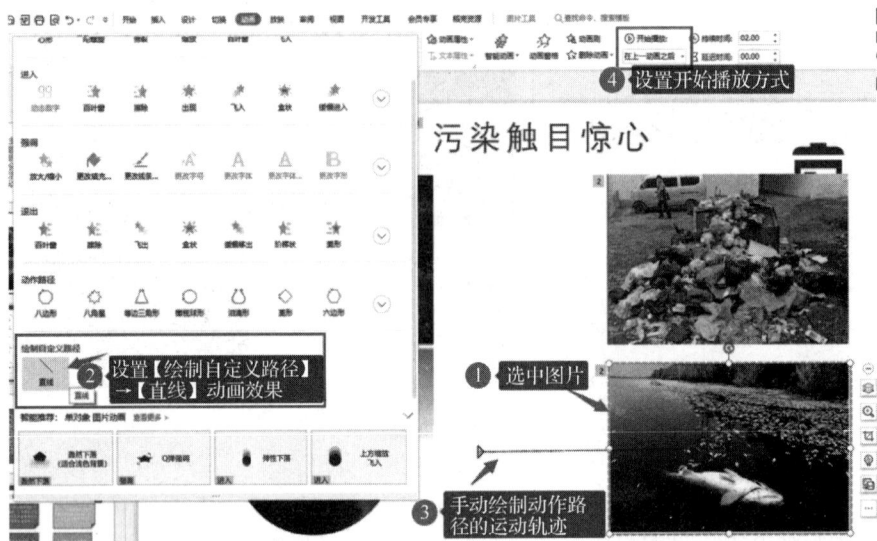

图 3-121　设置绘制自定义路径动画效果

（6）动画窗格。

当幻灯片中有多个对象要设置动画时，为更高效方便地设置每个对象的动画效果，可以使用动画窗格功能。动画窗格是编辑动画时常用的一种命令，它可以调节和编辑动画的先后顺序，并进行相关参数的设置。

在【动画】选项卡中单击【动画窗格】按钮，在界面的右侧即可出现【动画窗格】。在【动画窗格】中，可以看到该幻灯片中所有对象的动画设置顺序、方式，以及开始和结束时间等，如图 3-122 所示。

图 3-122　动画窗格

在如图 3-123（a）所示的【动画窗格】中，单击某对象的动画效果右侧的下拉按钮，在下拉列表中选择【效果选项】命令，弹出该动画效果的具体设置对话框，如图 3-123（b）所示为【陀螺旋】对话框。在该对话框中，可以设置该动画的细节信息，如旋转的角度、声音、是否自动翻转、速度等。

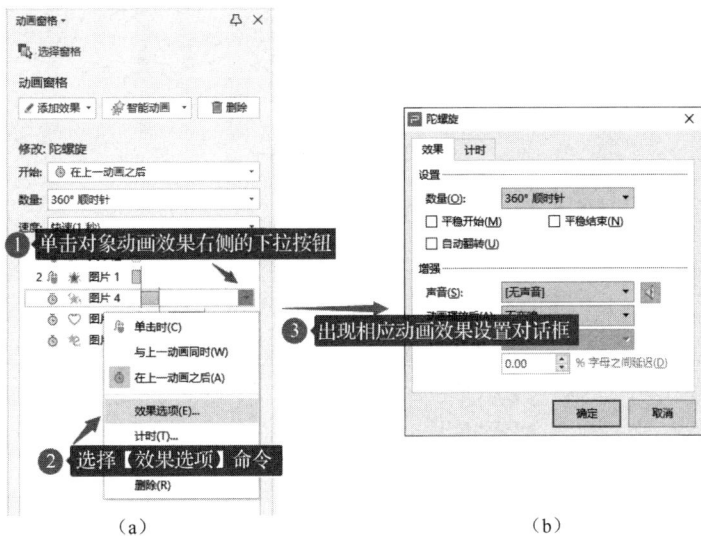

图 3-123　设置动画的细节信息

（7）交互动画。

使用动画设置中的触发器可实现同一页中对象之间的动画交互。以封面页为例，若要实现通过单击左侧的【垃圾分类】文本框来触发右侧图片出现的动画效果，可以使用【触发器】来实现。

选中右侧图片，为其设置【进入】→【扇形展开】动画效果，如图 3-124 所示。

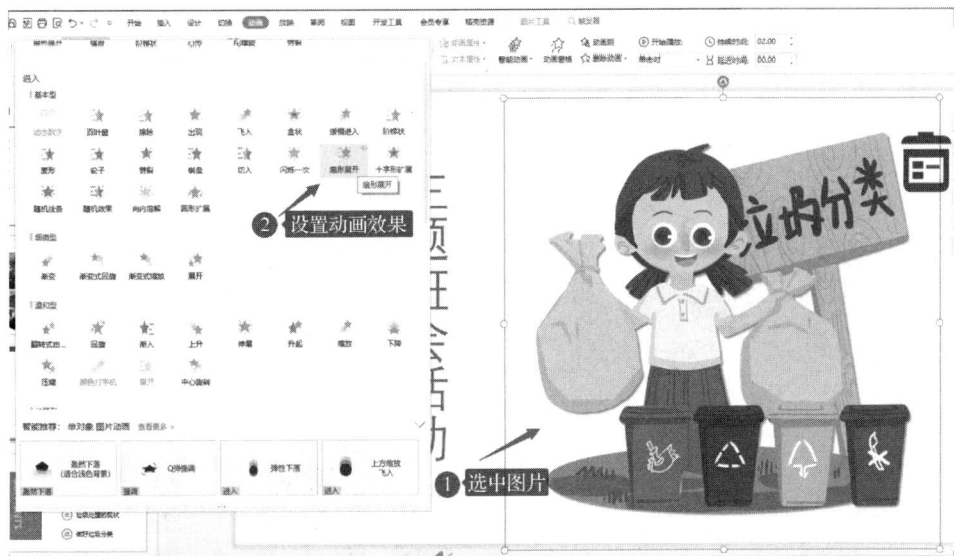

图 3-124　为图片设置动画

在如图 3-125（a）所示的【动画窗格】中，单击该动画效果右侧的下拉按钮，在下拉列表中选择【效果选项】命令；在弹出的【扇形展开】对话框中，选择【计时】选项卡，单击【触发器】按钮，选中【单击下列对象时启动效果】单选按钮，并在右侧的对象列表中选中【垃圾分类】文本框即【文本框 8】，如图 3-125（b）所示。这样，就可以实现单击【垃圾分类】文本框时，图片以【扇形展开】的动画效果出现。此时，单击该页上其他任何对象，都能使图片出现吗？答案是不能。不信的话，大家可以试一试。

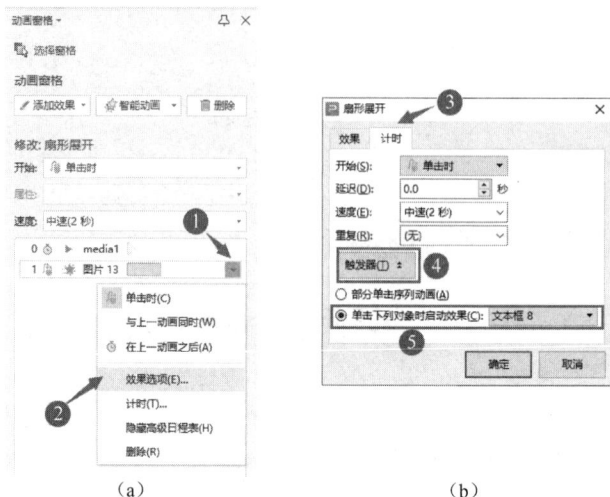

（a） （b）

图 3-125　设置触发器

2. 切换设置

切换效果适用于相邻幻灯片之间的切换，切换效果可以使幻灯片之间实现更平滑、更有趣味性的切换。

选中要添加切换效果的幻灯片，在【切换】选项卡中单击需要添加的切换效果即可。这里，选择【推出】效果，单击【切换】选项卡中的【效果选项】按钮，在下拉列表中可以设置切换的方向，如图 3-126 所示。

图 3-126　为幻灯片添加切换效果

与动画面板一样，单击右侧向下的三角形图标，可选择更多切换效果，如 3-127 所示。

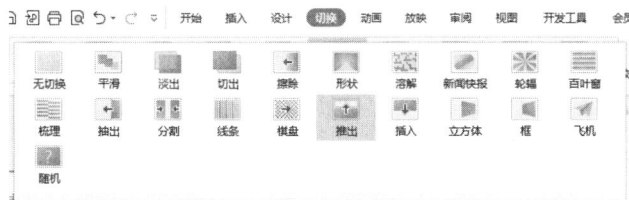

图 3-127　更多切换效果

3.2.7　演示文稿的定稿

有关演示文稿定稿的功能及操作，可扫描二维码进行拓展学习。

演示文稿的定稿

3.3　WPS 2019 演示的幻灯片美化

WPS 2019 演示的幻灯片美化（上）　WPS 2019 演示的幻灯片美化（中）　WPS 2019 演示的幻灯片美化（下）

➡ 任务描述

要求同学们在掌握 WPS 2019 演示的基本技能之后，按照排版原则和排版步骤，通过色彩搭配、字体设置、图片处理、形状设置、图标运用等，对之前制作的"垃圾分类主题班会活动"幻灯片进行优化。

同学们在掌握专业知识的同时，应该提高演示文稿的制作效率和设计水平，培养和提高感受美、鉴赏美和创造美的能力。

➡ 思路解析

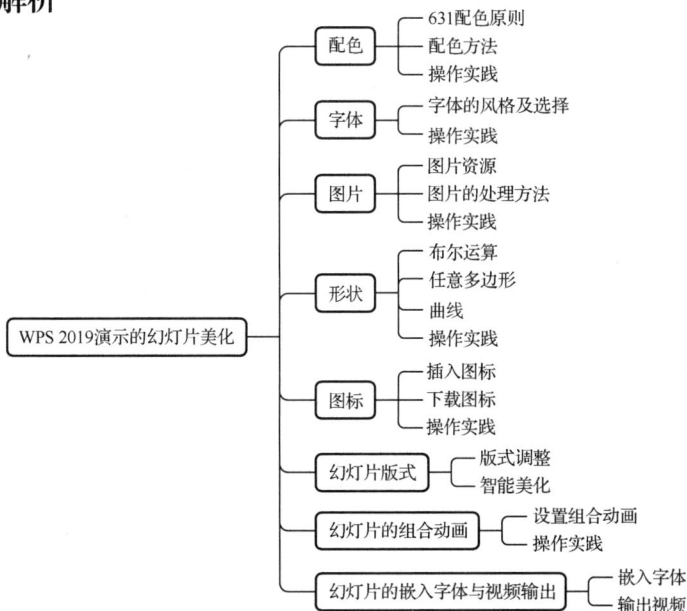

➡ **任务实施**

3.3.1 配色

在五彩缤纷的世界里，红色代表喜庆，热情；橙色代表温暖；黄色代表希望，活力；绿色代表生命，环保；蓝色代表安静，稳重；紫色代表高贵，神秘，如图 3-128 所示。

图 3-128　颜色的性格

设计来源于生活，对幻灯片来说，好的配色能提高视觉冲击力，给观众留下深刻的印象。下面介绍幻灯片的配色原则和方法。

1. 631 配色原则

幻灯片的画面颜色一般由主色、辅助色、点缀色三个部分组成，同一页面上的颜色数量不要超过 5 种。主色决定风格，确保正确传达信息；辅助色能帮助主色建立更完整的形象，使画面更丰富；点缀色为非必要色，分散且面积较小，可以酌情添加。

631 配色原则为主色 60%、辅助色 30%、点缀色 10%，如图 3-129 所示。

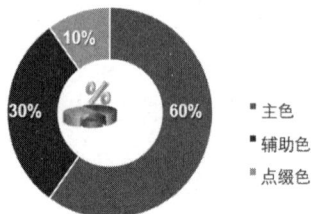

图 3-129　631 配色原则

2. 配色方法

（1）借助取色器。

当看到配色不错的图片，想从中提取配色方案时，可以选择需要设置颜色的对象（图形或文字），使用取色器采集颜色，并查看所采集颜色的 RGB 值。

① 在幻灯片中插入需要获取颜色的图片。

② 绘制一个形状，选中形状，单击【绘图工具】选项卡中的【填充】按钮，在下拉列表中选择【取色器】命令，此时鼠标指针会变成吸管形状。将鼠标指针移到要采集颜色的区域，可以看到它的 RGB 值，单击就可以完成颜色的提取，并应用到形状对象中，如图 3-130 所示。

提示：取非当前页面上的颜色，如取网页上的颜色，怎么办呢？使用同样的操作方法，移动取色器至要取色的地方单击即可。

（2）借助配色网站。

目前，借助配色网站可以辅助配色，对配色基础薄弱的新手会有很大帮助。

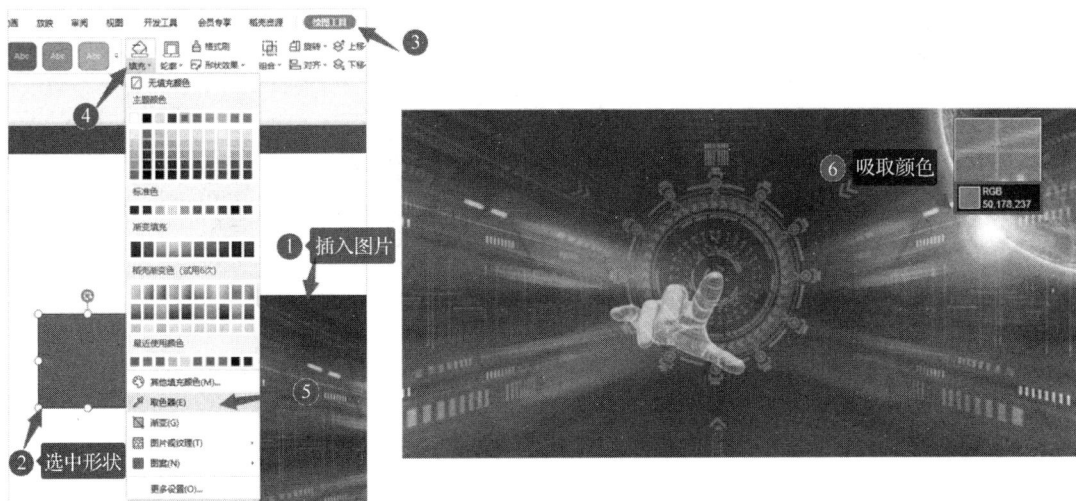

图 3-130 使用取色器配色

① Adobe Color CC。

Adobe Color CC 是由 Adobe 公司开发的一款动态配色识别工具。进入该网站，单击【新增】按钮，上传本地的一张照片，系统会从照片上提取画面的主要构成颜色，并生成 5 种颜色的配色组合，用户也能通过色轮来搭配配色方案，如图 3-131 所示。

图 3-131 借助网站配色

② Color hunt。

Color hunt 最大的特点就是使用饱和度调配配色方案，每天会根据浏览量进行更新排版，并可以直接使用。

③ 千图网配色工具。

千图网配色工具是千图网下面的一个小工具，聚集了印象配色、智能配色、传图识色、趣味配色、魔秀配色等，可满足用户对配色效果的一切需求。

④ Color Supply。

Color Supply 根据色彩设计理论，提供互补色、相邻色、三色调、四色调，用鼠标拖动色轮的取色杆，旁边提供的色卡方案就会随着色轮的取值而变化。

⑤ 中国色。

如果制作主题具有中国风的作品，中国色是不错的选择，因为它基本覆盖了所有中国风元素的色彩。

3. 操作实践

确定该班会活动幻灯片的配色方案。

（1）主题属于卡通风，可以借助取色器或配色网站，从幻灯片封面的卡通图片上提取颜色，记录颜色的 RGB 值，如图 3-132 所示。

图 3-132　提取配色方案

（2）打开幻灯片，单击【设计】选项卡中的【配色方案】按钮，在下拉列表中选择【自定义】→【创建自定义颜色】选项，如图 3-133（a）所示；弹出【自定义颜色】对话框，在主题颜色对应的颜色中依次输入其 RGB 值，得到该种颜色，设置幻灯片主题颜色的名称，如图 3-133（b）所示。

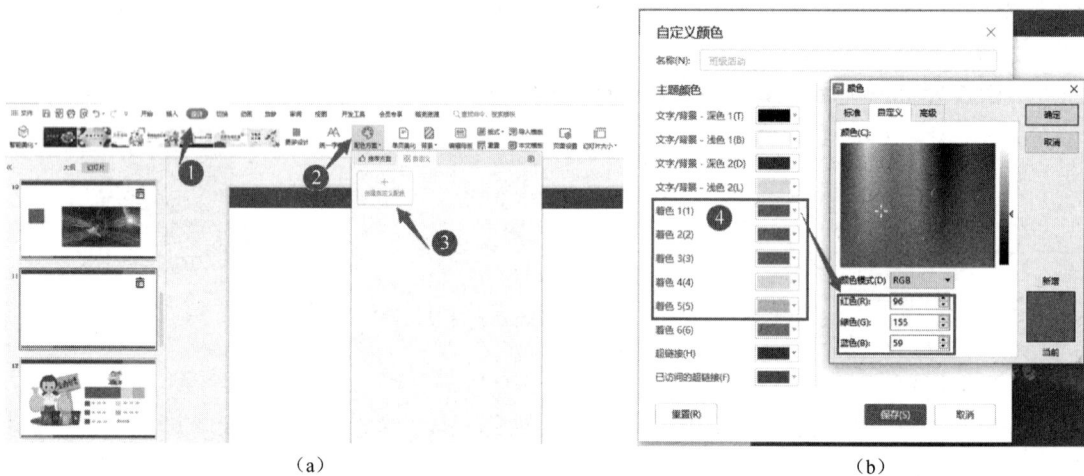

（a）　　　　　　　　　　　　　　　　　　　　（b）

图 3-133　设置幻灯片主题色

3.3.2　字体

1. 字体的风格及选择

字体是文字的外在形式特征，代表文字的风格，不同字体有不同美感，要根据幻灯片的内容来选择合适的字体。有衬线字体，如仿宋、楷体等，在字的笔画开始、结束的地方有额外的装饰，而且笔画的粗细会有所不同，当文字少时，用有衬线字体更加醒目。无衬线字体，如黑体等，在字的笔画开始、结束的地方没有额外的装饰，而且笔画的粗细差不多，当文字多时，用无衬线字体更加清爽。

将该班会活动封面页上的字体重新排版设计。

封面页原稿如图 3-134 所示。

图 3-134 封面页原稿

2. 操作实践

（1）选择一款有趣的卡通字体（如果有商业用途，则选择可商用的字体），并在【颜色】对话框中更改文字颜色的 RGB 值为（41，148，62），单击【确定】按钮，如图 3-135 所示。

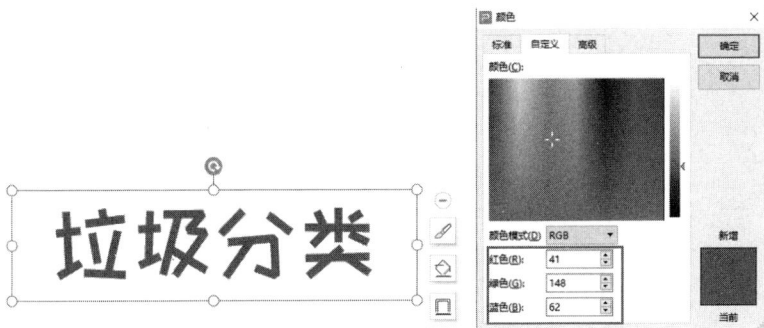

图 3-135 选择字体并更改颜色

（2）将文字拆分，为文字添加外框，然后错位排版，可以旋转文字的角度，调整文字的大小和位置，如图 3-136 所示。

图 3-136 文字错位排版

（3）复制、粘贴一层文字，并置于底层。将复制的这层文字的填充设置为【无填充】，线条颜色的 RGB 值为（244，250，240），大小设置为 15 磅；然后将复制的这层文字重合在原文字的下方，并为文字添加外框，如图 3-137 所示。

（4）将"主题班会活动"设置为与标题"垃圾分类"相同的字体，并拆分文字（为能看清楚，可先设置一种背景色，完成相关设置后再设置为白色），如图 3-138 所示。

图 3-137　复制、粘贴标题文字并为其添加外框

（5）添加英文装饰，如图 3-139 所示。

图 3-138　设置副标题字体

图 3-139　添加英文装饰

（6）对整个幻灯片中的文字都进行调整，如图 3-140 所示。

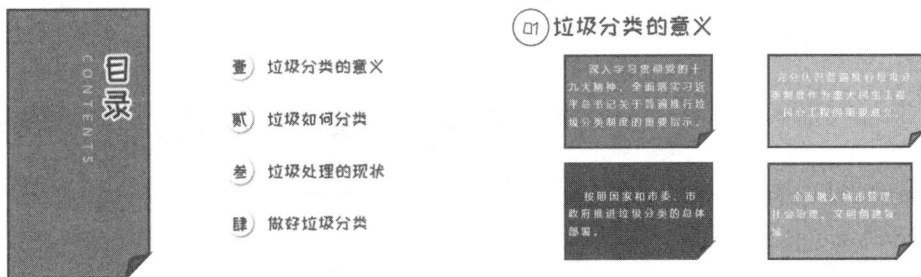

图 3-140 调整整个幻灯片中的文字

3.3.3 图片

优秀的演示文稿就是用图片说话，一图胜千言，它不仅可以丰富页面，增强演示文稿的视觉冲击力，还能帮助观众理解演示文稿要表达的内容，让演示文稿更有说服力。图片的选用要遵循的三个原则是画质高清、主题相关、营造氛围。

1. 图片资源

图片可以作为幻灯片中的背景，有些 PNG 图片可以作为幻灯片中的装饰元素。在使用图片时要注意图片的清晰度。

2. 图片的处理方法

图片的好坏直接影响幻灯片的质量。如果用户不会使用 PS，则可以使用 WPS 2019 演示中提供的处理功能。

（1）图片校正。

可以在【图片工具】选项卡中单击【色彩】按钮，或者调整亮度和对比度的相关按钮，来完成图片色彩、亮度和对比度的设置，亮度数值越人图片越亮，对比度数值越大图片色彩对比越明显，如图 3-141 所示。

（2）图片蒙板。

在使用图片制作幻灯片背景时，有时很难找到一张合适的背景图片，往往好不容易发现一张合适的图片，可这张图片的尺寸不合适，想要放大或缩小，但是又会对图片的内容造成影响。这时，可以使用图片蒙板来进行遮挡。

如图 3-142 所示为一张与科技有关的图片，但是这张图片的宽度太小，直接放在 16∶9 的幻灯片封面页中不合适。

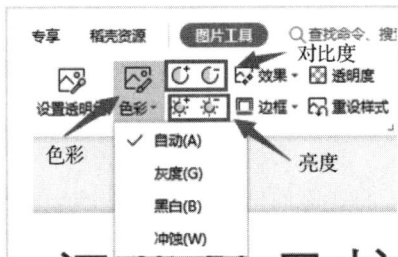

图 3-141 设置图片色彩、亮度和对比度

图 3-142 与科技有关的图片

这时，可以单击【插入】选项卡中的【形状】按钮，在下拉矩形中选择一种矩形，即可插入矩形，将该矩形调节为全屏大小，放在幻灯片底层，在任务窗格的【线条】中选中【无线条】单选按钮，如图 3-143 所示。

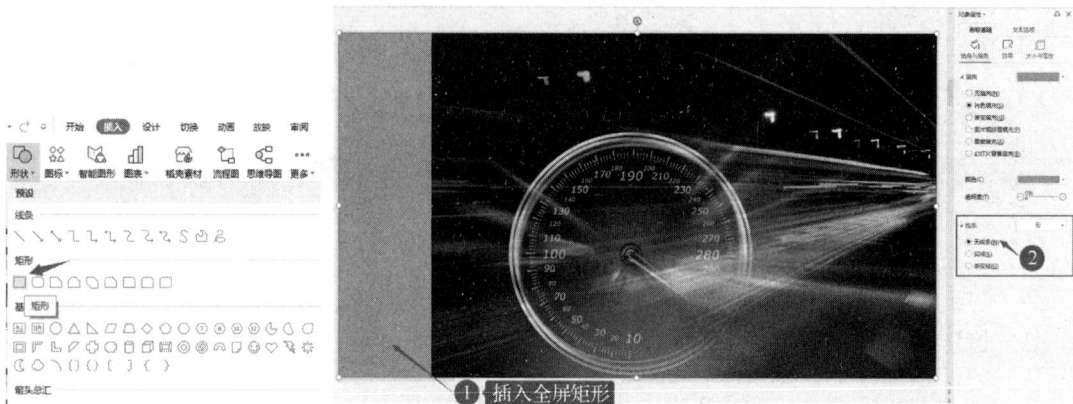

图 3-143　插入全屏大小矩形

选中矩形，右击，在弹出的快捷菜单中选择【置于顶层】命令，在任务窗格的【填充】中选中【渐变填充】单选按钮，可以根据需要添加或者删除渐变光圈。这里，保留三个渐变光圈即可。三处渐变光圈的色标颜色都使用取色器从图片的边缘处吸取，如图 3-144 所示。

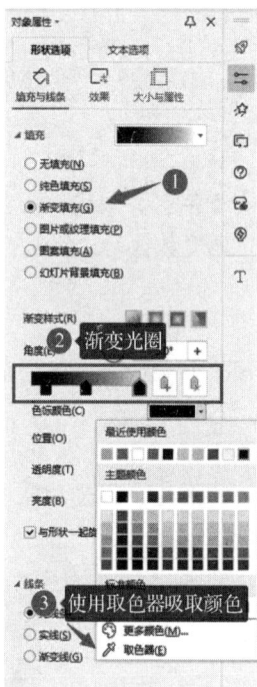

图 3-144　设置矩形渐变填充

根据需要调节渐变样式为【线性渐变】→【到右侧】，将左侧的停止点调整到 14% 的位置，设置透明度为 0%；设置中间的停止点位置为 51%，设置透明度为 57%；将右侧的停止点位置保留在 100%，将透明度调整为 100%，如图 3-145 所示，这样可以很好地遮挡图片的左侧边缘，处理完毕的科技背景图如图 3-146 所示。

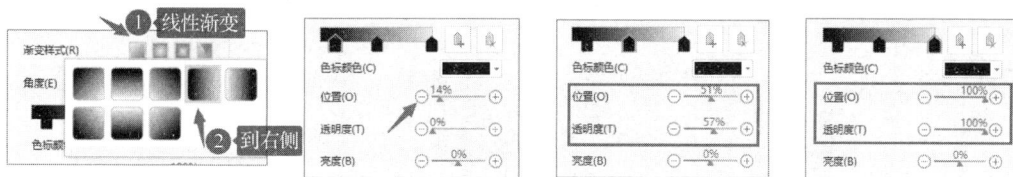

图 3-145　调整矩形渐变填充

图 3-146　处理完毕的科技背景图

最后添加个性化标题和副标题等文字信息，制作完成的封面页如图 3-147 所示。

图 3-147　制作完成的封面页

（3）三维旋转。

在制作幻灯片时可能需要摆放图片材料，使用三维旋转可以让图片摆放得更有立体感。

选中图片，右击，在弹出的快捷菜单中选择【设置对象格式】命令，在右侧的任务窗格中选择【效果】→【三维旋转】，可以在预设中选择预设效果，也可以调节坐标轴的参数，如图 3-148 所示。

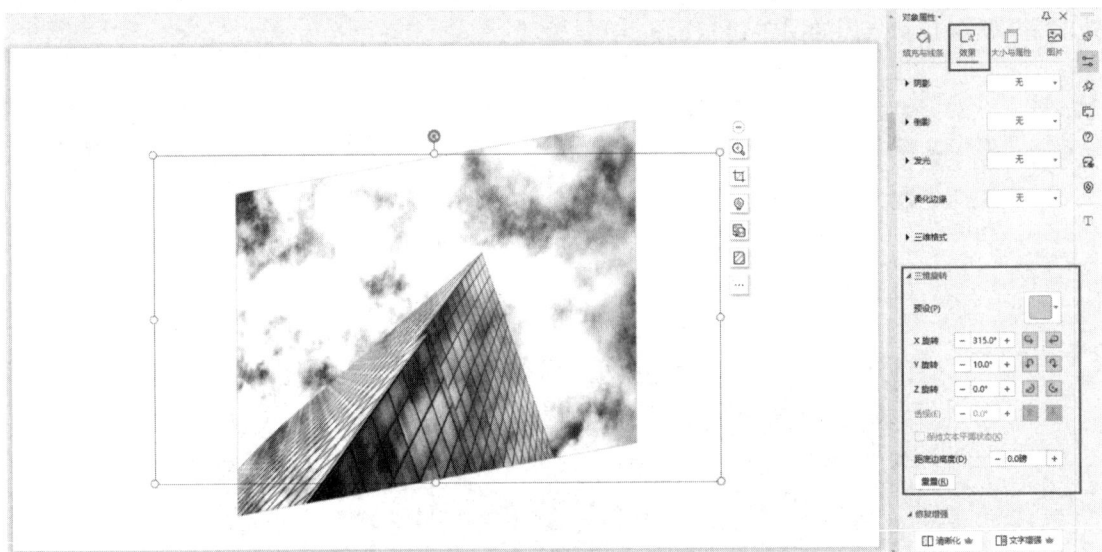

图 3-148　设置三维旋转

同时，可以在预设中选择【透视】功能，激活透视参数，如图 3-149 所示。

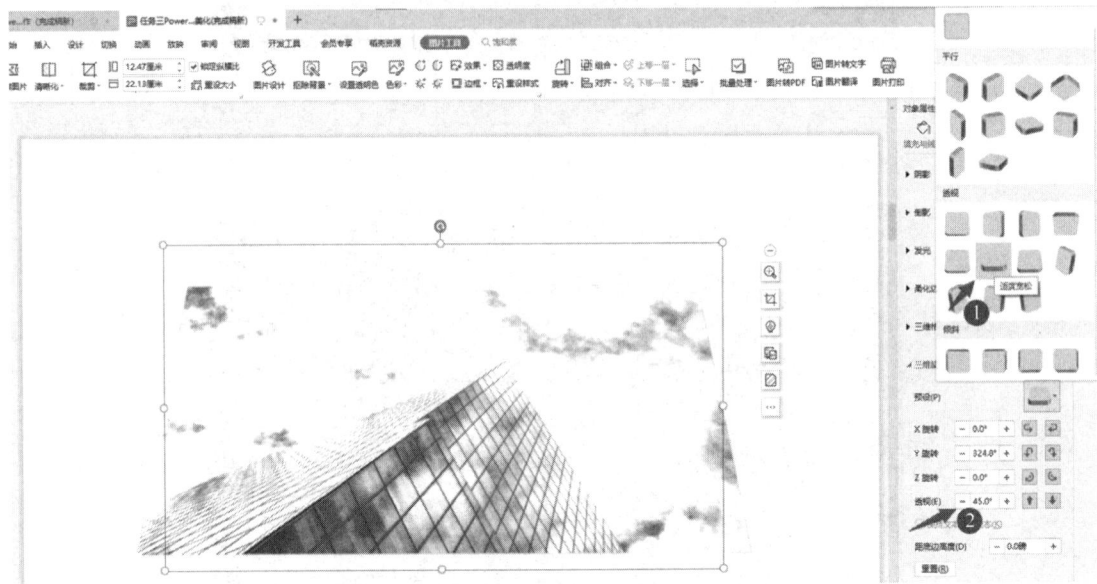

图 3-149　设置透视效果

在【三维格式】中，可以调节深度和光照等参数，使图片更有立体感、更自然。如图 3-150
所示的图片效果设置如下：选中图片，右击，在弹出的快捷菜单中选择【设置对象格式】命令，
在右侧的任务窗格中选择【效果】中的【三维旋转】，然后设置【预设】为【平行】→【离
轴 1 右】；在【效果】的【三维格式】中设置【深度】为 100 磅；在【光照】中选择【中性】
→【对比】，如图 3-151 所示，图片即可产生立体效果。

图 3-150　三维效果的图片

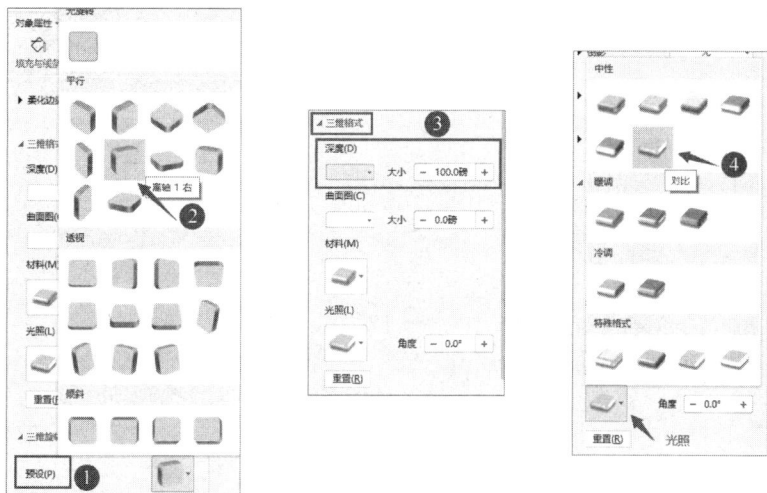

图 3-151　设置三维格式

3.　操作实践

图片可以作为背景和装饰。

给封面页添加一个矩形，并设置矩形的阴影和颜色。矩形的填充颜色 RGB 值为（218，243，237），阴影颜色 RGB 值为（49，82，27），阴影参数的设置如图 3-152 所示。

图 3-152　为封面页添加色块

从相关网站下载叶子图片，并进行裁剪，将裁剪完的叶子 PNG 图片装饰在矩形的边缘处，如图 3-153 所示。

图 3-153　将叶子 PNG 图片作为装饰

下载一张图片并插入幻灯片中，调节其为幻灯片页面大小。选中该图片，在右侧的任务窗格中选择【图片】，设置图片透明度为 20%，如图 3-154 所示。将该图片置于幻灯片的底层，效果如图 3-155 所示。

图 3-154　设置图片透明度

图 3-155 封面页效果图

从相关网站下载一些 PNG 图片，将其作为内容页的装饰，这样就可以得到如图 3-156 所示的内容页。

图 3-156 添加装饰图片的内容页

对一些图片材料可以使用图片蒙板。

选中 4 张图，单击【图片工具】选项卡中的【色彩】按钮，在下拉列表中选择【灰度】命令，如图 3-157 所示。

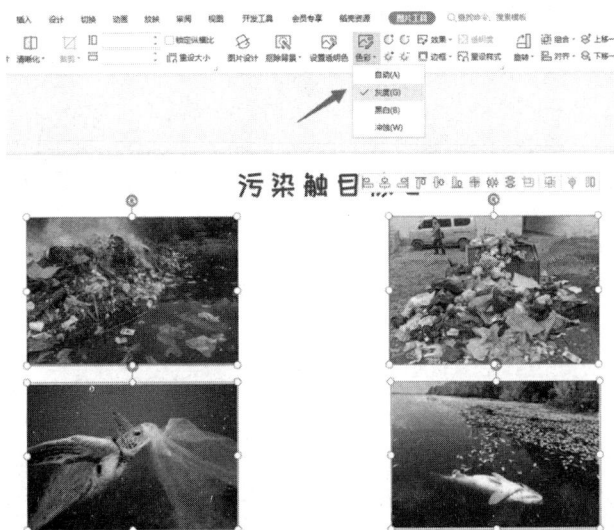

图 3-157 为图片素材去色

在每张图片的上方都添加与图片大小一样的矩形，并将其设置为无线条，渐变色。两个渐变光圈中，停止点 1：RGB 值为（41，148，62），透明度为 50%，位置为 0%；停止点 2：RGB 值为（49，147，123），透明度为 50%，位置为 100%，如图 3-158 所示。

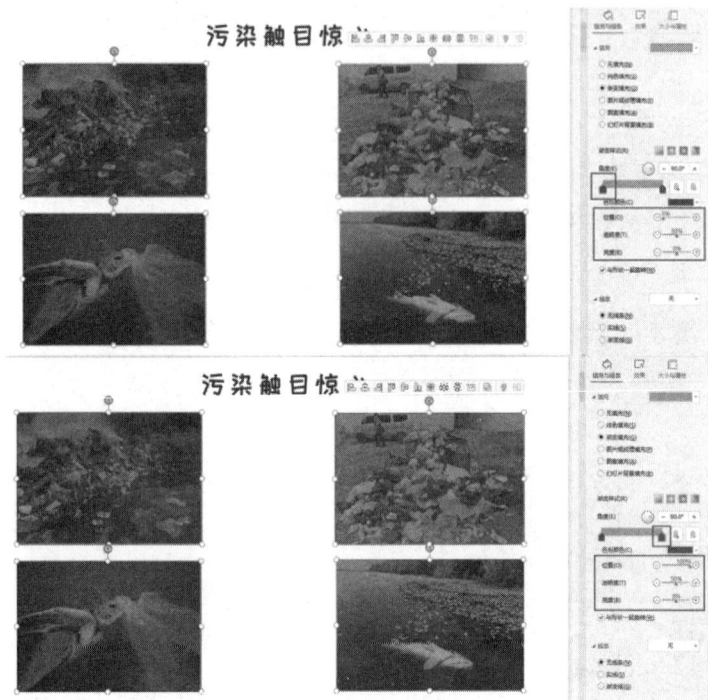

图 3-158　添加图片蒙板

还可以使用三维旋转来展示图片材料。

单击图片材料，在【图片工具】选项卡中增加图片的亮度和对比度，使图片更清晰，如图 3-159 所示。

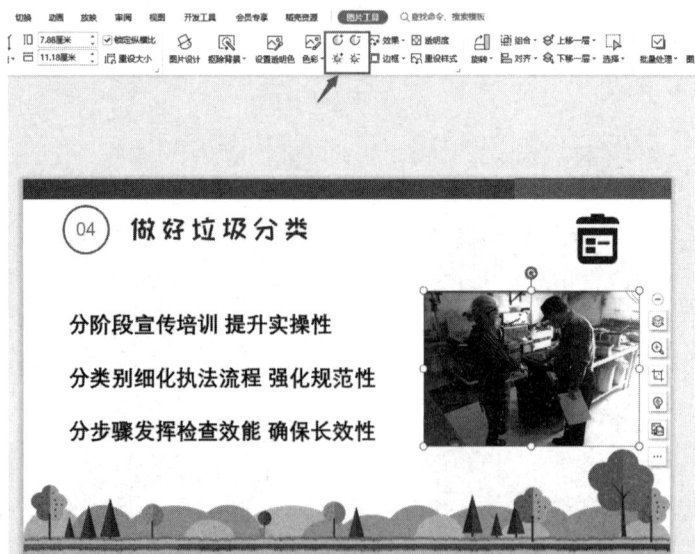

图 3-159　增加图片的亮度和对比度

选中图片，在右侧的任务窗格中选择【效果】中的【三维旋转】，设置【预设】为【透视】→【左透视】，设置 X 轴旋转 30 度，如图 3-160 所示。

图 3-160 为图片设置三维旋转

选择【三维格式】中的【光照】→【中性】→【平衡】，设置深度为 30 磅，如图 3-161 所示。

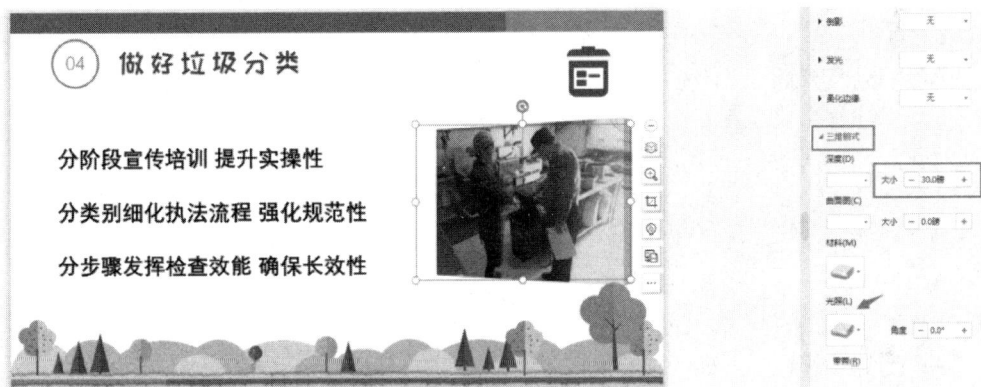

图 3-161 为图片设置三维格式

3.3.4 形状

3.3.5 图标

3.3.6 幻灯片版式

3.3.7 幻灯片的组合动画

3.3.8 幻灯片的嵌入字体与视频输出

3.3.4～3.3.8 幻灯片美化的高级操作

想获取更多有关形状、图标、组合动画等幻灯片的美化及其操作，可扫描二维码进行拓展学习。

练　习

一、单选题

1. 存储演示文稿后，默认的文件扩展名是_____。
   A. PPTX　　　　　B. EXE　　　　　C. BAT　　　　　D. BMP

2. 在 WPS 2019 演示中，"视图"这个名词表示_____。
   A. 一种图形　　　　　　　　　B. 显示幻灯片的方式
   C. 编辑演示文稿的方式　　　　D. 一张正在修改的幻灯片

3. 在幻灯片中，占位符的作用是_____。
   A. 表示文本长度　　　　　　　B. 限制插入对象的数量
   C. 表示图形大小　　　　　　　D. 为文本图形预留位置

4. 在 WPS 2019 演示中，【超链接】命令可_____。
   A. 实现幻灯片之间的跳转　　　B. 实现演示文稿幻灯片的移动
   C. 中断幻灯片的放映　　　　　D. 在演示文稿中插入幻灯片

5. 在_____方式下能实现在一屏显示多张幻灯片。
   A. 幻灯片视图　　　　　　　　B. 大纲视图
   C. 幻灯片浏览视图　　　　　　D. 备注页视图

6. 下列_____不是工具栏的名称。
   A. 开始　　　　　B. 格式　　　　　C. 常用　　　　　D. 视图

7. 在一张纸上最多可以打印_____张幻灯片。
   A. 2　　　　　　B. 3　　　　　　C. 6　　　　　　D. 9

8. 在幻灯片母版中，插入的对象只能在_____中修改。
   A. 幻灯片视图　　B. 幻灯片母版　　C. 讲义母版　　　D. 大纲视图

9. 在空白幻灯片中不能直接插入_____。
   A. 文本框　　　　B. 文字　　　　　C. 艺术字　　　　D. Word 表格

10. 在 WPS 2019 演示中，有_____种布尔运算。
    A. 2　　　　　　B. 3　　　　　　C. 5　　　　　　D. 9

二、多选题

1. 在 WPS 2019 演示中，动画包括_____类型。
   A. 进入　　　　　B. 强调　　　　　C. 路径　　　　　D. 退出

2. 常用的放映方法为_____。
   A. 从头开始　　　　　　　　　B. 从当前幻灯片开始
   C. 自定义幻灯片放映　　　　　D. 播放旁白

3. 母版视图包括_____。
   A. 幻灯片母版　　B. 大纲母版　　　C. 备注母版　　　D. 讲义母版

4. 在 WPS 2019 演示中，通过【插入】选项卡可以插入_____。
   A. 图片　　　　　B. 音频/视频　　　C. 图表　　　　　D. 形状

5．排版时要遵循 CRAP 原则，其中各个字母分别代表_____含义。

  A．对比   B．对齐   C．重复   D．亲密

三、判断题

1．按住【Shift】键不放，选择幻灯片可以选择不连续的多张幻灯片。（ ）

2．为精确控制幻灯片的放映时间，一般使用排练计时功能。（ ）

3．在 631 原则中，占比为 60% 的是主色，占比为 30% 的是辅助色，占比为 10% 的是点缀色。（ ）

4．在 WPS 2019 演示中，浏览视图是可以对幻灯片进行移动、删除、复制，设置动画效果，但不能对单独的幻灯片的内容进行编辑的视图。（ ）

5．要为一个对象添加多个动画，需要通过单击来添加。（ ）

项目 4

信息检索

走进信息检索

4.1 知识储备

➡ 任务描述

通过下面的学习，要求同学们理解信息检索的基本概念，了解信息检索的基本流程，掌握常用搜索引擎的自定义搜索方法，掌握布尔逻辑检索、截词检索、位置检索、限制检索等检索方法；掌握通过网页、社交媒体等信息平台进行信息检索的方法；掌握通过专利、数字信息资源平台等专用平台进行信息检索的方法。

➡ 思路解析

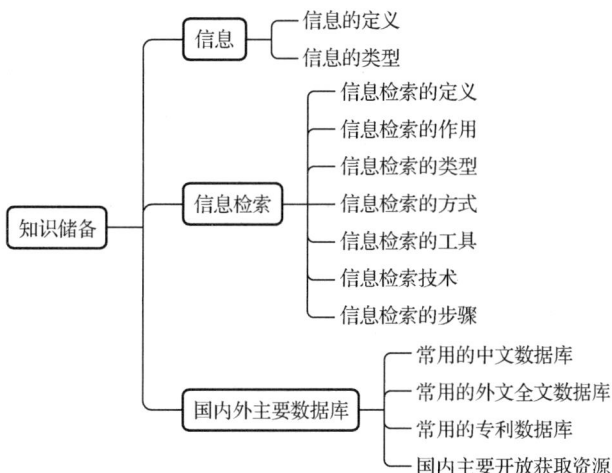

➡ 任务实施

4.1.1 信息

1. 信息的定义

信息的定义有广义和狭义之分。广义的定义为：信息是事物的特征及运动和变化状态。这些特征和状态给人们提供了有关认识这种事物的各种各样信息。狭义的定义为：信息是新闻、消息、情况、情报、报道、状态和一般知识等。如某件事的情节、宣传的内容、各种资料、书报知识、预测结果、各类数据等都属于信息。

2. 信息的类型

信息的类型，从出版形式的角度分为科技图书、科技期刊、专利文献、会议文献、学位论文、科技报告、标准文献、政府出版物、科技档案、产品样本等。

根据文献内容的不同加工层次分为一次文献、二次文献、三次文献及零次文献。

从文献载体形式的角度分为刻写型文献、印刷型文献、视听型文献、缩微型文献、机读型文献。

4.1.2 信息检索

1. 信息检索的定义

信息检索指从大量被存储的信息中加工、检索出需要的信息，以及向计算机用户提供一整套信息的工作。信息的内容分析、信息存储与检索结构、信息检索评价等是信息检索的核心。

2. 信息检索的作用

（1）开阔视野，启发思路，不断创新，正确决策；

（2）提高工作效益，做到事半功倍；

（3）学习借鉴，推动创新；

（4）科学评价，知己知彼。

3. 信息检索的类型

根据检索（查找）对象的不同，信息检索分为文献检索、事实检索、数据检索和概念检索。

文献线索包括文献题目、著者、来源或出处、文摘等项目。文献线索检索指从一个文献集合中找出专门文献的活动、方法与程序，是利用检索系统/工具查找文献线索、获取情报信息的过程，本质是文献需要与文献集合的匹配。

事实检索就是通过对存储的文献中已有的基本事实，或对数据进行处理（逻辑推理）后得出新的（即未直接存入或所藏文献中没有的）事实的过程。

数据检索就是以数据为检索对象，从已收藏的数据资料中查找特定数据的过程。例如，查喜马拉雅山有多高，杭州六和塔建于何年等。

概念检索就是查找特定概念的含义、作用、原理或使用范围等解释性内容或说明的过程。

4. 信息检索的方式

信息检索的方式包括关键词检索、自然语言检索、高级检索和专家检索。

关键词检索就是对记录进行全文检索，检索记录包括检索式中的字或词。如果检索式为"information technology"，则结果包括 information、technology 或 information technology。

自然语言检索就是通过输入一句话或多个词，对记录进行全文检索。

高级检索与关键词检索基本一致，不同的是通过下拉菜单的方式将字段标识和组配逻辑算符列出来，更方便使用，检索结果更为精确，同时增加了对出版物类型、页数、封面和图像的限制。

专家检索除了前面几种方式提供的检索功能，还可以记录检索历史，并与当前检索进行组配。

5. 信息检索的工具

检索工具按载体形态、收录范围、时间范围等标准可以分为不同种类，但最主要的是按信息检索的手段分为手工检索工具和计算机信息检索两大类。

（1）手工检索工具。

手工检索工具分为书本式和卡片式两大类，以书本式检索工具为主。

书本式检索工具自古以来就被人们广泛应用，可以细分为字词典、百科全书、类书、政书、综述、书目、索引、名录、表谱、图录、年鉴等。

卡片式检索工具是将每条款目著录在一张张卡片上，按照一定的顺序排列，从而形成的一种检索工具。卡片式检索工具体积庞大，占用较大空间，排序不易，检索点少。这种工具现在很少使用。

（2）计算机信息检索。

计算机信息检索又称现代信息检索，指利用计算机和网络来处理和查找文献信息的检索方式。这种检索方式是指由计算机根据人们所提出的检索要求，通过某种检索方法和程序自动从计算机所存储的海量信息中或从网上其他服务器中挑选出用户所需要的信息。

计算机信息检索又分为光盘信息检索、联机信息检索和网络检索几大类。

光盘信息检索是利用计算机技术对光盘信息进行分类、编排、查询等操作的统称，一张3.5 英寸的光盘，可存储的文献资料相当于平均每册 30 万字的 1200 万册图书。光盘检索系统的优势在于它是一个独立的计算机检索系统，可以实现单机检索，成本低但时效性差。

联机信息检索是计算机技术、卫星通信技术和数据库技术共同发展的产物，检索终端的用户通过主机或网络来获取各个主机上的信息。联机检索系统通常有较多的数据库，而一个数据库可以包括几十万甚至几百万条文献的书目、款目或科技数据。每检索一个课题只需数十秒，检索出来的题录、文摘或数据还能立即显示在终端上并进行打印。联机信息检索与网络检索有所不同，它使用一个相对封闭的服务器/客户端模式，有一个专门的检索系统中心，配备各种专业化、高质量的文献信息数据库，向用户提供多维度检索服务和源文献信息支持。联机检索系统专业化、规范化的高质量信息系统建设，有力地保证了检索质量。

网络检索通过网络搜索引擎在互联网上收集信息并将其进行处理和存储。对于搜索引擎而言，最大化地利用了计算机系统自动化、智能化的特点，但由于智能检索技术并不成熟，限制了自动索引和自动搜索的质量，而且因为对信息的收集力求全面，导致在信息爆炸的情况下，收集的信息数量很惊人，但是质量却受到影响。

搜索引擎分为学术搜索引擎和普通搜索引擎。

学术搜索引擎有 Google 学术搜索、读秀中文学术搜索、超星百链学术搜索、百度学术搜索等。

普通搜索引擎有百度、谷歌、雅虎等。

6. 信息检索技术

信息检索技术包括布尔逻辑检索、截词检索、位置检索、字段限制检索、加权检索、引文检索等。

（1）布尔逻辑检索。

布尔逻辑检索是利用布尔代数中的逻辑与、逻辑非、逻辑或等运算符，由计算机进行逻辑运算，以找到所需文献的方法。

逻辑与（and，用"*"表示）用来表示所连接的各个检索项的交集，有助于缩小检索范围，提高准确率）。

逻辑非（not，用"-"表示）用来排除文献中不希望出现的词。

逻辑或（or，用"+"表示）用来表示所连接的各个检索项的并集，通常用来连接同义词、近义词或同一种物质的不同叫法，有助于扩大检索范围，提高查全率。

（2）截词检索。

截词检索是利用检索词的词干或不完整词形进行查找的过程。它可以扩大检索范围，提高查全率，减少检索词的输入量，节省检索时间。

截词符一般为"？""$""*"等，分为有限截词（一个截词符代表一个字符）和无限截词（一个截词符代表多个字符）。截词符可以放在被截词的前边、中间、后边，或者前后均放置。

不同系统对截词符及其规定不同，在使用不同检索系统时要注意了解并遵守相关规定。

（3）位置检索。

位置检索用于指定两个检索词出现的顺序和距离，可以用多种位置运算符（又称位置算符）进行连接，位置运算符是调整检索策略的重要手段。常见的位置运算符有以下几种。

W（With）算符：表示其所连接的两个检索词紧挨着，词序不能颠倒，中间不能插入其他词、字母或代码，但允许有空格和标点符号，也可以用（）表示。如 computer（W）software，检索的结果可能是 computer software 或 computer – software，两个词的顺序不能颠倒。

nW（n Word）算符：表示两个检索词的中间最多可以插入 n 个词，但顺序不能颠倒。

N（Near）算符：表示其所连接的两个检索词紧挨着，顺序可以颠倒，中间不能插入其他词、字母或代码，但允许有空格和标点符号。

nN（n Near）算符：表示两个检索词的中间最多可以插入 n 个词，顺序可以颠倒。

常用的位置运算符还有很多，不同检索系统有不同规定，使用之前需要了解位置运算符及其规定。

（4）字段限制检索。

字段限制检索是指将检索词限定在特定的检索字段中进行检索，检索字段也称检索入口，不同数据库检索字段不同，比较常见的检索字段有题名、关键词、文摘、著者、文献来源、语种、文献类型、分类号等。

表 4-1 是在中国知网中不同检索字段检索 2016 年 6 月 1 日至 2020 年 6 月 1 日"工匠精神"的结果比较。

表 4-1　不同检索字段检索"工匠精神"的结果比较

检索字段	篇数
篇名=工匠精神	3453
关键词=工匠精神	4800
篇名或者关键词=工匠精神	4954
摘要=工匠精神	3156

（5）加权检索。

在检索提问中，针对每个提问词在检索要求中的重要程度，分别给予一定的加权数值，当文献达到加权数值时才显示，这种检索叫加权检索。

（6）引文检索。

引文又称参考文献，引文检索是通过文献的引证关系显示文献之间的内在联系的过程。如图 4-1 所示为中国知网（CNKI）检索选项。

图 4-1　中国知网（CNKI）检索选项

7. 信息检索的步骤

（1）分析检索课题。

明确检索目的、要求和检索的范围，从信息需求的目的和意图、所需信息的内容即其外在特征等方面入手。

（2）选择检索系统和数据库。

不同数据库，学科范围不同，检索指令不同，收费标准也不同。按照课题的检索要求和目的，选择收录文献种类多、专业覆盖面广、年度跨度对口、更新周期短且相对比较熟悉和收费低的数据库。

（3）确定检索途径和检索词。

检索途径主要根据分析课题时确定的已知条件，以及所选定的检索工具能提供的检索途径来决定。

检索词是表达文献信息需求的基本元素，是用户输入计算机检索系统中进行匹配的基本单元。检索词优先使用主题词，尽量选用通用的专业术语；为提高查全率，应该选用同义词、相关词、缩写词进行检索。

（4）构造检索式。

检索式是用户检索提问的逻辑表达式，由检索词及各种运算符、连接符号组成。

（5）制定检索策略。

检索策略就是由检索词和各种布尔运算符、位置运算符、截词符，以及系统规定的其他组配连接符号组成的策略。

（6）调整检索策略。

在检索的过程中，仅需一个检索词就满足检索要求的情况并不多，通常需要对采用多个检索词、截词符、同义词、位置运算符等检索策略进行调整，以满足较为复杂的课题需求。

（7）输出检索结果。

根据检索系统提供的检索结果输出方式，选择需要的记录及相应的字段、文摘或全文等，将检索结果显示在屏幕上或存储在磁盘上或通过邮件发送或打印输出。

4.1.3　国内外主要数据库

1. 常用的中文数据库

（1）万方数据知识服务平台。

万方数据知识服务平台几乎涉及所有学科领域，它提供综合性的多种文献类型的检索，同时也提供文献分析服务。涉及的文献类型包括期刊论文、学位论文、会议论文、专利文献、标准文献、成果及图书。该平台也提供法规、机构，以及学者和专家信息等数据，还提供单库检索和跨库检索功能。

检索规则：包括逻辑运算关系、截词符、位置关系的表达式等。逻辑与用"and"或"*"表示；逻辑或用"or"或"+"表示；逻辑非用"not"或"^"表示。

可检字段：包括主题、题名、创作者、作者单位、关键词、摘要、日期。

（2）维普期刊资源整合服务平台。

维普期刊资源整合服务平台是仅提供一种文献类型的平台，该平台提供对发表于1989年至今的期刊论文的检索及期刊评价报告，涉及的文献类型为期刊。

检索规则：逻辑运算关系，逻辑与用"*"表示；逻辑或用"+"表示；逻辑非用"-"表示。

（3）中国知网（CNKI）。

中国知网平台上的中国学术期刊网络出版总库是世界上最大的连续动态更新的中国学术期刊全文数据库，其文献页面如图 4-2 所示。其核心期刊收录率为 96%；特色期刊（如龙业、中医药等）收录率为 100%；独家或唯一授权期刊有 2300 多种，约占我国学术期刊总量的 34%。

每个数据库都提供初级检索、高级检索和专业检索功能。

检索规则：逻辑运算关系，逻辑与用"and"或"*"表示；逻辑或用"or"或"+"表示；逻辑非用"not"或"-"表示。

收录年限：自 1915 年至今出版的期刊，与维普数据库不同的是，凡是中国知网收录的期刊基本上均可追溯到其创刊。

图 4-2　中国知网文献页面

2. 常用的外文全文数据库

常用的外文全文数据库有 ScienceDirect（Elsevier）、EBSCO、SpringerLink、Wiley 等。

3. 常用的专利数据库

常用的专利数据库有中国专利、欧洲专利、世界知识产权组织专利等。

4. 国内主要开放获取资源

国内主要开放获取资源有中国科技论文在线等。

4.2　应用举例

➜ 任务描述

小王作为当代大学生，经常需要查找与专业相关的期刊、论文、专利、法律法规、行业标准等。他在进入大学之前，接受的都是应试教育，被动接收信息；进入大学之后，接触到爆炸式的网络信息，无所适从，面对海量的信息无法有效地提取自己需要的内容。小王利用中国知网检索期刊、论文、专利等，并对检索结果进行分析、存储和引用。

中国知网首页如图 4-3 所示。

图 4-3 中国知网首页

思路解析

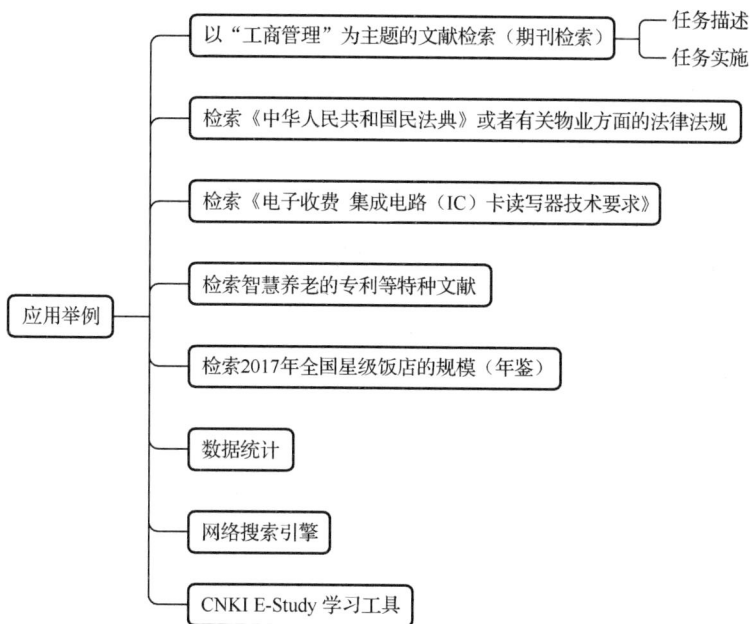

任务实施

4.2.1 以"工商管理"为主题的文献检索（期刊检索）

1. 任务描述

在中国知网检索主题为"工商管理"的期刊或论文，并对检索结果进行分组、排序、可视化分析，查看不同文献之间的关系，导出检索结果。

2. 任务实施

（1）打开中国知网首页，登录账号或打开学校图书馆的链接，自动识别身份。

（2）在主题文本框中输入"工商管理"，得到以"工商管理"为主题的、以列表形式展现的检索结果，如图 4-4 所示。

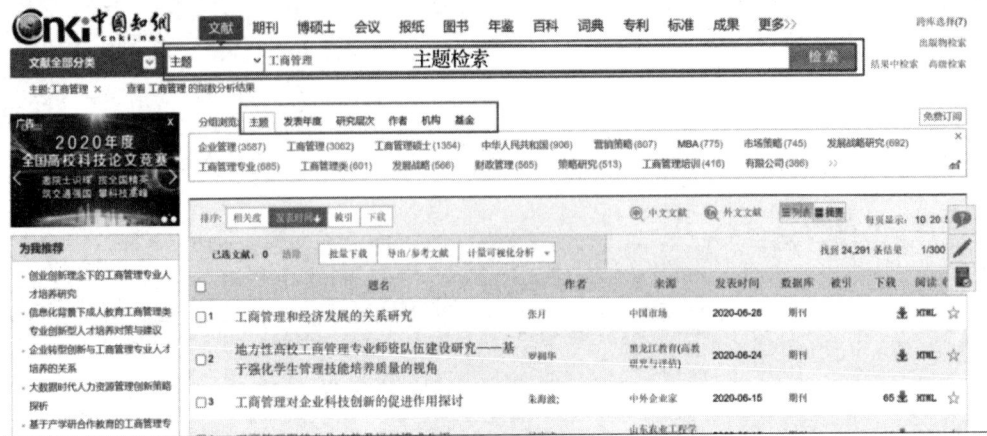

图 4-4　检索主题

（3）对检索结果进行分组、排序。

中文文献检索结果分组类型包括主题、发表年度、研究层次、作者、机构和基金。

中文文献检索结果排序类型包括相关度、发表时间、被引和下载，如图 4-5 所示。

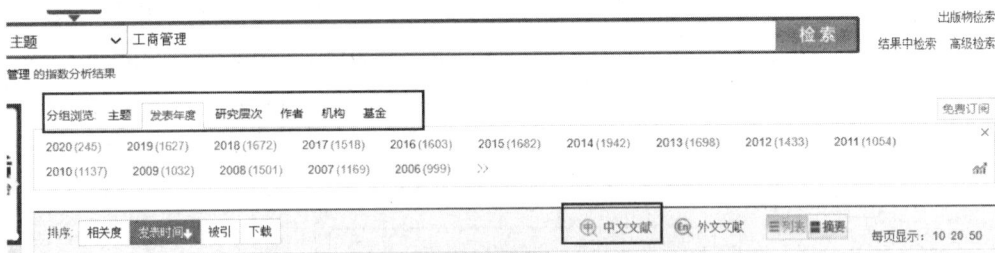

图 4-5　中文文献检索结果分组和排序

外文文献检索结果分组类型包括学科、发表年度、语言和作者。

外文文献检索结果排序类型包括发表时间和主题，如图 4-6 所示。

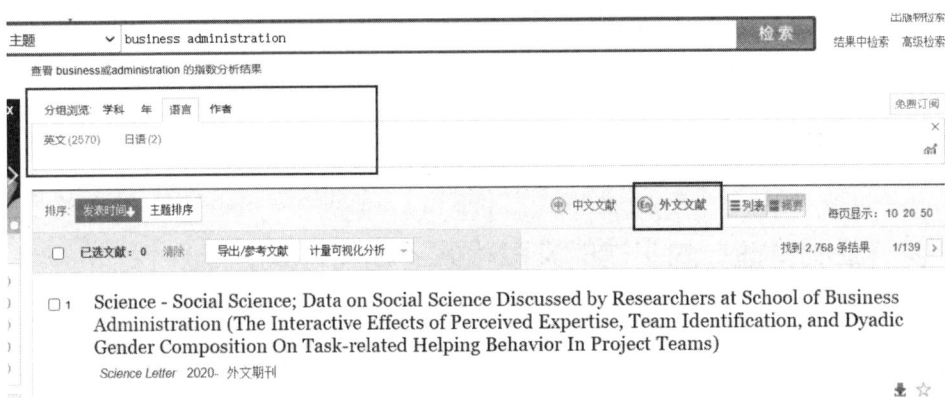

图 4-6　外文文献检索结果分组和排序

（4）对检索结果进行可视化分析。

针对检索结果从多维度分析已选的文献或全部文献，以可视化图表形式展现，帮助读者深入了解检索结果文献之间的互引关系，如图4-7～图4-16所示。

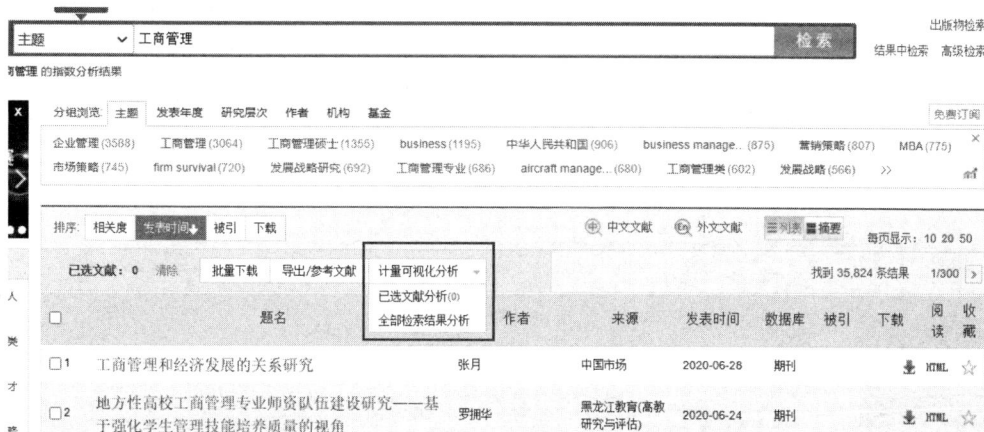

图4-7　计量可视化分析

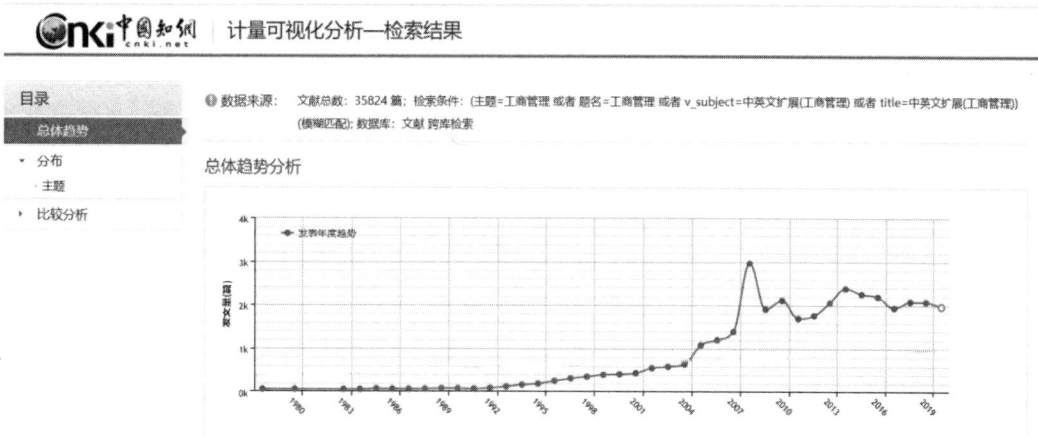

图4-8　发表年度趋势分析图

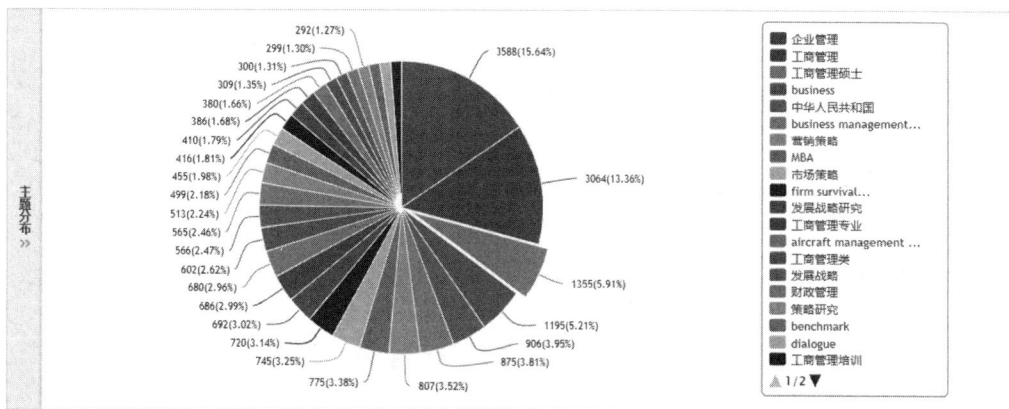

图4-9　主题分布图

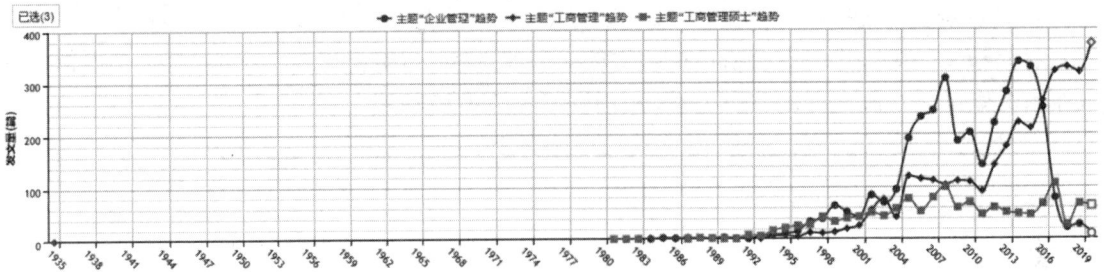

图 4-10　比较分析图

图 4-11　主题分析选项图

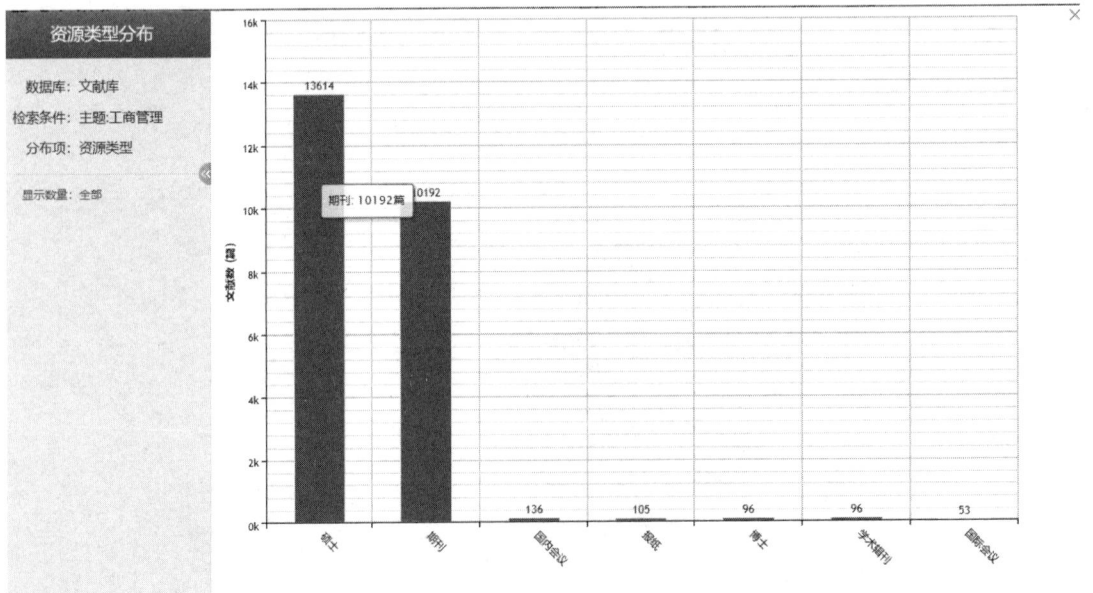

图 4-12　主题资源类型分布图

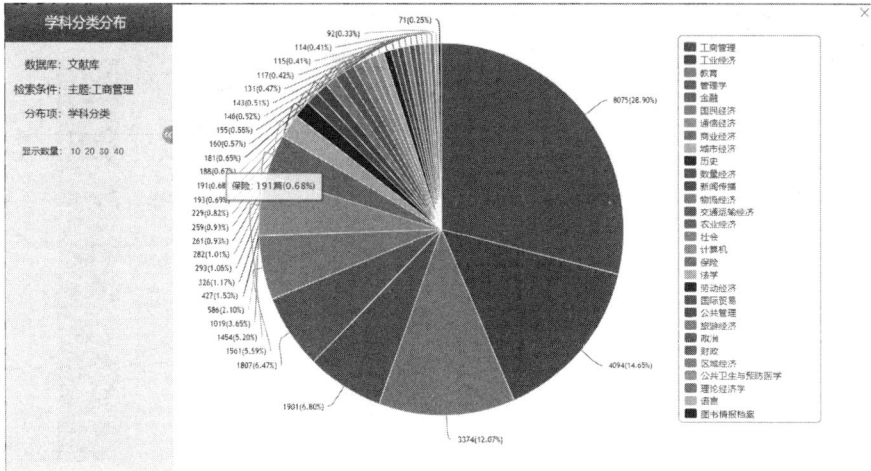

图 4-13　主题学科分类图

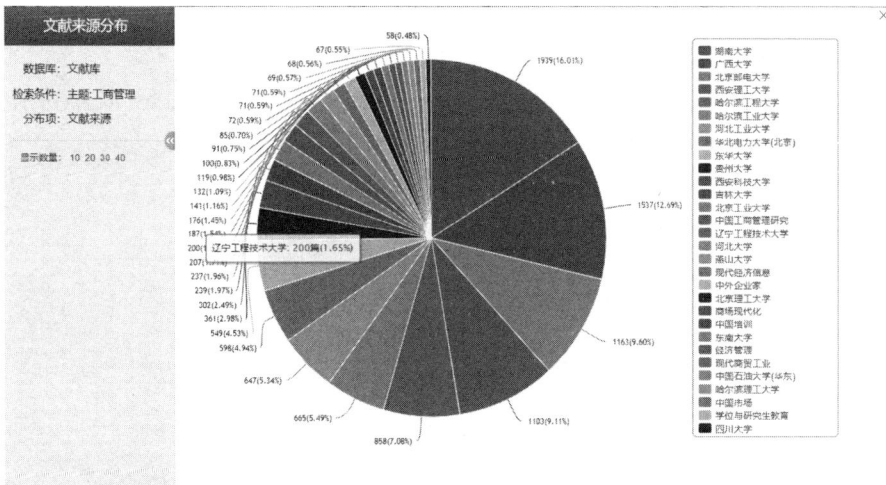

图 4-14　文献来源分布图

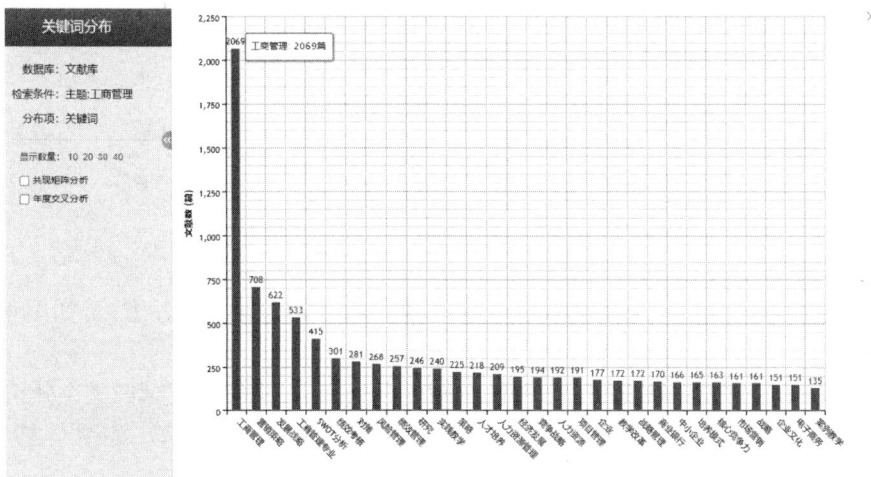

图 4-15　关键词分布图

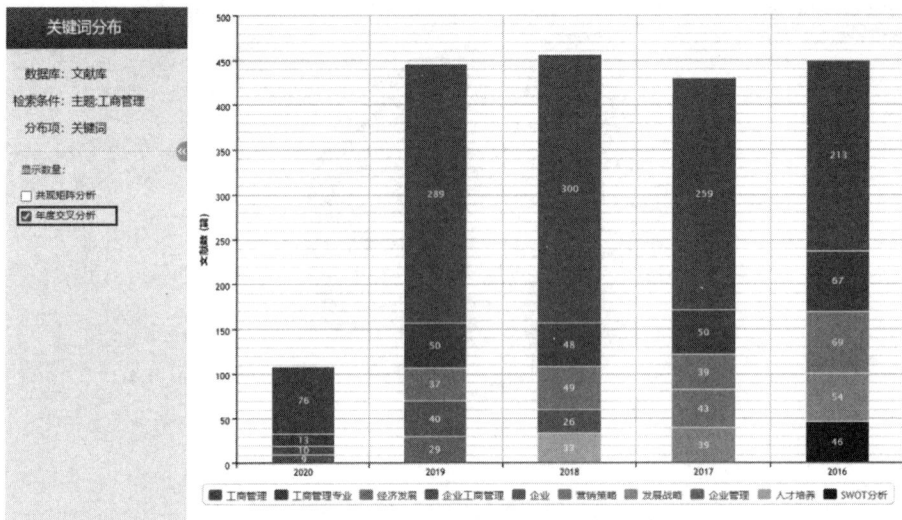

图 4-16　关键词年度交叉分析图

（5）导出检索结果。

中国知网提供文献的导出格式，包括 CAJ-CD 格式引文、CNKIE-Study、RefWorks、EndNote 等 11 种格式，具体操作步骤如下：

① 在检索结果页面勾选要导出的文献，如图 4-17 所示。

② 在检索结果上方的导航栏中单击【导出/参考文献】按钮。

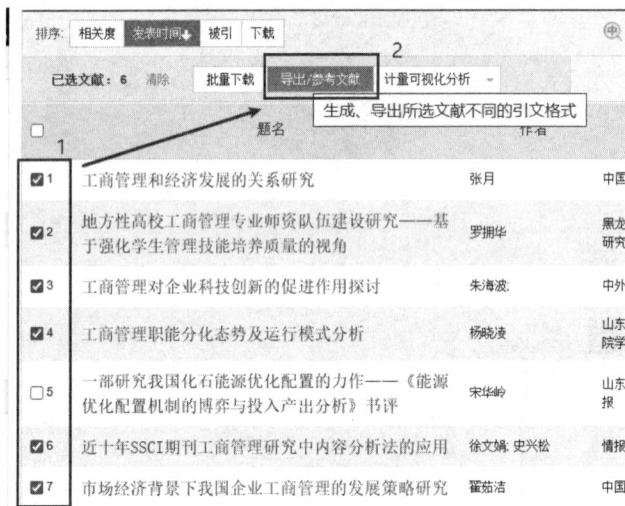

图 4-17　勾选要导出的文献

③ 在导出/参考文献页面选择文献导出格式，并选择文献导出的排序方式，如图 4-18 所示。

（6）知网节。

知网节是以揭示不同文献或知识之间的关联关系为目标、以某篇文献或某个知识点为中心的知识网络，有文献知网节、作者知网节、基金知网节、机构知网节等，如图 4-19～图 4-21 所示。

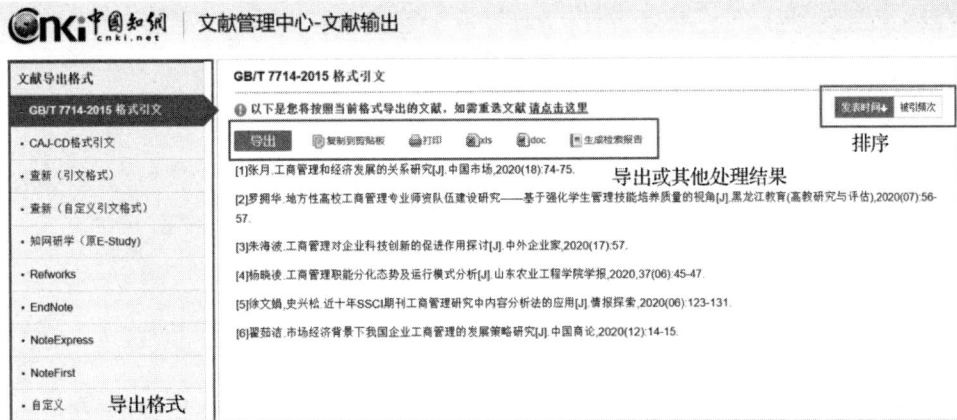

图 4-18 选择文献导出格式及文献导出的排序方式

图 4-19 知网节

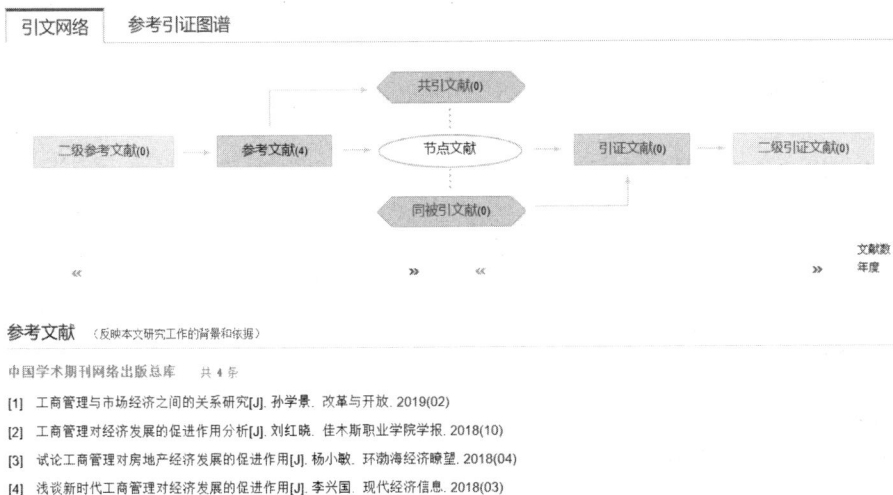

参考文献 （反映本文研究工作的背景和依据）

中国学术期刊网络出版总库 共 4 条

[1] 工商管理与市场经济之间的关系研究[J]. 孙学景. 改革与开放. 2019(02)

[2] 工商管理对经济发展的促进作用分析[J]. 刘红晓. 佳木斯职业学院学报. 2018(10)

[3] 试论工商管理对房地产经济发展的促进作用[J]. 杨小敏. 环渤海经济瞭望. 2018(04)

[4] 浅谈新时代工商管理对经济发展的促进作用[J]. 李兴国. 现代经济信息. 2018(03)

图 4-20 文献知网节

关联作者　未找到相关数据

相似文献　　（与本文内容上较为接近的文献）

[1]　工商管理与经济发展的关系[J]. 丰有鹏. 新课程学习(下). 2015(05)
[2]　探究工商管理与市场经济之间的关系[J]. 祁志霞. 城市建设理论研究(电子版). 2016(36)
[3]　新时代工商管理如何促进经济的发展[J]. 武艳丽. 财经界(学术版). 2019(20)
[4]　浅析工商管理与经济发展[J]. 李俭. 纳税. 2017(04)
[5]　工商管理对我国经济发展的促进作用[J]. 段梦迪. 现代商贸工业. 2017(14)
[6]　论新时期工商管理对经济发展的促进作用[J]. 张奕. 东方企业文化. 2015(05)
[7]　工商管理对经济发展的促进作用探析[J]. 周艳丽. 城市建设理论研究(电子版). 2018(08)
[8]　浅析工商管理对经济发展的促进作用[J]. 常帅. 经贸实践. 2016(19)
[9]　探讨工商管理与经济发展的关系[J]. 王尧瑾. 祖国. 2018(18)
[10]　从高中生角度分析工商管理对经济发展起到的作用[J]. 张宜洲. 中外企业家. 2018(32)

读者推荐　未找到相关数据

相关基金文献　未找到相关数据

图 4-21　作者和基金知网节

4.2.2　检索《中华人民共和国民法典》或者有关物业方面的法律法规

4.2.3　检索《电子收费 集成电路（IC）卡读写器技术要求》

4.2.4　检索智慧养老的专利等特种文献

4.2.5　检索 2017 年全国星级饭店的规模（年鉴）

4.2.6　数据统计

4.2.7　网络搜索引擎

4.2.8　CNKI E-Study 学习工具

想获取更多信息检索的应用案例，可扫描二维码进行拓展学习。　4.2.2～4.2.8 更多应用举例

练　习

一、单选题
1. 下列关于信息检索作用的说法中，错误的是（　　）。
A. 开阔视野，启发思路　　　　B. 提高工作效益
C. 方便复制　　　　D. 学习借鉴

2．常用的信息检索方式包括自然语言检索、高级检索、专家检索和（   ）检索。

A．分类   B．低级   C．关键词   D．中级

3．一次文献是指首次公开的文献，又称原始文献，它具有创造性和（   ）。

A．先进性   B．价值性   C．分散性   D．以上全部都是

4．按文献的出版形式和内容公开程度，文献分为白色文献、黑色文献和（   ）文献。

A．红色   B．黄色   C．绿色   D．灰色

5．下列关于计算机检索系统特点的描述中，错误的是（   ）。

A．费用高   B．速度快   C．多元概念检索   D．远程检索

6．计算机信息检索常用的布尔检索法是指利用布尔运算符连接各个检索词，计算机进行相应的逻辑运算，找出所需要的信息，包括（   ）逻辑运算。

A．AND（*）：逻辑与   B．OR（+）：逻辑或

C．NOT（-）：逻辑非   D．以上都对

7．下列不属于截词检索运算中截词符的是（   ）。

A．?   B．…   C．$ D．*

8．下列计算机检索步骤中，正确的是（   ）。

A．分析检索课题→确定检索途径和检索词→选择检索系统和数据库→构建检索式→
制定检索策略→调整检索策略→输出检索结果

B．分析检索课题→选择检索系统和数据库→制定检索策略→构建检索式→确定检索途
径和检索词→调整检索策略→输出检索结果

C．分析检索课题→选择检索系统和数据库→确定检索途径和检索词→构建检索式→制
定检索策略→调整检索策略→输出检索结果

D．分析检索课题→制定检索策略→确定检索途径和检索词→构建检索式→选择检索
系统和数据库→调整检索策略→输出检索结果

9．为提高查全率，不能选用（   ）进行检索。

A．同义词   B．相关词   C．反义词   D．缩写词

10．下列不属于普通搜索引擎的是（   ）。

A．超星百链   B．百度   C．谷歌   D．雅虎

二、多选题

1．计算机信息检索系统包括（   ）。

A．计算机硬件   B．计算机软件   C．数据库   D．物联网

2．构成现代社会经济发展的三大支柱是（   ）。

A．信息资源   B．网络资源   C．物质资源   D．能量资源

3．文献的载体类型分为（   ）。

A．印刷型   B．缩微型   C．机读型   D．视听型

4．按文献加工深度划分，文献可分为（   ）和高次文献。

A．零次文献   B．一次文献   C．二次文献   D．三次文献

5．我国教育制度规定，根据授予学位的级别不同，学位论文分为（   ）。

A．学士学位论文   B．硕士学位论文

C．博士学位论文   D．博士后学位论文

三、判断题

1．文献是信息、知识、情报的主要载体形式。（   ）

2．零次文献是指未以公开形式进入社会使用的实验记录、会议记录、内部档案、论文草稿、设计草稿、原始录像、谈话记录等。（   ）

3．图书出版的目的主要是传递最新情报。（   ）

4．科技报告在时间上一般晚于期刊等类型的文献。（   ）

5．大多数国家对于专利采用先申请原则，即分别就同样发明内容申请专利的，专利权将授予最先申请者。（   ）

四、思考题

1．当检索结果过少时，应该采取哪些措施提高检索命中率？检索结果过多时，又该如何应对？

2．常用的文献检索途径（字段）有哪些？

3．常用的文献检索方式有哪些？它们的优缺点是什么？

4．检索有关垃圾处理和再利用的文献，并对检索结果进行可视化分析。

项目 **5**

新一代信息技术

项目介绍

新一代信息技术是以人工智能、量子信息、移动通信、云计算、大数据、物联网、区块链等为代表的新兴技术，它既是信息技术的纵向升级，也是信息技术与相关产业的横向渗透融合。新一代信息技术正在全球范围内引发新一轮的科技革命，并快速转化为现实生产力，引领科技、经济和社会的高速发展。本项目主要介绍新一代信息技术及其主要代表技术的概念、技术特点、典型应用，以及与制造业等产业的融合发展方式。

任务安排

5.1 初识新一代信息技术

5.2 新一代信息技术的融合发展

学习目标

● 理解新一代信息技术及其主要代表技术的概念。

● 了解新一代信息技术及其主要代表技术的技术特点。

● 熟悉新一代信息技术及其主要代表技术的典型应用。

● 了解新一代信息技术与制造业等产业的融合发展方式。

5.1 初识新一代信息技术

初识新一代信息技术

➜ 任务描述

新一代信息技术是以物联网、云计算、大数据、人工智能等为代表的新兴技术，它既是信息技术的纵向升级，也是信息技术与相关产业的横向渗透融合。新一代信息技术无疑是当今世界创新活跃、渗透性强、影响力广泛的技术，正在全球范围内引发新一轮的科技革命，并以前所未有的速度转化为现实生产力，引领科技、经济和社会的高速发展。本任务主要介绍新一代信息技术及其主要代表技术的概念、特点、典型应用领域等。

➜ 思路解析

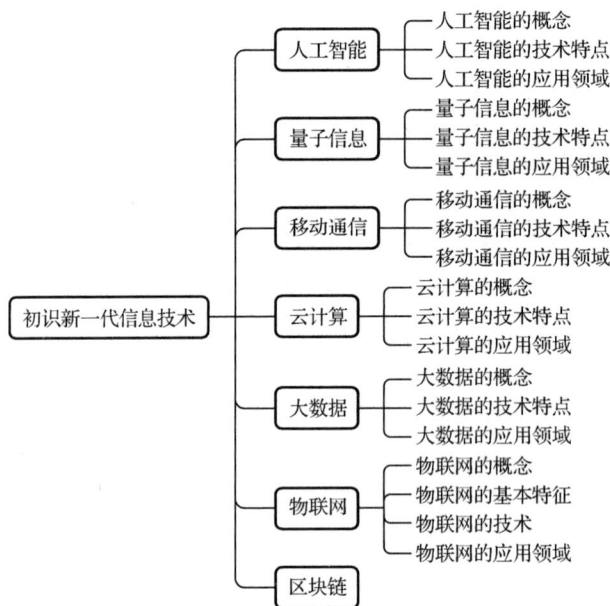

➜ 任务实施

5.1.1 人工智能

1. 人工智能的概念

人工智能（Artificial Intelligence，AI）是研究、开发用于模拟、延伸和扩展人类智能的理论、方法、技术及应用系统的一门新的技术科学。

人工智能是计算机学科的一个分支，20 世纪 70 年代以来被称为世界三大尖端技术（空间技术、能源技术、人工智能）之一，也被认为是 21 世纪三大尖端技术（基因工程、纳米科学、人工智能）之一。这是因为近 30 年来，人工智能发展迅速，在很多学科领域都获得广泛应用，并取得丰硕成果，人工智能已逐步成为一个独立的分支，无论是在理论上还是在实践上都自成系统。

　　人工智能是研究使计算机模拟人类的某些思维过程和智能行为（如学习、推理、思考、规划等）的学科，主要包括计算机实现智能的原理、制造类似于人脑智能的计算机，使计算机能实现更高层次的应用。人工智能涉及计算机科学、心理学、哲学和语言学等学科，可以说几乎涉及自然科学和社会科学的所有学科，其范围远远超出计算机科学的范畴，人工智能与思维科学的关系是实践和理论的关系，人工智能处于思维科学的技术应用层次，是它的一个应用分支。不仅要考虑逻辑思维，还要考虑形象思维、灵感思维，才能促进人工智能的突破性发展，数学常被认为是多种学科的基础，数学已进入语言、思维领域，人工智能也必须使用数学，数学不仅在标准逻辑、模糊数学中发挥作用，也在人工智能中发挥作用，从而使人工智能得到更快的发展。

2. 人工智能的技术特点

　　人工智能是计算机科学的一个分支，它企图了解智能的实质，并生产出一种新的能以人类智能相似的方式做出反应的智能机器，该领域的研究包括机器人、语言识别、图像识别、自然语言处理和专家系统等。人工智能从诞生以来，理论和技术日益成熟，应用领域也不断扩大，可以设想，未来，人工智能带来的科技产品将会是人类智慧的"容器"。人工智能可以对人类的意识、思维的过程进行模拟。人工智能不是人类的智能，但能像人类那样思考，也可能超过人类的智能。

　　人工智能在计算机上实现时有两种不同的方法。一种是采用传统的编程技术，使系统呈现智能的效果，而不考虑所用的方法是否与人类或动物机体所用的方法相同，这种方法叫工程学方法，它已在一些领域取得成果，如文字识别、计算机下棋等。另一种是模拟法，它不仅要求效果，还要求实现的方法也和人类或生物机体所用的方法相同或类似。遗传算法和人工神经网络均属于后一种。遗传算法模拟人类或动物的遗传和进化机制，人工神经网络则模拟人类或动物大脑中神经细胞的活动方式。为得到相同的智能效果，通常两种方法都使用。采用前一种方法，需要编程人员详细规定程序逻辑，如果游戏简单，则容易实现；如果游戏复杂，增加角色数量和活动空间，相应的逻辑就会很复杂（按指数增长），编程人员进行编程时就非常烦琐，容易出错。而一旦出错，就必须修改原程序，重新编译、调试，最后为用户提供一个新的版本或提供一个补丁，非常麻烦。采用后一种方法时，编程人员要为每个角色设计一个智能系统（一个模块）来进行控制，这个智能系统开始什么也不懂，就像刚出生的婴儿，但它能学习，能适应环境，采取措施对策以应付出现的各种复杂情况。这种系统开始也常犯错误，但它能吸取教训，下一次运行时就可能改正，至少在发布新版本或打补丁前能改正。使用这种方法实现人工智能，要求编程人员具有生物学的思考方法，入门难度大，但一旦入了门，这种方法就可得到广泛应用。由于使用这种方法进行编程时无须对角色的活动规律做详细规定，不应用于解决复杂问题，通常会比前一种方法更省力。

3. 人工智能的应用领域

　　人工智能的应用领域包括机器翻译、智能控制、专家系统、智能机器人、自然语言理解和处理、遗传编程机器人工厂、自动程序设计、航天等，人工智能也应用于信息处理、执行化合生命体无法执行的或复杂或规模庞大的任务等。

　　机器翻译是人工智能的重要分支，也是人工智能最早应用的领域。智能家居之后，人工智能成为家电业的新风口。

5.1.2 量子信息

1. 量子信息的概念

量子信息（Quantum Information）是关于量子系统"状态"所带有的物理信息，是通过量子系统的各种相干特性（如量子并行、量子纠缠和量子不可克隆等），进行计算、编码和信息传输的全新信息方式。

2. 量子信息的技术特点

量子信息是量子物理与信息技术相结合发展起来的新学科，主要包括量子通信和量子计算两个领域。量子通信主要研究量子密码、量子隐形传态、远距离量子通信的技术等；量子计算主要研究量子计算机和适合于量子计算机的量子算法。

量子通信是利用量子叠加态和纠缠效应进行信息传递的新型通信方式，基于量子力学中的不确定性、测量坍缩和不可克隆三大原理提供了无法被窃听和计算破解的绝对安全性保证，主要分为量子隐形传态和量子密钥分发两种。

量子隐形传态基于量子纠缠对分发与贝尔态联合测量，实现量子态的信息传输，其中量子态信息的测量和确定仍需要现有通信技术的辅助。量子隐形传态中的纠缠对制备、分发和测量等关键技术有待突破，目前处于理论研究和实验探索阶段，距离实用化尚有较大差距。

量子密钥分发又称量子密码，借助量子叠加态的传输测量实现通信双方安全的量子密钥共享，再通过一次一密的对称加密体制，即通信双方均使用与明文等长的密码进行逐比特加解密操作，实现无条件绝对安全的保密通信。

3. 量子信息的应用领域

以量子密钥分发为基础的量子保密通信成为未来保障网络信息安全的一种非常有潜力的技术手段，是量子通信领域理论和应用研究的热点。

5.1.3 移动通信

1. 移动通信的概念

移动通信（Mobile Communications）是沟通移动用户与固定点用户之间或移动用户之间的通信方式。

2. 移动通信的技术特点

移动通信是进行无线通信的现代化技术，这种技术是电子计算机与移动互联网发展的重要成果之一。移动通信技术经过第一代（1G）、第二代（2G）、第三代（3G）、第四代（4G）的发展，目前，到商用的第五代移动通信技术（5G），已开始第六代移动通信技术（6G）的研发，这也是目前改变世界的几种主要技术之一。

5G 移动网络与早期的 2G、3G 和 4G 移动网络一样，5G 网络是数字蜂窝网络，在这种网络中，供应商覆盖的服务区域被划分为许多被称为蜂窝的小地理区域。表示声音和图像的模拟信号在手机中被数字化，由模数转换器转换并作为比特流传输。蜂窝中的所有 5G 无线设备通过无线电波与蜂窝中的本地天线阵和低功率自动收发器（发射机和接收机）进行通信。收发器从公共频率池分配频道，这些频道在地理上分离的蜂窝中可以重复使用。本地天线通过高带宽光纤或无线回程连接与电话网络和互联网连接。

5G 网络的特点：

（1）峰值速率需要达到 Gbit/s 的标准，以满足高清视频、虚拟现实等大数据量传输。

（2）空中接口时延水平需要在 1ms 左右，满足自动驾驶、远程医疗等实时应用。

（3）超大网络容量，提供千亿设备的连接能力，满足物联网通信。

（4）频谱效率比 LTE 提升 10 倍以上。

（5）在连续广域覆盖和高移动性下，用户体验速率达到 100Mbit/s。

（6）流量密度和连接数密度大幅度提高。

（7）系统协同化、智能化水平提升，表现为多用户、多点、多天线、多摄取的协同组网，以及网络间灵活的自动调整。

6G，即第六代移动通信标准，也被称为第六代移动通信技术。其主要促进的就是物联网的发展。截至 2019 年 11 月，6G 仍在开发阶段。6G 的传输能力可能比 5G 提升 100 倍，网络延迟也可能从毫秒级降到微秒级。

2019 年 11 月 3 日，科技部会同发展改革委、教育部、工业和信息化部、中科院、自然科学基金委在北京组织召开 6G 技术研发工作启动会。

6G 网络将是一个地面无线与卫星通信集成的全连接世界。通过将卫星通信整合到 6G 移动通信，实现全球无缝覆盖，网络信号能够抵达任何一个偏远的乡村，让身处山区的病人能接受远程医疗，让孩子们能接受远程教育。此外，在全球卫星定位系统、电信卫星系统、地球图像卫星系统和 6G 地面网络的联动支持下，地空全覆盖网络还能帮助人类预测天气、快速应对自然灾害等，这就是 6G 的未来。6G 通信技术不仅要突破现有的网络容量和数据传输速率，更为重要的是，要缩小数字鸿沟，实现万物互联这个"终极目标"，这便是 6G 的意义。

6G 的数据传输速率可能达到 5G 的 50 倍，时延缩短至 5G 的十分之一，在峰值速率、时延、流量密度、连接数密度、移动性、频谱效率、定位能力等方面会远优于 5G。

3. 移动通信的应用领域

在车联网与自动驾驶领域车联网技术经历了利用有线通信的路侧单元（道路提示牌）以及 2G/3G/4G 网络承载车载信息服务的阶段，正在依托高速移动的通信技术，逐步步入自动驾驶时代。根据中国、美国、日本等国家的汽车发展规划，依托数据传输速率更高、时延更低的 5G 网络，将在 2025 年全面实现自动驾驶汽车的量产，市场规将达到 1 万亿美元。

在外科手术领域，2019 年 1 月 19 日，我国一名外科医生利用 5G 技术实施了全球首例远程外科手术。这名医生在福建省利用 5G 网络，操控 48km 以外一个偏远地区的机械臂进行手术。在手术进行中，由于延时只有 0.1s，外科医生用 5G 网络切除了一只实验动物的肝脏。5G 技术的其他优势还包括大幅减少了下载时间，下载速度从每秒约 20 兆字节上升到每秒 50 千兆字节，相当于在 1s 内下载超过 10 部高清影片。5G 技术最直接的应用很可能是改善视频通话和游戏体验，但机器人手术很有可能给著名外科医生为世界各地有需求的人实施手术带来很大希望。

在智能电网领域，因电网高安全性要求与全覆盖的广度特性，智能电网必须在海量连接及广覆盖的测量处理体系中，做到 99.999% 的高可靠度；超大数量末端设备的同时接入、小于 20ms 的超低时延，以及终端深度覆盖、信号平稳等是对智能电网的基本要求。

5.1.4 云计算

1. 云计算的概念

云计算（Cloud Computing）是一种分布式计算，其核心概念就是以互联网为中心，在网站上提供快速且安全的云计算服务与数据存储，让每个使用互联网的人都可以使用网络上的庞大计算资源与数据中心。云计算是继互联网、计算机后在信息时代又一种新的革新，是信息时代的一个大飞跃，未来的时代可能是云计算的时代。云计算的核心是可以将很多计算机资源协调在一起，因此，使用户通过网络可以获取无限的资源，同时获取的资源不受时间和空间的限制。

2. 云计算的技术特点

云计算的可贵之处在于高灵活性、可扩展性和高性比等，其具有以下优势与特点。

（1）虚拟化技术。

必须强调的是，虚拟化突破了时间、空间的界限，是云计算最为显著的特点，虚拟化技术包括应用虚拟和资源虚拟两种。众所周知，物理平台与应用部署的环境在空间上是没有任何联系的，正是通过虚拟平台对相应终端的操作，完成数据备份、迁移和扩展等。

（2）动态可扩展。

云计算具有高效的运算能力，在原有服务器基础上增加云计算功能，能够使计算速度迅速提高，最终实现动态扩展虚拟化的层次，达到对应用进行扩展的目的。

（3）按需部署。

计算机包含许多应用、程序软件等，不同的应用对应的数据资源库不同，所以用户运行不同的应用需要较强的计算能力对资源进行部署，而云计算平台能够根据用户的需求快速配备计算能力及资源。

（4）灵活性高。

目前，市场上大多数 IT 资源、软件、硬件都支持虚拟化，如存储网络、操作系统、开发软件和硬件等。虚拟化要素统一放在云系统资源虚拟池中进行管理，可见，云计算的兼容性非常强，不仅可以兼容低配置机器、不同厂商的硬件产品，还能够通过外设获得高性能计算。

（5）可靠性高。

即使服务器出现故障也不影响计算与应用的正常运行。因为单点服务器出现故障，可以通过虚拟化技术将分布在不同物理服务器上的应用进行恢复，或者使用动态扩展功能部署新的服务器进行计算。

（6）性价比高。

将资源放在虚拟资源池中统一管理在一定程度上优化了物理资源，用户不再需要昂贵、存储空间大的主机，可以选择相对廉价的 PC 组成云，一方面减少费用，另一方面计算性能不逊于大型主机。

（7）可扩展性。

用户可以利用应用软件的快速部署条件来简单快捷地对自身所需的已有业务及新业务进行扩展。例如，计算机云计算系统中出现设备故障，对于用户来说，无论是对计算机还是对具体运用，均不会受到影响，可以使用计算机云计算具有的动态扩展功能来对其他服务器进行有效扩展，以确保任务得以有序完成。在对虚拟化资源进行动态扩展的情况下，同时能够高效扩展应用，提高计算机云计算的操作水平。

3. 云计算的应用领域

较为简单的云计算技术已经普遍应用于如今的互联网服务中，最为常见的就是网络搜索引擎和网络邮箱。搜索引擎大家最为熟悉的莫过于谷歌和百度了，在任何时刻，只要用过移动终端就可以在搜索引擎上搜索任何想要的资源，通过云端共享数据资源。过去寄一封邮件是一件比较麻烦的事情，同时也是一个很慢的过程；而在云计算技术和网络技术的推动下，网络邮箱成为社会生活中的一部分，只要在网络环境下，就可以实现实时的邮件发送。其实，云计算技术已经融入现今的社会生活中。

（1）存储云。

存储云又称云存储，是在云计算技术上发展起来的一个新的存储技术。云存储是一个以数据存储和管理为核心的云计算系统。用户可以将本地的资源上传至云端，可以在任何地方连入互联网来获取云上的资源。在国内，百度云和微云是市场占有量最大的存储云。存储云向用户提供存储容器服务、备份服务、归档服务和记录管理服务等，大大方便了用户对资源的管理。

（2）医疗云。

医疗云是指在云计算、移动技术、多媒体、5G 通信、大数据，以及物联网等新技术基础上，结合医疗技术，使用云计算来创建医疗健康服务云平台，实现医疗资源的共享和医疗范围的扩大。因为云计算技术的运用与结合，医疗云可提高医疗服务水平和效率，方便居民就医。像现在医院的预约挂号、电子病历、医保等都是云计算与医疗领域结合的产物，医疗云还具有数据安全、信息共享、动态扩展、布局全国的优势。

（3）金融云。

金融云是指利用云计算的模型，将信息、金融和服务等功能分散到庞大分支机构构成的互联网"云"中，旨在为银行、保险和基金等金融机构提供互联网处理和运行服务，同时共享互联网资源，从而解决现有问题并达到高效、低成本的目标。

（4）教育云。

教育云实质上是指教育信息化的一种发展。具体地，教育云可以将所需要的任何教育硬件资源虚拟化，然后将其传入互联网中，以向教育机构、学生和教师提供一个方便快捷的平台。现在流行的慕课就是教育云的一种应用。

5.1.5　大数据

1. 大数据的概念

大数据（Big Data）是指无法在一定时间范围内用常规软件工具进行捕捉、管理和处理的数据集合，是需要新处理模式才能具有更强的决策力、洞察发现力和流程优化能力的海量、高增长率和多样化的信息资产。

2. 大数据的技术特点

适用于大数据的技术包括大规模并行处理（MPP）数据库、数据挖掘、分布式文件系统、分布式数据库、云计算平台、互联网和可扩展的存储系统。大数据具有海量的数据规模、快速的数据流转、多样的数据类型和价值密度低四大特征。

大数据技术的战略意义不在于掌握庞大的数据信息，而在于对这些有意义的数据进行专业化处理。如果把大数据比作一种产业，那么这种产业实现盈利的关键，在于提高对数据的"加工能力"，通过"加工"实现数据的"增值"。

3. 大数据的应用领域

大数据技术被渗透到社会的方方面面，如医疗卫生、商业分析、国家安全、食品安全、金融安全等方面。例如，在金融行业，银行零售经营新体系通过 API、智能感知、挖掘建模等大数据应用技术，提升数据驱动运营能力。

5.1.6 物联网

1. 物联网的概念

物联网（Internet of Things，IoT）即万物相连的互联网，是在互联网基础上延伸和扩展的网络，是将各种信息传感设备与互联网结合起来而形成的一个巨大网络，实现在任何时间、任何地点，人、机、物的互联互通。

物联网是指通过信息传感器、射频识别技术、全球定位系统、红外感应器、激光扫描器等装置与技术，实时采集任何需要监控、连接、互动的物体或过程，采集其声、光、热、电、力学、化学、生物、位置等信息，通过各类可能的网络接入，实现物与物、物与人的泛在连接，实现对物品和过程的智能化感知、识别和管理。物联网是一个基于互联网、传统电信网等的信息承载体，它让所有能够被独立寻址的普通物理对象形成互联互通的网络。

物联网是新一代信息技术的重要组成部分，IT 行业又称其为泛互联，意指物物相连，万物万联。因此，物联网就是物物相连的互联网。这有两层意思，其一，物联网的核心和基础仍然是互联网，是在互联网基础上延伸和扩展的网络；其二，其用户端延伸和扩展到了任何物品与物品之间进行信息交换和通信。因此，物联网是通过射频识别、红外感应器、全球定位系统、激光扫描器等信息传感设备，按约定的协议，把任何物品与互联网相连接，进行信息交换和通信，以实现对物品的智能化识别、定位、跟踪、监控和管理的一种网络。

2. 物联网的基本特征

从通信对象和过程来看，物与物、人与物之间的信息交互是物联网的核心。物联网的基本特征可概括为整体感知、可靠传输和智能处理。

（1）整体感知。

可以利用射频识别、二维码、智能传感器等感知设备感知并获取物体的各类信息。

（2）可靠传输。

通过对互联网、无线网络的融合，将物体的信息实时、准确地传送，以便信息交流、分享。

（3）智能处理。

使用各种智能技术，对感知和传送的数据、信息进行分析处理，实现监测与控制的智能化。

根据物联网的基本特征，结合信息科学的观点，围绕信息的流动过程，可以归纳出物联网处理信息的功能包括：

（1）获取信息的功能。主要指信息的感知、识别，信息的感知是指对事物属性状态及其变化方式的知觉和敏感；信息的识别是指能把所感受到的事物状态用一定方式表示出来。

（2）传送信息的功能。主要指信息发送、传输、接收等环节，最后把获取的事物状态信息及其变化的方式从时间（或空间）上的一点传送到另一点的过程，这就是人们常说的通信过程。

（3）处理信息的功能。是指信息的加工过程，利用已有的信息或感知的信息产生新的信息，实际上是制定决策的过程。

（4）施效信息的功能。指信息最终发挥效用的过程，有很多表现形式，比较重要的是通过调节对象事物的状态及其变换方式，始终使对象处于预先设计的状态。

3. 物联网的技术

（1）射频识别技术。

谈到物联网，就不得不提及物联网发展中备受关注的射频识别技术（Radio Frequency

Identification，RFID）。RFID 是一种简单的无线系统，由一个询问器（或阅读器）和很多应答器（或标签）组成。标签由耦合元件及芯片组成，每个标签具有扩展词条唯一的电子编码，附着在物体上标识目标对象，它通过天线将射频信息传递给阅读器，阅读器就是读取信息的设备。RFID 让物品能够"开口说话"。这就赋予了物联网一个特性即可跟踪性。也就是说，人们可以随时掌握物品的准确位置及其周边环境。据 Sanford C.Bernstein 公司的零售业分析师估计，关于物联网 RFID 带来的这一特性，可使沃尔玛每年节省 83.5 亿美元，其中大部分是因为不需要人工查看进货的条码而节省的劳动力成本。RFID 帮助零售业解决了商品断货和损耗（因盗窃和供应链被搅乱而损失的产品）两大难题，而现在单是盗窃一项，沃尔玛一年的损失就达近20 亿美元。

（2）传感网。

MEMS 是微机电系统（Micro-Electro-Mechanical Systems）的英文缩写。它是由微传感器、微执行器、信号处理和控制电路、通信接口和电源等部件组成的一体化的微型器件系统。其目标是把信息的获取、处理和执行集成在一起，组成具有多功能的微型系统，集成于大尺寸系统中，从而大幅度地提高系统的自动化、智能化和可靠性水平。它是比较通用的传感器。因为MEMS 赋予了普通物体新的生命，它们有了属于自己的数据传输通路，有了存储功能、操作系统和专门的应用程序，从而形成一个庞大的传感网。这让物联网能够通过物品来实现对人的监控与保护。遇到酒后驾车的情况，如果在汽车和汽车点火钥匙上都植入微型气味感应器，那么当喝了酒的司机掏出汽车钥匙时，汽车点火钥匙能透过气味感应器察觉到酒气，于是通过无线信号立即通知汽车"暂停发动"，汽车便会处于休息状态。同时"命令"司机的手机给他的亲朋好友发短信，告知司机所在位置，提醒亲友尽快来处理。不仅如此，未来衣服可以"告诉"洗衣机放多少水和洗衣粉最经济；文件夹会"检查"我们忘带了什么重要文件；食品和蔬菜的标签会向顾客的手机介绍"自己"是否真正"绿色安全"。这就是物联网世界中被"物"化的结果。

（3）M2M 系统框架。

M2M 是 Machine-to-Machine/Man 的简称，是一种以机器终端智能交互为核心的、网络化的应用与服务。它将使对象实现智能化控制。M2M 技术涉及五个重要部分，即机器、M2M 硬件、通信网络、中间件、应用。基于云计算平台和智能网络，可以依据传感器网络获取的数据进行决策，改变对象的行为进行控制和反馈。拿智能停车场来说，当该车辆驶入或离开天线通信区时，天线以微波通信的方式与电子识别卡进行双向数据交换，从电子车卡上读取车辆的相关信息，在司机卡上读取司机的相关信息，自动识别电子车卡和司机卡，并判断车卡是否有效和司机卡的合法性，核对车道控制电脑显示与该电子车卡和司机卡一一对应的车牌号码及驾驶员等资料信息；车道控制电脑自动将通过时间、车辆和驾驶员的有关信息存入数据库中，车道控制电脑根据读到的数据判断是正常卡、未授权卡、无卡还是非法卡，据此做出相应的回应和提示。另外，家中老人戴上嵌入智能传感器的手表，在外地的子女可以随时通过手机查询父母的血压、心跳是否稳定；智能化的住宅在主人上班时，传感器自动关闭水、电、气阀门及门窗，定时向主人的手机发送消息，汇报安全情况。

（4）云计算。

云计算旨在通过网络把多个成本相对较低的计算实体整合成一个具有强大计算能力的完美系统，并借助先进的商业模式让终端用户可以得到这些强大计算能力的服务。如果将计算能力比作发电能力，那么从古老的单机发电模式转向现代电厂集中供电的模式，就好比现在大家习惯的单机计算模式转向云计算模式，而"云"就好比发电厂，具有单机所不能比拟的强大计算能力。这意味着计算能力也可以作为一种商品进行流通，就像水、电、气一样，取用方便、费用低廉，以至于用户无须自己配备。与电力是通过电网传输不同，计算能力是通过各种有线、无线网络传输的。因此，云计算的一个核心理念就是通过不断提高"云"的处理能力，不断减少用户终端的处理负担，最终使其简化成一个单纯的输入输出设备，并能按需享受"云"强大的计算处理能力。物联网感知层获取大量数据信息，在经过网络层传输以后，放到一个标准平台上，再利用高性能的云计算对其进行处理，赋予这些数据智能，才能最终转换成对终端用户有用的信息。

4. 物联网的应用领域

物联网的应用领域涉及方方面面，在工业、农业、环境、交通、物流、安保等基础设施领域的应用，有效地推动了这些领域的智能化发展，使得有限的资源被更加合理地使用、分配，从而提高行业效率、效益。在家居、医疗健康、教育、金融、服务业、旅游业等与生活息息相关的领域的应用，从服务范围、服务方式到服务质量等都有了极大的改进，极大地提高了人们的生活质量；在国防军事领域的应用，虽然还处在研究探索阶段，但物联网应用带来的影响不可小觑，大到卫星、导弹、飞机、潜艇等装备系统，小到单兵作战装备，物联网技术的嵌入有效提升了军事智能化、信息化、精准化，极大地提升了军事战斗力，是未来军事变革的关键。

（1）智能交通。

物联网技术在道路交通领域的应用比较成熟。随着社会车辆越来越多，交通拥堵甚至瘫痪已成为城市治理的一大难题。对道路交通状况实时监控并将信息及时传递给司机，让司机及时做出出行调整，能有效缓解交通压力；高速路口设置道路自动收费系统（简称 ETC），能免去进出口取卡、还卡的时间，提升车辆的通行效率；公交车上安装定位系统，能及时了解公交车行驶路线及到站时间，乘客可以根据搭乘路线确定出行时间，免去不必要的等待时间。社会车辆增多，除了会带来交通压力，停车难也日益成为一个突出问题，不少城市推出智慧路边停车管理系统，该系统基于云计算平台，结合物联网技术与移动支付技术，共享车位资源，提高车位利用率和用户的方便程度。该系统可以兼容手机模式和射频识别模式，通过手机端 App 可以实现及时了解车位信息、车位位置，提前做好预定并实现交费等操作，很大程度上解决了"停车难、难停车"的问题。

（2）智能家居。

智能家居就是物联网在家庭中的基础应用，随着宽带业务的普及，智能家居产品涉及方方面面。家中无人，可利用手机等产品客户端远程操作智能空调，调节室温，甚者还可以学习用户的使用习惯，从而实现全自动的温控操作，使你在炎炎夏季回家就能享受凉爽带来的惬意；通过客户端实现智能灯泡的开关、调控灯泡的亮度和颜色等；插座内置 Wi-Fi，可实现遥控插座定时通断电流，甚至可以监测设备用电情况，生成用电图表让你对用电情况一目了然，安排资源使用及开支预算；智能体重秤能监测运动效果，内置可以监测血压、脂肪量的先进传感器，内定程序根据身体状态提出健康建议；智能牙刷与客户端相连，提供刷牙时间、刷牙位置提醒，可根据刷牙的数据生产图表，反映口腔的健康状况；智能摄像头、窗户传感器、智能门铃、烟雾探测器、智能报警器等都是家庭不可缺少的安全监控设备，你即使出门在外，也可以在任意时间、任何地方查看家中的实时状况，及时发现安全隐患。看似烦琐的家居生活因为物联网变得更加轻松、美好。

（3）公共安全。

近年来全球气候异常情况频发，灾害的突发性和危害性进一步加大，互联网可以实时监测环境的不安全性情况，提前预防、实时预警、及时采取应对措施，降低灾害对人类生命财产的威胁。美国布法罗大学早在 2013 年就提出研究深海互联网项目，通过将特殊处理的感应装置置于深海处，分析水下相关情况，对海洋污染的防治、海底资源的探测、甚至海啸都可以提供更加可靠的预警。该项目在当地湖水中进行试验，获得成功，为进一步扩大使用范围提供了基础。利用物联网技术可以智能感知大气、土壤、森林、水资源等方面的各项指标数据，对改善人类生活环境发挥巨大作用。

5.1.7　区块链

区块链是一个分布式的共享账本和数据库，具有去中心化、不可篡改、全程留痕、可以追溯、集体维护、公开透明等特点。

更多区块链相关的基础知识，可扫描二维码进行拓展学习。

区块链

5.2　新一代信息技术的融合发展

➡ 任务描述

制造业是现代工业化国家的立国之本、强国之基。当前，以新一代信息技术为代表的科技革命正在蓬勃兴起，制造业生产方式正在发生深刻的历史性变革，发展先进制造业面临重要的战略机遇。下面主要介绍新一代信息技术与制造业等产业的融合发展方式。

➡ 思路解析

```
新一代信息技术的融合发展 ── 几种技术之间的融合发展
                      └─ 新一代信息技术与制造业等产业的融合发展
```

➡ 任务实施

5.2.1　几种技术之间的融合发展

云计算是最贴近物理机器的技术，通过封装物理机器，提供虚拟计算、存储、网络等资源。物联网和互联网产生大量的数据，这些数据肯定要找一个地方集中存储和处理，这时必须用云计算。云计算的作用是将海量数据集中存储和处理。

大数据是最贴近数据的技术，负责组织海量数据。当海量数据上传到云计算平台后，自然而然地就需要对数据进行深入分析和挖掘，这就是大数据的目的。大数据就是基于海量数据进行分析从而发现一些隐藏的规律、现象、原理等。

物联网是最贴近生产环境的技术，通过物理设备收集数据，实现智能化识别、定位、跟踪、监控和管理。物联网和互联网是用来将所有事物和信息联系起来的，为何要联系起来呢？因为将事物和信息联系起来后，数据才有了关联，数据有了关联才能产生更大的价值。

人工智能是最贴近数据的技术，专门负责处理和挖掘数据，它会在大数据的基础上更进一步地分析数据，然后根据分析结果做出行动。

云计算、大数据、物联网、人工智能的融合发展关系如图 5-1 所示。

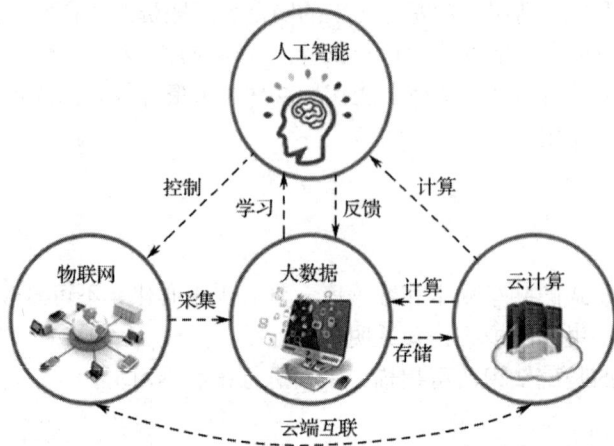

图 5-1　云计算、大数据、物联网、人工智能的融合发展关系

5.2.2　新一代信息技术与制造业等产业的融合发展

大力推进新一代信息技术与制造业融合发展，是我国做出的一项长期性、战略性部署，对于抢占产业竞争制高点，加速我国制造强国与网络强国建设，实现经济高质量发展具有重要意义。

一方面，我国经济已由高速增长阶段转向高质量发展阶段，正处在转变发展方式、优化经济结构、转换增长动力的攻关期。制造业是实体经济的主体，推进新一代信息技术与制造业融合发展，有助于充分释放我国制造大国和网络大国的叠加、聚合、倍增效应，构建形成以数据为核心驱动要素的新型工业体系，以信息流带动技术流、资金流、人才流、物资流，改善产业结构、增强转型动力，提高资源配置效率和全要素生产率，实现实体经济发展内生动力和活力的根本性变化。

另一方面，随着新一代信息技术持续向实体经济领域融合渗透，产业数字化转型成为各国的普遍共识和共同选择。在国际形势日益深刻复杂变化的背景下，我们只有牢牢把握新工业革命带来的历史性窗口期，深化新一代信息技术与制造业融合发展，加快数字化转型步伐，才能发挥信息化对制造业全要素生产率的提升作用，培育发展新动力，支撑我国制造业向形态更高级、分工更优化、结构更合理的阶段演进。

工业互联网是新一代信息技术与工业技术深度融合的产物。实施工业互联网创新发展战略，其目的也是推进新一代信息技术与制造业等实体经济深度融合，实现工业经济的全要素、全产业链、全价值链的全面链接，特别是实现跨企业、跨领域、跨产业的互联互通，打通传统产业的痛点、难点和堵点，打造新产业新动能，为企业发展开辟新战场。

新一代信息技术产业融合发展示意图如图 5-2 所示。

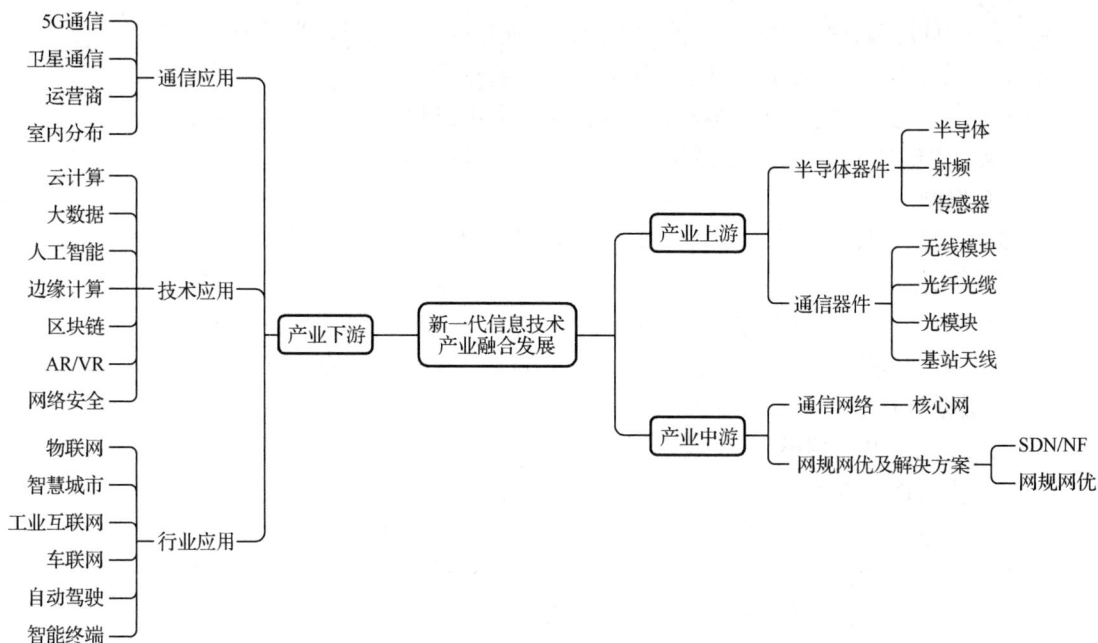

图 5-2　新一代信息技术产业融合发展示意图

练　习

一、单选题

1．人工智能是研究、开发用于（　　）、延伸和扩展人类智能的理论、方法、技术及应用系统的一门新的技术科学。

A．演示　　　　　B．模拟　　　　　C．训练　　　　　D．推演

2．量子信息是通过（　　）系统的各种相干特性，进行计算、编码和信息传输的全新信息方式。

A．量子　　　　　B．信息　　　　　C．电子　　　　　D．计算机

3．移动通信是进行无线通信的现代化技术，目前，已经开始（　　）移动通信技术研发。

A．第四代　　　　B．第五代　　　　C．第六代　　　　D．第七代

4．云计算是一种（　　）计算。

A．分布式　　　　B．空间　　　　　C．量子　　　　　D．高性能计算机

5．物联网即（　　）相连的互联网。

A．计算机　　　　B．服务器　　　　C．万物　　　　　D．物理

6．区块链是一个（　　）的共享账本和数据库。

A．分布式　　　　B．空间　　　　　C．量子　　　　　D．高性能计算机

7．大力推进（　　）与制造业融合发展，是我国做出的一项长期性、战略性部署。

A．云计算　　　　B．大数据　　　　C．物联网　　　　D．新一代信息技术

8．移动通信是进行（　　）通信的现代化技术。

A．无线　　　　　B．有线　　　　　C．以太网　　　　D．互联网

9. 云计算以互联网为中心，在网站上提供快速且安全的云计算服务与（　　　）。

    A．数据分析　　　　B．数据存储　　　　C．数据分享　　　　D．文件下载

10. 人工智能是研究使计算机模拟人类的某些思维过程和（　　　）的学科。

    A．思维方式　　　　B．过程控制　　　　C．智能行为　　　　D．情绪表达

二、多选题

1. 新一代信息技术是以（　　　）等为代表的新兴技术。

    A．物联网　　　　　B．云计算　　　　　C．大数据　　　　　D．人工智能

2. 21世纪三大尖端技术是指（　　　）。

    A．基因工程　　　　B．纳米科学　　　　C．人工智能　　　　D．空间技术

3. 大数据具有（　　　）等特征。

    A．海量的数据规模　　　　　　　　B．快速的数据流转

    C．多样的数据类型　　　　　　　　D．价值密度低

4. 物联网的技术包括（　　　）。

    A．射频识别技术　　　　　　　　　B．传感网

    C．M2M系统框架　　　　　　　　D．云计算

5. 区块链的一般类型包括（　　　）区块链。

    A．区域　　　　　　B．公有　　　　　　C．行业　　　　　　D．私有

三、判断题

1. 量子通信是利用量子叠加态和纠缠效应进行信息传递的新型通信方式。（　　　）

2. 物联网是物理上直接连接的网络。（　　　）

3. 大数据是最贴近数据的技术，负责组织海量数据。（　　　）

4. 物联网是最贴近生产环境的技术，通过物理设备收集数据，实现智能化识别、定位、跟踪、监控和管理。（　　　）

5. 人工智能是最贴近物理机器的技术，通过封装物理机器，提供虚拟计算、存储、网络等资源。（　　　）

项目 6

信息素养与社会责任

项目介绍

信息素养与职业文化是指在信息技术领域，通过对行业内相关知识的了解，内化形成的个人素养与行业行为自律能力。信息素养与职业文化对个人在行业内的发展起重要作用。本项目介绍信息技术发展史、信息安全和国产化替代、个人素养与行业行为自律等内容。

任务安排

6.1 信息技术发展史

6.2 信息安全与国产化替代

6.3 个人素养与行业行为自律

学习目标

● 了解信息技术发展历程。

● 了解行业内知名企业兴衰变化的过程。

● 了解信息安全与国产化替代。

● 了解个人素养与行业行为自律。

● 了解行业内个人职业发展的途径和方法。

6.1 信息技术发展史

➡ 任务描述

使学生从整体上对计算机有一个基本的认识，并通过介绍我国计算机的发展历史，了解我国计算机从无到有、从跟随到超越的过程，感受祖国的强大。

➡ 思路解析

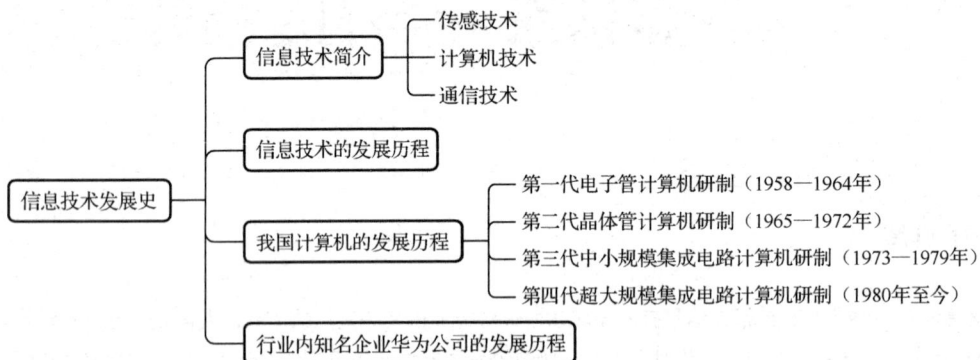

➡ 任务实施

6.1.1 信息技术简介

信息技术（Information Technology，IT）是用于管理和处理信息所采用的各种技术的总称。其中，应用计算机科学和通信技术来设计、开发、安装和实施信息系统及应用软件。信息技术也称信息和通信技术（Information and Communications Technology，ICT），主要包括传感技术、计算机技术、通信技术。

1. 传感技术

从物联网角度看，传感技术是衡量一个国家信息化程度的重要标志。传感技术是关于从自然信源获取信息，并对之进行处理（变换）和识别的一门多学科交叉的现代科学与工程技术，它涉及传感器（也称换能器）、信息处理和识别的规划设计、开发、制/建造、测试、应用及评价、改进等活动。

2. 计算机技术

计算机技术的内容非常广泛，可粗分为计算机系统技术、计算机器件技术、计算机部件技术和计算机组装技术等。计算机技术包括运算方法的基本原理与运算器设计、指令系统、中央处理器（CPU）设计、流水线原理及其在CPU设计中的应用、存储体系、总线与输入/输出。

3. 通信技术

通信技术又称通信工程（也称信息工程、电信工程），是电子工程的重要分支，同时也是其中一个基础学科。该学科关注的是通信过程中的信息传输和信号处理的原理和应用。通信工程研究的是，以电磁波、声波或光波的形式把信息通过电脉冲，从发送端（信源）传输到一个或多个接收端（信宿）。接收端能否正确辨认信息，取决于传输中的损耗功率高低。信号处理是通信工程中一个重要环节，其包括过滤，编码和解码等。

6.1.2　信息技术的发展历程

信息技术的发展历程如下：

（1）第一次信息技术革命是语言的使用。发生在距今 35000～50000 年前。

（2）第二次信息技术革命是文字的创造。大约在公元前 3500 年出现了文字。

（3）第三次信息技术革命是印刷的发明。大约在公元 1040 年，我国开始使用活字印刷技术（欧洲人 1451 年开始使用印刷技术）。

（4）第四次信息技术革命是电报、电话、广播和电视的发明和普及应用。1837 年，美国人莫尔斯研制了世界上第一台有线电报机。电报机利用电磁感应原理（有电流通过，电磁体有磁性；无电流通过，电磁体无磁性），使电磁体上连着的笔发生转动，从而在纸带上画出点、线符号。这些符号的适当组合（称为莫尔斯电码）可以表示全部字母，于是文字就可以经电线传送出去。1844 年 5 月 24 日，人类历史上的第一份电报从美国国会大厦传送到了 40 英里外的巴尔的摩城。1864 年，英国著名物理学家麦克斯韦发表了一篇论文《电与磁》，预言了电磁波的存在。1876 年 3 月 10 日，美国人贝尔用自制的电话同他的助手通了话。1895 年，俄国人波波夫和意大利人马可尼分别成功地进行了无线电通信实验。1894 年，电影问世。1925 年，英国首次播映电视。

（5）第五次信息技术革命始于 20 世纪 60 年代，其标志是电子计算机的普及应用及计算机与现代通信技术的有机结合。

6.1.3　我国计算机的发展历程

1. 第一代电子管计算机研制（1958—1964 年）

1958 年 8 月 1 日，我国第一台电子管计算机（103 机）试制成功，由中国科学院计算技术研究所和 738 厂合作完成，运算速度从每秒 30 次提升到每秒 2300 次，成为我国计算技术这门学科建立的标志。

1959 年 4 月，我国第一台通用数字电子计算机（104 机）试制成功并用于算题，运算速度达每秒 1 万次。

1964 年，我国第一台自行设计的大型通用数字电子计算机（119 机）研制成功，运算速度达每秒 5 万次。

2. 第二代晶体管计算机研制（1965—1972 年）

1965 年，中科院计算所研制成功了我国第一台大型晶体管计算机——109 乙机，运算速度达每秒 10 万次。后来经过改进，推出 109 丙机，在我国两弹试制中发挥了重要作用，被誉为"功勋机"。

1969 年，第一台由我国科研人员设计定型的机载火控计算机（114 机）问世，是为重点装备轰-5 控制尾部炮塔而研制的，2 次打靶试飞，射击命中率达 75%，目前，由西北工业大学校史馆保存。

3. 第三代中小规模集成电路计算机研制（1973—1979 年）

从第一代电子管计算机到第二代晶体管计算机，我国起步晚，但是追得快，到第三代集成电路计算机已逐步缩小与发达国家间的差距。1973 年，北京大学与 738 厂联合研制的每秒运算 100 万次的集成电路计算机（150 机）问世，用它计算一个 200 次方的代数方程式，只用十几秒，如果人工计算至少需要 100 个人计算一年，这是我国计算机发展史上的一个里程碑。

我国第一台集成电路计算机（150 机）于 1973 年由北京大学与北京有线电厂等单位合作研制成功，其运算速度达每秒 100 万次。1974 年，清华大学等单位联合设计、研制成功 DJS-130 小型计算机，之后又推出 DJS-140 小型机，形成 100 系列产品。

1973 年，第四工业机械部决定在合肥成立联合设计组研制微型计算机，经过三年多的艰苦攻关，1977 年 4 月 23 日，我国第一台微型计算机 DJS-050 在合肥诞生，拉开了我国微型计算机发展的序幕。

4. 第四代超大规模集成电路计算机研制（1980 年至今）

1980 年初，我国不少单位也开始采用 Z80、X86 和 6502 芯片研制微型计算机。1985 年 12 月，电子工业部第六研究所成功研制出与 IBM PC 兼容的 DJS-0520 微型计算机。

1982 年，757 机诞生，这是我国第一台每秒运算达千万次的巨型计算机。1983 年，我国第一台每秒计算达亿次的计算机"银河一号"研制成功，其具有高性能、低能耗、高安全和易使用四大特点，它将我国带入研制巨型计算机国家的行列。

随着我国经济的发展，对千万亿次甚至更高性能的计算机的需求越来越迫切。2008 年，作为我国高科技研究发展计划的一个重大项目的"天河一号"进入设计阶段，2010 年 10 月 29 日，我国第一台千万亿次超级计算机"天河一号"闪亮登场，其使用的是我国自主研发的龙芯片，其峰值运算速度为每秒 4700 万亿次，实测运算速度为每秒 2570 万亿次。2010 年 11 月 14 日，国际 TOP500 组织公布了最新全球超级计算机前 500 强排行榜，"天河一号"排名全球第一，我国成为继美国之后，世界上第二个能够研制千万亿次超级计算系统的国家，标志着我国超级计算机综合技术水平已进入世界领先行列。

2017 年 6 月 19 日，由我国自主研发的神威·太湖之光超级计算机以每秒 12.5 亿亿次的峰值运算速度，以及每秒 9.3 亿亿次的持续运算速度，再次蝉联世界超级计算机排行榜 TOP500 第一名，实现三连冠。

从 1983 年我国巨型机实现零的突破，到"天河一号"大显王者风范，我国超级计算机不断冲击巅峰，连续两次获得国际高性能计算机的最高奖——戈登贝尔奖，以神威·太湖之光和 2017 年完成技术升级和系统优化的"天河二号"为标志，我国超级计算机具备了从自主微处理器、自主互联、自主软件系统，到自主应用的全方位自主研制，完成了从"跟跑"到"领跑"的历史跨越。

6.1.4 行业内知名企业华为公司的发展历程

有关华为公司的发展历程，可扫描二维码进行拓展学习。

行业内知名企业华为公司
的发展历程

6.2 信息安全与国产化替代

任务描述

随着信息技术的快速发展和广泛应用，信息安全的重要性日益突出。下面主要介绍常用信息安全技术、信息安全策略、信息安全行业发展概况和信息安全产品国产化替代趋势，使学生增强信息安全意识和爱国责任心。

➡ 思路解析

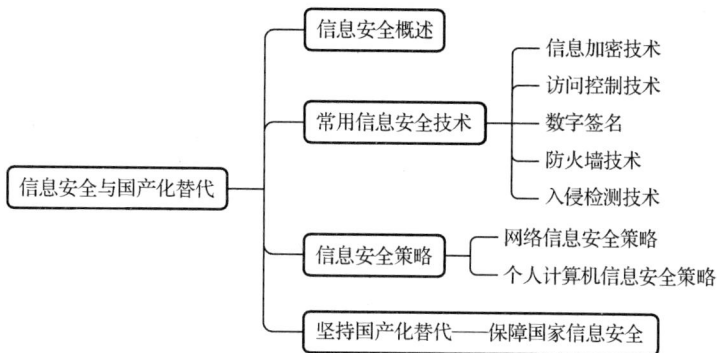

➡ 任务实施

6.2.1　信息安全概述

信息安全是指保护信息系统中的软件、硬件、数据不会遭受偶然或恶意的破坏、更改、泄露，使系统能够连续、可靠、正常地运行。

信息安全是指保护网络中的软件、硬件及其系统中的数据的安全，所有信息安全技术都是为了达到一定的安全目标，其核心包括保密性、完整性、可用性、可控性和不可否认性五个安全目标。

（1）保密性是指阻止未授权的主体阅读信息。通俗地讲，就是保证信息不泄露给未经授权的人。

（2）完整性是指防止信息被未授权者篡改。它可保护信息处于原始状态，使信息保持其真实性。

（3）可用性是指授权主体在需要信息时能及时得到服务的能力。保证信息及信息系统确实为授权使用者所用。

（4）可控性是指对信息和信息系统实施安全监控管理，防止非法利用信息和信息系统。

（5）不可否认性是指在网络环境中，信息交换的双方不能否认其在交换过程中发送信息或接收信息的行为。

6.2.2　常用信息安全技术

信息安全技术是保障信息安全的重要手段，常用的信息安全技术有信息加密技术、访问控制技术、数字签名、防火墙技术、入侵检测技术等。

1. 信息加密技术

信息加密技术是利用数学或物理手段，对电子信息在传输过程中和存储体内进行保护，以防止信息被窃取的技术。信息加密技术是信息安全的核心和关键技术，通过信息加密技术，可以在一定程度上提高数据传输的安全性，保证传输数据的完整性。一个数据加密系统包括加密算法、明文、密文及密钥。密钥控制加密和解密过程，所以加密系统的密钥管理是非常重要的。数据加密过程就是通过加密系统把原始的数字信息（明文），按照加密算法变换成与明文完全不同的数字信息（密文）的过程。

2. 访问控制技术

访问控制技术用于防止未授权者非法使用系统资源。它是信息安全技术中最基本的安全防范措施。该技术通过用户登录和对用户授权的方式实现。系统的安全性取决于口令的复杂度。

3. 数字签名

数字签名是维护网络信息安全的重要方法，它是防止通信双方欺骗和抵赖的一种技术。数据接收方能够鉴别发送方的身份，而发送方在数据发送完成后不能否认发送的数据。

数字签名在身份认证、数据完整性、抗抵赖性方面都有重要应用。数字签名是非对称密钥加密技术与数字摘要技术的应用，一个签名体制一般包括签名算法和验证算法两个部分，常用的签名算法有 RSA 算法和 ECC 算法。

4. 防火墙技术

防火墙技术是指隔离在本地网络与外界网络之间的一道防御系统的总称，是防止网络外部恶意攻击的一种有效的安全防护措施。通过它可以隔离风险区域与安全区域的连接，防火墙可以监控进出网络的通信流量，仅让安全、核准了的信息进入，同时又防控构成威胁的数据。目前，防火墙分为硬件防火墙和软件防火墙两类。

5. 入侵检测技术

入侵检测技术是一种主动保护自己免受攻击的网络安全技术，入侵检测系统是一种对网络活动进行实时监测的专用系统，该系统处于防火墙之后，可以和防火墙及路由器配合工作。入侵检测技术是用于检测任何损害系统的机密性、完整性、可用性行为的一种网络安全技术。它通过监视受保护系统的状态和活动，采用异常检测或误用检测的方式，发现非授权的或恶意的系统及网络行为，为防范入侵行为提供有效的手段。

6.2.3 信息安全策略

信息安全策略是指人们为保护因为使用计算机应用信息系统可能招致对单位资产造成损失而进行保护的各种措施、手段，以及建立的各种管理制度和法规等。

信息安全策略涉及技术的和非技术的、硬件的和非硬件的、法律的和非法律的各个方面。

1. 网络信息安全策略

网络信息安全策略的设计与实施如下所示：

（1）确定安全需求，包括确定安全需求的范围、评估面临的风险等。

（2）制定可实现的安全目标，即制定安全策略、制度、定期审核机制等。

（3）制定安全规划，包括本地网络、远程网络、Internet 的安全规划。

（4）做好系统的日常维护。

2. 个人计算机信息安全策略

（1）操作系统要及时升级，及时打补丁，预防系统中病毒和被黑客攻击。

（2）安装杀毒软件，养成定期查杀病毒及升级病毒库的习惯。

（3）重要资料定期备份，并做好冗余备份，以防万一计算机中病毒，文件丢失后可快速恢复。

（4）不使用来历不明的移动磁盘，不访问来历不明的邮件和网站。

（5）设置系统使用权限，禁止未授权者使用计算机。

6.2.4　坚持国产化替代——保障国家信息安全

（1）全球信息安全行业发展概况。

当前，世界各国都在加速发展本国的信息化，信息技术的应用促进了全球资源的优化配置和发展模式的创新，互联网对政治、经济、社会和文化的影响更加深刻，信息化渗透到国民生活的各个领域，网络和信息系统已经成为关键基础设施乃至整个经济社会的神经中枢，围绕信息获取、利用和控制的国际竞争日趋激烈，保障信息安全成为各国的重要议题。

（2）我国信息安全行业发展概况。

我国一直高度重视信息安全产业的发展。2003 年，中共中央办公厅、国务院办公厅转发了《国家信息化领导小组关于加强信息安全保障工作的意见》。党的十六届四中全会将信息安全上升到国家安全的战略层面，明确提出"确保国家的政治安全、经济安全、文化安全和信息安全"。面对日益复杂的全球信息安全形势和国内信息安全现状，2012 年，党的十八大报告中强调，要高度关注网络空间安全，并将网络空间安全、海洋安全、太空安全置于同一战略高度。2013 年，在党的十八届三中全会上指出"加大依法管理网络力度，加快完善互联网管理领导体制，确保国家网络和信息安全"。2014 年，中央网络安全和信息化领导小组成立，中共中央总书记、国家主席、中央军委主席习近平亲自担任组长，充分体现了国家对信息安全的重视程度。2015 年 7 月，全国人民代表大会常务委员会通过《中华人民共和国国家安全法》，并于 2015 年 7 月 1 日开始实施，首次将网络空间正式上升成为我国继陆、海、空、天后的第五疆域。2015 年 10 月，《中共中央关于制定国民经济和社会发展第十三个五年规划的建议》中指出"实施网络强国战略，加快构建高速、移动、安全、泛在的新一代信息基础设施"。2016 年 4 月，习近平总书记主持召开网络安全和信息化工作座谈会并发表重要讲话，强调"加快构建关键信息基础设施安全保障体系""增强网络空间安全防御能力"。2016 年 11 月，全国人民代表大会常务委员会通过《中华人民共和国网络安全法》，并于 2017 年 6 月 1 日开始实施，提出"国家采取措施，监测、防御、处置来源于中华人民共和国境内外的网络安全风险和威胁，保护关键信息基础设施免受攻击、侵入、干扰和破坏，依法惩治网络违法犯罪活动，维护网络空间安全和秩序"，强调金融、能源、交通、电子政务等行业建设网络安全等级保护制度的重要性。2016 年 12 月，国家互联网信息办公室发布《国家网络空间安全战略》，这是我国第一次向全世界系统、明确地宣示和阐述对于网络空间发展和安全的立场和主张。2017 年 1 月，工业和信息化部制定并印发了《软件和信息技术服务业发展规划（2016－2020 年）》，对信息安全产品明确提出了到 2020 年收入达到 2000 亿元，年均 20%以上增速的目标。2017 年 1 月，工业和信息化部制定并印发了《信息通信网络与信息安全规划（2016—2020 年）》，紧扣"十三五"期间行业网络与信息安全工作面临的重大问题，对"十三五"期间行业网络与信息安全工作进行统一谋划、设计和部署。2017 年 7 月，国家互联网信息办公室起草《关键信息基础设施安全保护条例（征求意见稿）》，提出顶层设计、整体防护，统筹协调、分工负责的原则，充分发挥运营主体作用，社会各方积极参与，共同保护关键信息基础设施安全。信息安全产业作为信息安全技术、产品和服务提供者和实施者，承担着国家信息安全防御和保障的历史使命。发展壮大网络安全产业已经成为维护国家网络空间主权、安全和发展利益的战略选择。

（3）国产化替代。

① 信息安全产品国产化替代趋势日益显著。

近年来，国内信息安全厂商快速发展，依托本地布局的产品和研发团队，对用户需求理解更为透彻，对新需求的响应更为迅速，产品性价比更高，部分功能特性已超过国外厂商，但在高端产品市场的竞争力仍相对较弱。以应用交付产品为例，根据 IDC 报告，2017 年前三季度，F5 网络（美国）在中国应用交付的市场份额达到 33.26%，国外厂商在中国应用交付的市场份额合计超过 51.60%，信息安全产品国产化替代空间仍然较大。

"十三五"时期，我国大力实施网络强国战略，要求网络与信息安全有足够的保障手段和能力，通过切实推进自主可控和国产化替代，政策化培养和市场化发展双向结合，信息安全市场国产化脚步逐步加快。拥有自主可控的标准、技术、产品的信息安全厂商，在为政府、行业服务的大背景下，充分应用云计算、大数据等技术，把握产业发展机遇，不断扩大市场份额，实现对国外信息安全产品的规模性替代，在核心应用领域和国内产业转型升级的变革中发挥重要作用，在国家网络信息安全领域中担当核心角色。

② 我国信息安全产业规模快速增长。

根据 IDC《中国 IT 安全市场预测，2017—2021》报告预测，2017 年，中国信息安全硬件、软件、服务市场的规模为 41.56 亿美元，同比增长 23.91%，2012—2017 年的年复合增长率为 20.10%，将保持快速增长态势，如图 6-1 所示（数据来源：IDC China）。

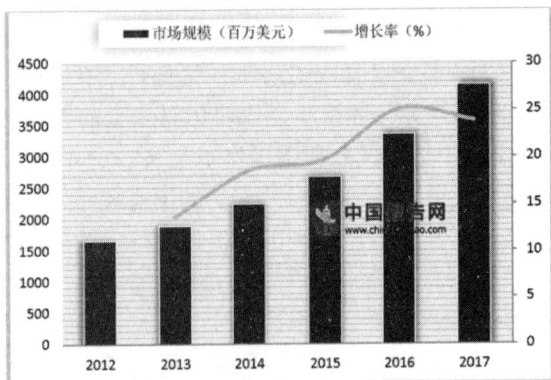

图 6-1　2012—2017 年中国信息安全市场规模

2017 年，在整体信息安全硬件、软件、服务市场中，安全硬件市场的占比为 56.47%，安全软件市场占比为 17.18%，安全服务市场占比为 26.35%。2017 年，中国信息安全软件市场的规模为 7.14 亿美元，同比上升 14.61%，得益于企业级用户对安全软件需求的提升及云应用带来的刚需。2017 年，中国信息安全硬件市场的规模为 23.47 亿美元，同比增长 26.52%，保持了快速增长势头，得益于政府、军队、金融以及电信行业对防火墙和统一威胁管理等产品的采购。2017 年，中国安全服务市场规模为 10.95 亿美元，同比增长 25.00%，随着云与大数据技术的快速发展，将促进安全服务市场持续快速增长。

根据 IDC 研究报告预测（见图 6-2），中国信息安全市场将保持快速增长，预计到 2021 年达到 95.81 亿美元，2017—2021 年的年复合增长率为 23.22%。根据中国信息通信研究院的数据，全球安全产业规模从 2016 年至 2019 年有望保持超过 8%的增长速率。国内信息安全产业增速高于全球增速。

③ 国家政策支持。

近年来，国家有关部门相继出台一系列法律法规和鼓励行业发展的产业政策，为信息安全行业的发展营造了良好的政策环境。我国的信息安全工作提高到国家战略高度。信息安全形势日益严峻，国家对信息安全产业的重视程度日益提高，在政府及行业政策法规的推动下，我国信息安全市场空间日益扩大。

图6-2 2016—2021年中国信息安全各子市场规模结构及预测

④ 信息技术不断发展革新。

近年来，云计算、大数据、移动以及社交网络的快速发展给信息系统架构带来了巨大变化，信息安全也随之迎来挑战。例如，云计算技术使数据中心的基础设施由原来的各业务系统独立建设模式转变为资源池建设模式，服务器、存储、网络设备的部署方式相应改变。基础架构的变化要求信息安全建设能够适应新的 IT 基础架构，从而满足新的安全需求，这同时为信息安全建设带来了新的发展空间。

6.3 个人素养与行业行为自律

任务描述

关于个人素养与行业行为自律，通过案例，从追求健康的生活情趣、培养良好的职业态度、秉承端正的职业操守、维护核心的商业利益、规避行业的不良记录五个方面展开，使学生了解个人素养与行业行为自律的要求，从而建立行业内职业发展的策略、方法与路径。

思路解析

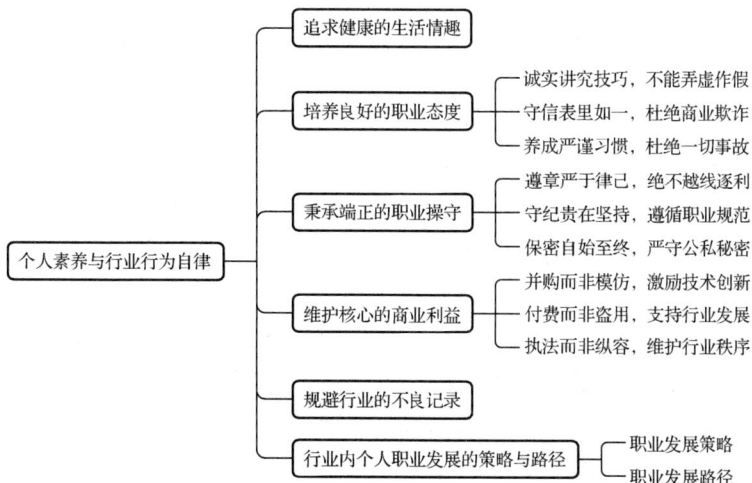

→ **任务实施**

6.3.1　追求健康的生活情趣

生活情趣是人类精神生活的一种追求，是对生命的一种感知，一种审美感觉上的自足。通俗地讲，就是人们在日常生活中的性情和志趣爱好。情趣有高雅与庸俗之分，高雅的情趣往往是"真""善""美"的化身，体现一个人对美好生活的追求，乐观的生活态度和健康的心理状态；庸俗的情趣却往往与"低级趣味""堕落""腐化"等丑陋的生活态度相连，它让人玩物丧志，损害身心健康，丧失志向。

生活情趣虽然只是个人的外在行为表现，但反映的却是其对人生、事业和生活的态度，是个人道德品行和思想修养的直接体现，是检验个人世界观、人生观、价值观正确与否的一个重要标尺。从近年来被查处的落马官员案例来看，很多人都有着看似高雅的生活情趣。从玉石、瓷器、字画、古董，再到音乐、书法、摄影等，这些都可以称为雅好。然而一旦对雅好陷入疯狂状态，就容易走上玩物丧志的道路，以致丧失理想信念，迷失人生坐标，甚至坠入犯罪深渊。

"好船者溺，好骑者堕，君子各以所好为祸。"健康高雅的兴趣和爱好无疑是有益于身心和工作的，而且还能提升人的精神境界，体现个人品格；但是如果兴趣爱好突破了正常的界限，成为不良嗜好，就会陷入欲望的陷阱难以自拔。所以，对于自己的兴趣爱好，需要严格自律，谨慎对待。

小节之中有大义，爱好之中见品行。一定要积极培养健康向上的生活情趣，党纪国法所不容的兴趣爱好不能有，人民群众不满意的兴趣爱好要丢弃，就是一些平常的、利于身心健康的兴趣爱好，也要爱之有度，不能沉迷其中，更不能让个人爱好与手中权力"零距离接触"，使正常的生活情趣转化成腐败堕落之源。

古有公孙仪嗜鱼不受鱼的清醒之举，如今在对待个人爱好上，应该更健康、更自觉、更高尚，注重自我教育、自我约束、自我警示，清清白白从政，踏踏实实干事，堂堂正正做人。

> 💡 **小贴士：令人叹惋的案例教训**
>
> 赌博对一个人的职业生涯影响之深超出我们的想象。我们一起回顾一下大家熟知的因为赌博葬送职业生涯的中国女子乒乓球队主教练孔令辉，被新加坡赌场告上香港地区法院，追讨巨额赌资的事件。2017 年 5 月 30 日，中国乒乓球协会发出权威声音，根据媒体报道及孔令辉对外陈述，认为其相关行为已经严重违反国家公职人员管理的相关规定和纪律要求，决定暂停孔令辉中国女子乒乓球队主教练工作，深刻反省，立即回国接受进一步调查和处理。反应速度之快，措辞之严厉前所未有。许多网友感叹：中国乒乓球队承担冲金夺银的任务固然重要，但是在党纪国法面前金牌银牌都得靠边站！
>
> 同样，还有原人人网"掌门人"涉赌被抓的事件。许朝军 16 岁考入清华大学计算机系；大学毕业在陈一舟团队担任技术工程师；后在搜狐网任技术总监；2005—2009 年，为人人网负责人，一度令人人网成为非常火热的社交平台；30 岁跳槽到盛大做 COO；2011 年开始创业，获李开复 200 万美元投资；先后创立点点网，啪啪 App，乌鸦匿名社交……30 岁前的许朝军成就了"走上人生巅峰"的故事，但连续的创业似乎并没有让这个"天才"找到成就感。

后来许朝军将兴趣转移到德州扑克上，甚至在该圈子中很有名气，人称"京城名鲨"。怎料他在快意中迷失自我，开起扑克赌场并因涉赌被捕，涉案金额达 300 多万元人民币。

许朝军，30 岁之前是公认的技术天才，志得意满，30 岁之后创业屡次失利最终因为涉赌被捕，如此逆转，令人叹惋。

6.3.2 培养良好的职业态度

职业态度不同于科学态度，科学态度是指好奇心，尊重实证，批判性思考，灵活性，对变化世界敏感，是对待一切事物的正确态度；而职业态度则指在职业活动中所应具有的工作态度，如诚实、守信、严谨。

1. 诚实讲究技巧，不能弄虚作假

诚信是中华民族的传统美德。历史上有这样的典故，曾子的妻子到市场上买菜，她的儿子哭着要跟去，为了让儿子听话，便骗儿子说回去杀猪给他吃。曾子知道后果断杀了猪，让儿子知道诚实守信的重要性，以身作则。

诚实是每个人都应具备的基本美德，是立身处世的准则，是人格的体现，是衡量个人品行优劣的道德标准之一。它对民族文化、民族精神的塑造起着不可缺少的作用。在源远流长的历史传承中，中华民族形成了重承诺、守信义、以诚立业、以信取人的道德传统，形成比较稳定的社会结构、凝聚力强大的传统文化和延绵不绝的中华文明，"千金一诺""一言既出，驷马难追"之类的美谈佳话永存史册。

诚实做人的至高境界是季羡林先生所说的"假话全不讲，真话不全讲"，两者具有内在的统一性。真话不全讲，说的是一个人的做人技巧问题，能够反映一个人的智慧和能力。真话该说的时候说，不该说的时候就不说，毕竟真话通常都会伤人，当然也很少有人能够直接接受，所以做人不容易，做一个有头脑的实在人更不容易。说真话也需要技巧，能做到这些的人都非常不简单。不过真话虽然伤人，但总比谎话造成的伤害小。假话全不讲，说的是一个人的道德品质问题，能够反映一个人的人格魅力。假话什么时候都不能说，假话说多了，即使以后改过自新，也很难再获得别人的信任。就像我们从小就听过的"狼来了"的故事一样，多次撒谎后肯定会产生不良后果。一个人撒一次谎，为了维护所谓的面子，会不断编造其他谎言来弥补，就像细菌一样，有一就会有二，结果就形成了不良习惯。

英国著名文学家斯威夫特曾说过这样一段话："说一次谎的人，很少发现自己会负担多大的重荷。因为他们不知道，为了说一次谎，不得不另外发明二十句。撒谎就会这样不断地腐蚀我们的心灵，同时撒谎也会让信任我们的人感到失望。"

2. 守信表里如一，杜绝商业欺诈

守信有多么重要？让我们先看一则故事。

古时候，济阳有个商人乘船过河时船沉了，他大声呼救，有个渔夫闻声而至。商人喊："我是济阳最大的富翁，你若能救我，给你 100 两金子。"被救上岸后，商人却翻脸不认账了，他只给了渔夫 10 两金子。渔夫责怪他，商人却说："你一个打鱼的，一生都挣不了几个钱，突然得 10 两金子还不满足吗？"渔夫只得怏怏而去。可后来那个商人又一次在原地翻船了，有人欲救，那个曾被他骗过的渔夫说："他就是那个说话不算数的人。"于是商人被淹死了。

这则故事载于明代刘基的《郁离子》，它告诉我们，人不可以不守信，要不然，就会产生

信任危机，最终危及自身。关于守信的故事还有很多，在《庄子·盗跖》篇中，记录了尾生抱柱的故事：尾生与女子期于梁下，女子不来，水至不去，抱梁柱而死。

守信意味着表里如一，说实话，做实事，不夸大其词，不文过饰非，不投机取巧，不巧舌如簧。在人的一生中，即使某人一时的哄骗能够得到片刻的安逸，能够获取眼前的利益，但是每说一次谎话，每欺骗一次，诚信度就下降一些，为人水准便降低一点，即使其目前的人生是辉煌的，但这个辉煌的人生是不能持久的，因为它是由谎言构成的，经不住事实的敲打，别人很容易用事实戳穿谎言，摧毁其用谎言得到的一切。英国著名博物学家约翰·雷就说过："欺人只能一时，而诚信才是长久之策。"

要做一个守信的人，就要杜绝商业欺诈。目前，在市场化经济大潮下，商业促销中存在形式各样的欺诈行为。有的人销售以假充真、以次充好的商品；有的人采取虚假或其他不正当手段，使商品分量不足；有的人销售处理品、残次品、等次品等商品而谎称是正品；还有的人以虚假的"清仓价""甩卖价""最低价""优惠价"，或者其他欺诈性价格来销售商品。这些商业欺诈行为影响极其恶劣，干扰了正常的市场经济秩序。要做一个守信的人，就要远离这些商业欺诈行为。

3. 养成严谨习惯，杜绝一切事故

要严谨做事，杜绝一切事故的发生，特别要防止企业在生产经营活动中突然发生伤害人身安全和健康，或者损坏设备设施，或者造成经济损失，并导致原有生产经营活动终止的事故。

安全事故危害特别大。2015 年 8 月 12 日晚，位于天津市滨海新区天津港的瑞海公司危险品仓库发生火灾爆炸事故，共造成 165 人遇难、8 人失踪、798 人受伤，并造成 304 幢建筑物、12428 辆商品汽车、7533 个集装箱受损。据初步统计，这次安全事故的直接经济损失高达 68.66 亿元。一场巨大的安全事故，也许起因只是一个不经意的动作，或者是安全意识薄弱，或者是一个数据计算错误。要杜绝安全事故的发生，就要求我们有良好的职业态度，遵守技术规范，提高警惕，防患于未然。

亚里士多德曾说："我们每个人都是由自己一再重复的行为所铸造成的。因而优秀不是一种行为，而是一种习惯。"习惯也可以看成一种规范，当我们用好的习惯来武装自己的时候，我们才能更好地学习和工作，有时候，它还能减少不必要的损失。

好的习惯或行为规范很重要。在企业中，如果要杜绝安全事故的发生，首先要培养遵守技术规范的习惯。技术规范是有关使用设备工序，执行工艺过程以及产品、劳动、服务质量要求等方面的准则和标准。当这些技术规范在法律上被确认后，就成为技术法规。技术规范的内容包括产品生产过程中的具体工艺规程、机器设备维护保养和检修的具体维修规程、规范设备器械使用及注意事项的具体操作规程、保障人身安全和设备安全运行的相关安全规程。技术规范体现了科学研究和生产实践中人与物、物与物之间的相互关系，是重要的技术管理规章制度。如果把这些技术规范制定好，养成自觉遵守这些技术规范的习惯，那么产品质量就会得到保障，发生安全事故的概率就会降到最低。

6.3.3　秉承端正的职业操守

6.3.4　维护核心的商业利益

6.3.5　规避行业的不良记录

6.3.3～6.3.6 更多个人素养
与行业行为自律内容

6.3.6　行业内个人职业发展的策略与路径

更多个人素养与行业行为自律的内容，可扫描二维码进行拓展学习。

练　习

一、单选题

1. 信息技术（Information Technology，IT），是用于（　　）信息所采用的各种技术的总称。其中，应用计算机科学和通信技术来设计、开发、安装和实施信息系统及应用软件。

  A. 管理和应用　　　　　　　　　B. 处理和开发

  C. 处理和应用　　　　　　　　　D. 管理和处理

2. 计算机技术的内容非常广泛，可粗分为哪几个方面？（　　）

  A. 计算机系统技术、计算机部件技术、计算机组装技术

  B. 计算机系统技术、计算机器件技术、计算机部件技术、计算机组装技术

  C. 计算机系统技术、计算机器件技术、计算机组装技术

  D. 计算机系统技术、计算机器件技术、计算机部件技术

3. 信息安全是指保护信息系统中的（　　）不会遭受偶然或恶意的破坏、更改、泄露，使系统能够连续、可靠、正常地运行。

  A. 软件、硬件　　　　　　　　　B. 软件、数据

  C. 硬件、数据　　　　　　　　　D. 软件、硬件、数据

4. 入侵检测技术是用于检测任何损害系统的（　　）的一种网络安全技术。

  A. 机密性、完整性　　　　　　　B. 机密性、可用性行为

  C. 机密性、完整性、可用性行为　D. 完整性、可用性行为

5. 职业操守是指人们在从事职业活动中必须遵从的最低道德底线和行业规范。它既是对人在职业活动中的行为要求，也是人对社会所承担的（　　）。

  A. 道德、责任　　　　　　　　　B. 道德、义务

  C. 责任、义务　　　　　　　　　D. 道德、责任和义务

二、多选题

1. 信息技术（Information Technology，IT），是用于管理和处理信息所采用的各种技术的总称。它主要包括哪些技术？（　　）

  A. 传感技术　　　B. 网络技术　　　C. 计算机技术　　　D. 通信技术

E．控制技术

2．信息技术的发展历程经历了哪几个阶段？（　　　）

A．第一次信息技术革命是语言的使用。

B．第二次信息技术革命是文字的创造。

C．第三次信息技术革命是印刷的发明。

D．第四次信息技术革命是电报、电话、广播和电视的发明和普及应用。

E．第五次信息技术革命始于 20 世纪 60 年代，其标志是电子计算机的普及应用及计算机与现代通信技术的有机结合。

3．中国计算机的发展历程经历了哪几代？（　　　）

A．第一代电子管计算机时代

B．第二代晶体管计算机时代

C．第三代中小规模集成电路计算机时代

D．第四代大规模超大规模集成电路计算机时代

E．第五代超级电路计算机时代

4．所有信息安全技术都是为了达到一定的安全目标，其核心包括（　　　）。

A．保密性　　　　　B．完整性　　　　　C．可用性　　　　　D．可控性

E．不可否认性

5．信息安全技术是保障信息安全的重要手段，常用的信息安全技术有（　　　）。

A．信息加密技术　　　　　　　B．访问控制技术

C．数字签名　　　　　　　　　D．防火墙技术

E．入侵检测技术

三、判断题

1．传感技术是关于从自然信源获取信息，并对之进行处理（变换）和识别的一门多学科交叉的现代科学与工程技术。（　　　）

2．信息加密技术是利用数学或物理手段，对电子信息在传输过程中和存储体内进行保护，以防止信息被窃取的技术。（　　　）

3．操作系统要及时升级，及时打补丁，预防系统中病毒和被黑客攻击。（　　　）

4．可以使用来历不明的移动磁盘，但不访问来历不明的邮件和网站。（　　　）

5．数字签名是维护网络信息安全的重要方法，它是防止通信双方欺骗和抵赖的一种技术。（　　　）

附录A

项目练习参考答案

A.1 项目1练习参考答案

一、单选题

1.～5. B、B、D、B、D　　　6.～10. A、B、C、B、C

二、多选题

1. ABCD　2. ABCD　3. BCD　4. AB　5. ABC

三、判断题

1. √　2. ×　3. √　4. √　5. ×

A.2 项目2练习参考答案

一、单选题

1.～5. D、C、D、C、A　6.～10. D、C、C、C、B　11.～14. B、B、D、B

二、多选题

1. ABCD　2. BC　3. ABCD　4. ACD　5. ABD

三、判断题

1. √　2. ×　3. √　4. ×　5. ×

A.3 项目3练习参考答案

一、单选题

1.～5. A、B、D、A、C　　　6.～10. C、D、B、B、C

二、多选题

1. ABCD　2. ABC　3. ACD　4. ABCD　5. ABCD

三、判断题

1. ×   2. √   3. √   4. ×   5. √

A.4   项目4练习参考答案

一、单选题

1.～5. C、C、D、D、A   6.～10. D、B、C、C、A

二、多选题

1. ABC   2. ACD   3. ABCD   4. ABCD   5. ABC

三、判断题

1. √   2. √   3. ×   4. ×   5. √

四、思考题

略。

A.5   项目5练习参考答案

一、单选题

1.～5. B、A、C、A、C   6.～10. A、D、A、B、C

二、多选题

1. ABCD   2. ABC   3. ABCD   4. ABCD   5. BCD

三、判断题

1. √   2. ×   3. √   4. √   5. ×

A.6   项目6练习参考答案

一、单选题

1.～5. D、B、D、C、D

二、多选题

1. ACD   2. ABCDE   3. ABCD   4. ABCDE   5. ABCDE

三、判断题

1. √   2. √   3. √   4. ×   5. √

参 考 文 献

[1] 毛书朋，冯曼，赵娜，杨鹏坤. WPS 办公应用（中级）[M]. 北京：高等教育出版社. 2021.

[2] 董引娣，陶学梅，莫堃. 大学生信息技术基础[M]. 西安：西安交通大学出版社. 2021.

[3] 秋叶，陈陟熹. 和秋叶一起学 PPT[M]. 北京：人民邮电出版社，2020.

[4] 邵云蛟. PPT 设计思维：教你又快又好搞定幻灯片[M]. 北京：电子工业出版社，2016.

[5] 田野. 论各种文献信息检索工具及如何选择正确的检索工具[J]. 赤峰学院学报（自然科学版），2016，32（3）：123-125.

[6] 王玉香，宫庆艳，李爽. 信息检索教程[M]. 北京：机械工业出版社，2019.

[7] 邓发云. 信息检索与利用[M]. 3 版. 北京：科学出版社，2017.

[8] 王丽雅，曹丽娟，董光芹. 实用科技文献检索[M]. 沈阳：东北大学出版社，2017.

[9] 百度百科. 人工智能[EB/OL]. https://baike.baidu.com/item/人工智能.

[10] 百度百科. 量子信息[EB/OL]. https://baike.baidu.com/item/量子信息.

[11] 百度百科. 移动通信[EB/OL]. https://baike.baidu.com/item/移动通信.

[12] 百度百科. 云计算[EB/OL]. https://baike.baidu.com/item/云计算.

[13] 百度百科. 大数据[EB/OL]. https://baike.baidu.com/item/大数据.

[14] 百度百科. 物联网[EB/OL]. https://baike.baidu.com/item/物联网.

[15] 百度百科. 区块链[EB/OL]. https://baike.baidu.com/item/区块链.

[16] 孙湧. 计算机思维与专业文化素养[M]. 北京：商务印书馆. 2018 年.

[17] 观研天下. 2018 年中国信息安全行业分析报告：市场深度分析与发展前景研究[R].